2015

退耕还林工程

生态效益监测国家报告

■ 国家林业局

中国林业出版社

图书在版编目（CIP）数据

2015退耕还林工程生态效益监测国家报告 / 国家林业局著.
—北京：中国林业出版社，2016.4
ISBN 978-7-5038-8504-4

Ⅰ. ①2… Ⅱ. ①国… Ⅲ. ①退耕还林－生态效应－监测－研究报告－中国－2015 Ⅳ. ①S718.56

中国版本图书馆CIP数据核字（2016）第075961号

中国林业出版社·生态保护出版中心

责任编辑 刘家玲 张 力

出版发行 中国林业出版社（100009 北京市西城区德内大街刘海胡同7号）
电话：(010)83143519
http://lycb.forestry.gov.cn
制 版 北京美光设计制版有限公司
印 刷 北京卡乐富印刷有限公司
版 次 2016年4月第1版
印 次 2016年4月第1次
开 本 889mm×1194mm 1/16
印 张 11.5
印 数 1300册
字 数 300千字
定 价 120.00元

《退耕还林工程生态效益监测国家报告（2015）》
编辑委员会

数据测算组成员： 魏文俊　宋庆丰　刘祖英　付　晗　从日征　师贺雄　张维康　陶玉柱　黄龙生　赵鹏武　朱继平　左　忠　高红军　杨会侠　丁国泉　曹文耀　赵润林　王　玲　丁彬彬　李　庆　张景根　姚荣升　李国升　王　品　邓　阳　杨江澜　王　洁　武肃然　陈会敏　田明君　李海军　蒋晓辉　刘晓华　张龙飞　王宝庆　彭秋梅　王　明　张毓涛　王文栋　李吉玫　黄力平　王新英　李　琳　杨新兵　贾　哲　张锁成　周国娜　寇建良　鲁少波　贡克奇　王泽民　李琛泽　肖永清　房光辉　姚丽敏　李林英　刘　劲　王玉生　范　勤　马宝莲　胡　彬　陈晓妮　杨成生　王　芳　陈徵尼　陈瑞锋　郑子龙　李任敏　张　虎　刘建海　冯宜民　赵　阳　刘　瑞　王翠英　杨自辉　郭时江　尹　萍　赵倩云　刘志安　朱玉清　刘星斌　包小兰　卫工珠　任斐鹏　胡　波　孙金伟　黄金权　潘晓颖　张长伟　樊　军　贾沐霖　王秋铭　毛陇萍　张晓梅　张吉利　孙拖焕　刘随存　孙向宁　杨　静

协调保障组负责人： 李保玉　张英豪

协调保障组成员（按照姓氏笔画排序）**：**

王　海　王德强　朱天祺　朱继平　李　琳　罗　琦　赵百选　赵润林　郭希的　黄守孝　寇明逸　鲁少波　赖　煜

报告编写组负责人： 牛　香　谷建才

报告编写组成员： 汪金松　魏文俊　宋庆丰　刘祖英　付　晗　从日征　师贺雄　张维康　陶玉柱　黄龙生　高　鹏　王雪松　杨会侠　王　丹　房瑶瑶　周　梅　赵鹏武　李站江　曾　楠　舒　洋　石　亮　张　波　葛　鹏　王梓璇　鲁绍伟　李少宁　陈　波　刘　斌　赵　明　蔡国军　杨成生　秦　岭　高桂峰　秦建民　张　阳　尤文忠　任　军

项目名称： 退耕还林工程生态效益监测国家报告（2015）

项目主管单位： 国家林业局退耕还林（草）工程管理中心

项目实施单位： 中国林业科学研究院

项目合作单位：

辽宁省退耕还林工程中心

吉林省林业厅

黑龙江省林业厅造林处

山西省造林局

河北省退耕还林工程管理办公室
内蒙古自治区退耕还林工程领导小组办公室
陕西省退耕还林工程管理中心
甘肃省退耕还林工程建设办公室
宁夏回族自治区治沙防沙与退耕还林工作站
新疆维吾尔自治区退耕还林领导小组办公室
新疆生产建设兵团林业局
河北农业大学
内蒙古农业大学
沈阳农业大学
山东农业大学
北京林业大学
山西省林业科学研究院
甘肃省林业科学研究院
辽宁省林业科学研究院
吉林省林业科学研究院
辽宁省森林经营研究所
国家林业局寒温带林业研究中心
北京市农学院

支持机构与项目基金：

中国森林生态系统定位观测研究网络（CFERN）

国家林业局“退耕还林工程生态效益监测”专项资金

北京市林果业生态环境功能提升协同创新中心（科技创新服务能力建设–协同创新中心–林果业生态环境功能提升协同创新中心（2011协同创新中心）（市级），PXM2016_014207_000038）

林业公益性行业科研专项项目“森林生态服务功能分布式定位观测与模型模拟”（201204101）

国家发展改革委员会项目“森林生态服务价值分季度测算研究”

特别提示

1.本报告针对北方沙化土地和严重沙化土地退耕还林工程生态效益进行监测与评估，范围包括黑龙江省、吉林省、辽宁省、河北省、山西省、内蒙古自治区、陕西省、甘肃省、宁夏回族自治区、新疆维吾尔自治区10个省（自治区）和新疆生产建设兵团，由于青海省缺乏沙化土地退耕还林工程相关数据，故不在本次评估范围内；

2.根据《沙化土地监测技术规程（GB/T 24255-2009）》和《新一轮退耕还林还草工程严重沙化耕地界定标准及操作说明》界定沙化土地及严重沙化土地；

3.根据第五次《中国荒漠化和沙化状况公报》确定北方沙化土地范围；

4.依据《中国生态地理区域系统研究》、《中国地理图集》、《中国综合自然区划》、《中国植被区划》和《中国植被》进行北方沙化土地退耕还林工程生态功能监测与评估区划，共划分为高原温带中度风蚀半干旱区、中温带强度风蚀半干旱区、暖温带剧烈风蚀干旱区等45个生态功能监测与评估区（简称“生态功能区”）；

5.依据中华人民共和国林业行业标准《退耕还林工程生态效益监测与评估规范》（LY/T 2573-2016），分别针对省级区域和生态功能区对北方沙化土地和严重沙化土地退耕还林工程生态效益进行评估；

6.评估指标包含：森林防护、净化大气环境、固碳释氧、生物多样性保护、涵养水源、保育土壤和林木积累营养物质7类功能15项指标，并将退耕还林工程森林植被滞纳TSP、PM_{10}、$PM_{2.5}$指标进行单独评估；

7.本报告价格参数来源于社会公共数据集，根据贴现率将非评估年份价格参数转换为2015年现价。

前言

北方沙化土地主要分布在我国北纬35°~50°之间的内陆盆地和高原，形成一条西起塔里木盆地两端，东至松嫩平原西部，横贯西北、华北和东北地区，东西长达4500公里，南北宽约600公里的区域。这一地区自然生态脆弱，干旱、寒冷、土壤贫瘠，再加上长期以来人类生产、生活的干扰，导致该区域生物多样性低下、干旱频繁发生、水土流失加剧、土地沙漠化扩大等生态危机。

我国从1999年开始陆续在北方沙化地区实施退耕还林（草）工程，截至2014年底，北方沙化地区10个省（自治区）和新疆生产建设兵团实施退耕还林工程总面积达1592.29万公顷，其中沙化土地和严重沙化土地退耕还林工程面积分别为401.10万公顷和300.61万公顷。通过植被恢复，增加了该地区的生物多样性，改善了当地的生态环境。退耕还林工程的实施优化了该地区的产业结构，提高了当地人民的生活水平，取得了显著的生态、经济和社会效益。如何量化体现该地区退耕还林工程的生态效益，《退耕还林工程生态效益监测国家报告（2015）》（以下简称《报告》）给予了翔实的回答。

本《报告》是在国家林业局的支持下，由国家林业局退耕还林（草）工程管理中心、中国林业科学研究院等单位相关专家共同参与完成。《报告》以《退耕还林工程生态效益监测国家报告（2013）》和《退耕还林工程生态效益监测国家报告（2014）》为基础，在技术标准上，严格遵照中华人民共和国林业行业标准《退耕还林工程生态效益监测与评估规范》（LY/T 2573-2016）确定的监测与评估方法开展工作。在评估范围上，选择了黑龙江省、吉林省、辽宁省、河北省、山西省、内蒙古自治区、陕西省、甘肃省、宁夏回族自治区、新疆维吾尔自治区和新疆生产建设兵团；在数据采集上，利用了北方沙化土地退耕还林工程生态连清数据集、资源连清数据集和社会公共数据集，其中生态连清数据集包括退耕还林工程生态效益专项监测站16个、中国森林生态系统定位观测研究网络（CFERN）所属的森林生态系统定位观测研究站41个、以林业生态工程为观测目标的辅助观测点120多个以及4000多块固定样地的数据；在测算方法上，采用分布式测算方法，分别针对省级区域和生态功能区开展10个省（自治区）和新疆生产建设兵团的68个市级区域和45个生态功能区的442个县级区域的评估，同时按照3种植被恢复类型（退耕地还林、宜林荒山荒地造林、封山育林）、3个林种类型（生态林、经济林、灌木林）和优势树种组的五级分布式测算等级，划分为1986个相对均质化的生态效益测算单元进行评估测算；在评估指标上，由森林防护、净化大气环境、固碳释氧、生物多样性保护、涵养水源、保育土壤和林木积累营养物质7类功能15项指标构成。

《报告》针对北方沙化土地和严重沙化土地退耕还林工程生态效益开展评估，以沙化土地为例，截至2015年底，北方沙化土地退耕还林工程10个省（自治区）和新疆生产建设兵团物质量评估结果为：防风固沙91918.66万吨/年、提供负离子136447.51×10^{20}个/年、吸收污染物41.39万吨/年、滞纳TSP 4250.71万吨/年（其中，滞纳PM_{10}和$PM_{2.5}$物质量分别为2.37万吨/年、0.65万吨/年）、固碳339.15万吨/年、释氧726.78万吨/年、涵养水源91554.64万立方米/年、固土11667.07万吨/年、保肥445.48万吨/年、林木积累营养物质12.22万吨/年。价值量评估结果为：10个省（自治区）和新疆生产建设兵团每年产生的生态系统服务功能总价值量为1263.07亿元，其中，森林防护440.33亿元、净化大气环境377.95亿元（其中，滞纳PM_{10}和$PM_{2.5}$价值量分别为7.11亿元、301.35亿元）、固碳释氧126.46亿元、生物多样性保护139.88亿元、涵养水源91.88亿元、保育土壤65.51亿元、林木积累营养物质21.06亿元。

《报告》首次摸清了北方沙化土地退耕还林工程所发挥生态系统服务功能的物质量和价值量，全面评价了退耕还林工程建设生态成效，提高了人们对该区域退耕还林工程的认知程度，为退耕还林成果的巩固和高效推进奠定了基础。

国家林业局高度重视北方沙化土地退耕还林工程生态效益监测与评估工作，《报告》在起草的过程中得到了国家林业局有关领导、相关司局的大力支持。在评估过程中，北方沙化土地退耕还林工程10个省（自治区）和新疆生产建设兵团的退耕办和相关技术支撑单位的人员付出了辛勤的劳动，在此一并表示敬意和感谢。

北方沙化土地退耕还林工程生态效益监测与评估工作涉及多个学

科，监测与评估过程极为复杂，2015年是国家第一次在北方沙化土地范围内系统开展该项工作，与《退耕还林工程生态效益监测国家报告（2013）》和《退耕还林工程生态效益监测国家报告（2014）》相比，进一步完善了监测与评估方法和指标体系。我们相信，随着工作的不断深入开展，北方沙化土地退耕还林工程生态效益监测与评估工作会越来越完善。在此，我们敬请广大读者提出宝贵意见，以便在今后的工作中及时改进。

编委会

2016年4月

目录

第三章 北方沙化土地退耕还林工程生态效益

第四章 北方严重沙化土地退耕还林工程生态效益

第五章 北方沙化土地退耕还林工程生态效益综合分析

第一章

北方沙化土地退耕还林工程生态连清体系

北方沙化土地退耕还林工程生态效益监测与评估基于北方沙化土地退耕还林工程生态连清体系（图1-1）（王兵，2016）。该体系是北方沙化土地退耕还林工程生态效益全指标体系连续观测与清查体系的简称，指以生态地理区划为单位，依托国家林业局现有森林生态系统定位观测研究站（简称“森林生态站”）、北方沙化土地退耕还林工程生态效益专项监测站（简称“生态效益专项监测站”）和辅助观测点，采用长期定位观测技术和分布式测算方法，定期对北方沙化土地退耕还林工程生态效益进行全指标体系观测与清查，它与北方沙化土地退耕还林工程资源连续清查相耦合，评估一定时期和范围内北方沙化土地退耕还林工程生态效益，进一步了解该地区退耕还林工程生态效益的动态变化。

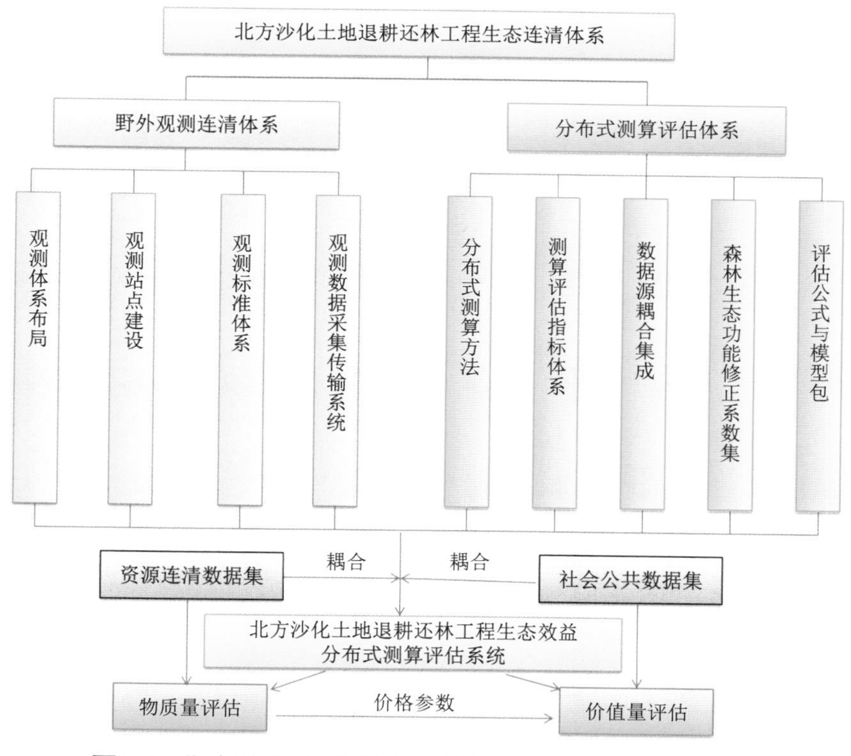

图1-1 北方沙化土地退耕还林工程生态连清体系框架

1.1 北方沙化土地退耕还林工程野外观测连清体系

北方沙化土地退耕还林工程区的自然条件、社会经济发展状况各不相同，因此在监测方法、监测指标上应具有统一的标准。野外观测连清体系是评估的数据保证，其基本要求是统一测度、统一计量、统一描述。野外观测连清体系包含了观测体系布局、观测站点建设、观测标准体系、观测数据采集传输系统等多个方面。

生态功能监测与评估区划是以正确认识区域生态环境特征、生态问题性质及产生的根源为基础，依据区域生态系统服务功能的不同、生态敏感性的差异和人类活动影响程度，分别采取不同的对策，是实施区域生态功能监测与评估分区管理的基础和前提。

1.1.1 生态功能监测与评估区划布局

野外观测连清体系是构建退耕还林工程生态连清体系的重要基础，而生态功能监测与评估区划布局是退耕还林工程生态连清体系的平台。为了做好这一基础工作，需要首先考虑如何构建生态功能监测与评估区划布局。北方沙化土地退耕还林工程涉及我国自然、经济和社会条件各不相同的北方地区，只有进行科学的生态功能监测与评估区划，才能反映该地区退耕还林工程生态效益的差异。

森林生态系统服务连续观测与清查技术（简称“森林生态连清”）是以生态地理区划为单位，以国家现有森林生态站为依托，采用长期定位观测技术和分布式测算方法，定期对同一森林生态系统进行重复观测与清查的技术，它可以配合国家森林资源连续清查，形成国家森林资源清查综合调查新体系。用以评价一定时期内森林生态系统的质量状况，进一步了解森林生态系统的动态变化。

根据第五次《中国荒漠化和沙化状况公报》（国家林业局，2015a）中的“全国沙化土地现状分布图”确定了本次北方沙化土地的评估范围。针对评估范围内的10个省（自治区）和新疆生产建设兵团的68个市（盟、自治州、地区、师）开展生态功能区的区划。区划指标包括温度、土壤侵蚀类型、水分指标，主要参考了《中国生态地理区域系统研究》

沙化土地是指具有明显沙化特征的退化土地。根据沙化土地的沙化程度，将沙化土地划分为流动沙地（丘）、半固定沙地（丘）、固定沙地（丘）、露沙地、沙化耕地、非生物治沙工程地、风蚀残丘、风蚀劣地和戈壁9个类型。

严重沙化土地是指根据《新一轮退耕还林还草工程严重沙化耕地界定标准及操作说明》，指没有防护措施及灌溉条件，经常受风沙危害（年均8级以上大风日数10天以上），作物生长很差（缺苗率≥30%）、产量低而不稳（粮食单产低于本省、自治区、直辖市平均产量的50%）的沙质土地（土壤颗粒组成中砂砾含量大于90%）。

（郑度等，2008）、《中国地理图集》（王静爱等，2009）、《中国综合自然区划》（黄秉维等，1989）、《中国植被区划》（张新时，2007）和《中国植被》（吴征镒，1980）。

在地理信息系统中将温度、土壤侵蚀类型、水分指标和沙化土地范围的图层进行GIS空间叠置分析，获得北方沙化土地退耕还林工程生态功能区的区划结果（图1-2）。

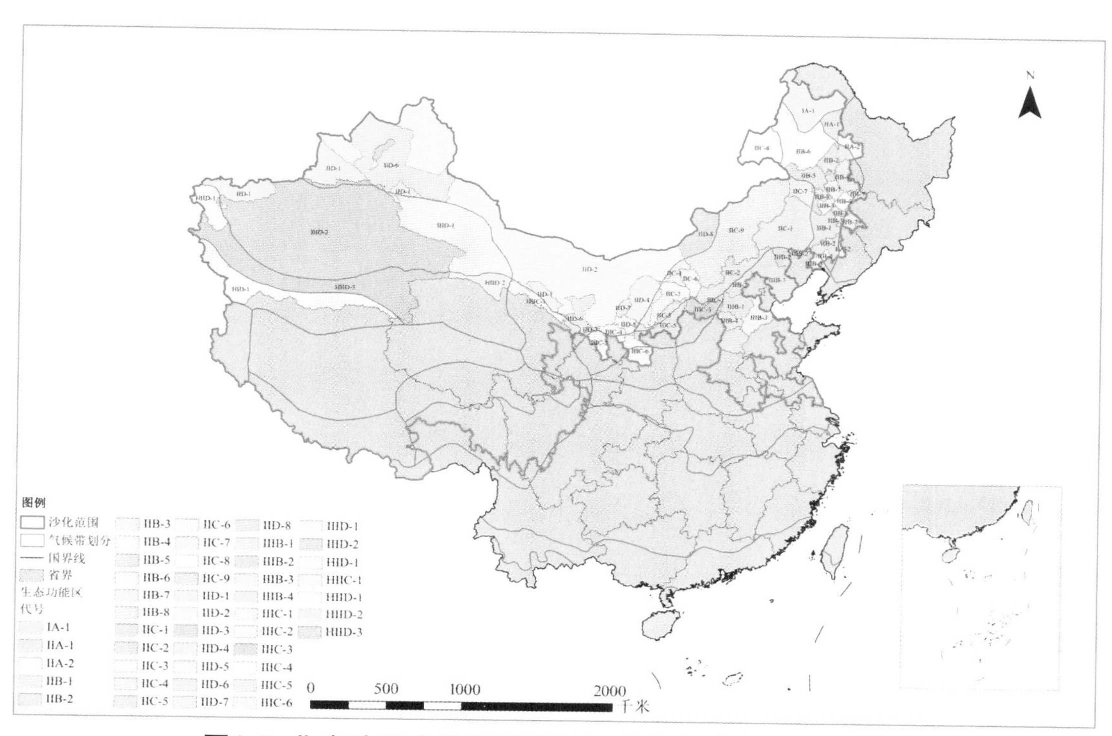

图1-2　北方沙化土地退耕还林工程生态功能区的区划图

生态功能区的命名采用"温度指标+土壤侵蚀类型+水分指标"的形式，共划分为45个生态功能区（表1-1）。

将CFERN所属的森林生态站与生态效益专项监测站点位置叠加到各生态功能区中，确保每个生态功能区内至少有1~2个森林生态站、生态效益专项监测站或辅助观测点以及样地。本次北方沙化土地退耕还林工程森林生态连清共选择生态效益专项监测站16个、森林生态站41个、以林业生态工程为观测目标的辅助观测点120多个以及4000多块固定样地，借助生态效益监测与评估区划布局体系，可以满足北方沙化土地退耕还林工程生态效益监测和科学研究需求。北方沙化土地退耕还林工程生态效益监测站点在各生态功能区的分布如图1-3所示。

森林生态系统定位观测研究站（简称"森林生态站"）是通过在典型森林地段，建立长期观测点与观测样地，对森林生态系统的组成、结构、生产力、养分循环、水循环和能量利用等在自然状态下或某些人为活动干扰下的动态变化格局与过程进行长期定位观测，阐明森林生态系统发生、发展、演替的内在机制和自身的动态平衡，以及参与生物地球化学循环过程的长期定位观测站点。

表1-1 北方沙化土地退耕还林工程生态功能区的区划表

编号	生态功能区	省(市、盟、自治州、地区、师)	市(区、县、旗、团、农场)
IA-1	寒温带微度风蚀湿润区	内蒙古自治区(呼伦贝尔市)	呼伦贝尔市(额尔古纳市、鄂伦春自治旗)
IIA-1	中温带微度风蚀湿润区	内蒙古自治区(呼伦贝尔市)	呼伦贝尔市(莫力达瓦达斡尔族自治旗)
IIA-2	中温带中度水蚀湿润区	黑龙江省(齐齐哈尔市)	齐齐哈尔市(讷河市)
IIB-1	中温带强度风蚀中度水蚀半湿润区	内蒙古自治区(通辽市)	通辽市(科尔沁区、科尔沁左翼中旗、科尔沁左翼后旗、库伦旗)
IIB-2	中温带中度水蚀半湿润区	黑龙江省(齐齐哈尔市)、辽宁省(沈阳市、阜新市)、河北省(张家口市)、吉林省(白城市、松原市)	齐齐哈尔市(昂昂溪区、富拉尔基区、梅里斯区、富裕县、甘南县、龙江县、建华区、泰来县);沈阳市(法库县、康平县、辽中县、新民市);阜新市(阜新县、彰武县);张家口市(赤城县、怀来县、苏鲁滩牧场、宣化县、阳原县);白城市(洮北区、洮南区、查干浩特);松原市(长岭县)
IIB-3	中温带强度风蚀半湿润区	吉林省(四平市、白城市)	四平市(双辽市);白城市(通榆县)
IIB-4	中温带微度水蚀半湿润区	辽宁省(锦州市)、吉林省(松原市)	锦州市(黑山县);松原市(宁江区、乾安县、前郭县)
IIB-5	中温带微度风蚀中度水蚀半湿润区	内蒙古自治区(兴安盟)	兴安盟(科尔沁右翼前旗、扎赉特旗、乌兰浩特市、阿尔山市)
IIB-6	中温带微度风蚀半湿润区	内蒙古自治区(呼伦贝尔市)	呼伦贝尔市(新巴尔虎左旗、满洲里市、牙克石市、扎兰屯市、陈巴尔虎旗、阿荣旗、鄂温克旗)
IIB-7	中温带轻度水蚀半湿润区	吉林省(四平市、白城市、松原市)	四平市(梨树县、公主岭);白城市(大安县、镇赉县);松原市(扶余县)
IIB-8	中温带轻度风蚀半湿润区	黑龙江省(大庆市)	大庆市(大同区、杜尔伯特蒙古族自治县、让胡路区、肇源县)
IIC-1	中温带强度风蚀中度水蚀半干旱区	内蒙古自治区(通辽市、赤峰市)	通辽市(霍林郭勒市、扎鲁特旗、开鲁县、奈曼旗);赤峰市(克什克腾旗、林西县、巴林右旗、巴林左旗、阿鲁科尔沁旗、翁牛特旗、敖汉旗)
IIC-2	中温带中度水蚀半干旱区	河北省(张家口市)、山西省(大同市、朔州市)	张家口市(崇礼县、沽源县、怀安县、康保县、尚义县、万全县、张北县);大同市(大同县、南郊县、天镇县、新荣县、阳高县、左云县);朔州市(山阴县、朔城县、应县、右玉县)
IIC-3	中温带强度风蚀半干旱区	内蒙古自治区(鄂尔多斯市)	鄂尔多斯市(达拉特旗、东胜区、乌审旗、伊金霍洛旗、准格尔旗)

（续）

编号	生态功能区	省（市、盟、自治州、地区、师）	市（区、县、旗、团、农场）
IIC-4	中温带剧烈风蚀半干旱区	内蒙古自治区（包头市）	包头市（固阳县、土默特右旗）
IIC-5	中温带极强度风蚀强度水蚀半干旱区	陕西省（榆林市）	榆林市（神木县）
IIC-6	中温带轻度风蚀强度水蚀半干旱区	内蒙古自治区（呼和浩特市）	呼和浩特市（回民区、赛罕区、新城区、玉泉区、林县、清水河县、土默特左旗、托克托县、武川县）
IIC-7	中温带微度风蚀中度水蚀半干旱区	内蒙古自治区（兴安盟）	兴安盟（突泉县、科尔沁右翼中旗）
IIC-8	中温带微度风蚀半干旱区	内蒙古自治区（呼伦贝尔市）	呼伦贝尔市（新巴尔虎左旗、满洲里市）
IIC-9	中温带轻度风蚀半干旱区	内蒙古自治区（锡林郭勒盟、乌兰察布市）	锡林郭勒盟（东乌珠穆沁旗、西乌珠穆沁旗、锡林汉特市、阿巴嘎旗、正蓝旗、多伦县、正镶白旗、太仆寺旗、镶黄旗）；乌兰察布市（丰镇市、化德市、集宁区、凉城县、商都县、兴和县、卓资县、察哈尔右翼后旗、察哈尔右翼中旗、察哈尔右翼前旗）
IID-1	中温带中度风蚀干旱区	甘肃省（张掖市）、新疆维吾尔自治区（克孜勒柯尔克孜自治州）、新疆兵团（第三师、第四师、第十二师）	张掖市（甘州区、高台县、临泽县、民乐县、山丹县）；克孜勒柯尔克孜自治州（阿合奇县、阿图什市、乌恰县）；第三师（41~53团）；第四师（61团、63团、64团）；第十二师（104团、221团、222团、三坪农场、头屯河农场、五一农场、西山农场）
IID-2	中温带剧烈风蚀干旱区	内蒙古自治区（包头市、巴彦淖尔市、阿拉善盟）、甘肃省（金昌市、嘉峪关市、酒泉市）、新疆维吾尔自治区（哈密地区、博尔塔拉蒙古自治州、伊犁哈萨克自治州、阿勒泰地区）、新疆兵团（第五师、第十师）	包头市（东河区、九原区、昆都仑区、青山区、石拐区、达尔罕茂明安联合旗）；巴彦淖尔市（磴口县、杭锦后旗、临河区、乌拉特后旗、乌拉特中旗、乌拉特前旗、五原县）；阿拉善盟（阿拉善右旗、阿拉善左旗、额济纳旗）；金昌市（金川区、永川县）；嘉峪关市；酒泉市（肃北蒙古族自治县、金塔县）；哈密地区（巴里坤县、伊吾县）；博尔塔拉蒙古自治州（阿拉山口市、博乐市、精河县、温泉县）；伊犁哈萨克自治州（察布查尔县、巩留县、霍城县、奎屯市、尼勒克县、特克斯县、新源县、伊宁市、伊宁县、昭苏县）；阿勒泰地区（阿勒泰市、布尔津县、福海县、富蕴县、哈巴河县、吉木乃县、青河县）；第五师（83团、86团、90团、91团）；第十师（181~188团）
IID-3	中温带强度风蚀强度水蚀干旱区	甘肃省（白银市）	白银市（景泰县）
IID-4	中温带强度风蚀干旱区	内蒙古自治区（鄂尔多斯市、乌海市）	鄂尔多斯市（杭锦旗、鄂托克旗、鄂托克前旗）；乌海市（海勃湾区、海南区、乌达区）
IID-5	中温带极强度风蚀极强度水蚀干旱区	宁夏回族自治区（吴忠市）	吴忠市（红寺堡区、盐池县）

（续）

编号	生态功能区	省（市、盟、自治州、地区、师）	市（区、县、旗、团、农场）
IID-6	中温带极强度风蚀干旱区	甘肃省（武威市）、新疆维吾尔自治区（塔城地区、昌吉回族自治州）、新疆兵团（第六师、第七师、第八师、第九师）	武威市（古浪县、民勤县、凉州县）；塔城地区（塔城市、额敏县、和丰县、沙湾县、托里县、乌苏市、裕民县）；昌吉回族自治州（昌吉市、阜康市、呼图壁县、吉木萨尔县、玛纳斯县、木垒县、奇台县）；第六师（102团、103团、105团、106团、芳草湖农场、共青团、红旗农场、军户农场、奇台农场、新湖农场）；第七师（123~131团、137团、工八团）；第八师（121团、133团、134团、136团、141~144团、147~150团、石总场）；第九师（161~170团、团结农场）
IID-7	中温带轻度水蚀干旱区	宁夏回族自治区（石嘴山市、自治区农垦集团、银川市）	石嘴山市（惠农区、平罗县）；自治区农垦集团；银川市（贺兰县、灵武县、兴庆县、永宁县）
IID-8	中温带轻度风蚀干旱区	内蒙古自治区（锡林郭勒盟、乌兰察布市）	锡林郭勒盟（苏尼特左旗、苏尼特右旗）；乌兰察布市（四子王旗）
IIIB-1	暖温带中度水蚀半湿润区	河北省（唐山市、承德市、保定市、邢台市、邯郸市）、山西省（大同市）	唐山市（丰南区、滦南县、滦县、迁安县）；承德市（丰宁县、围场县、平泉县）；保定市（安国市、定兴县、高碑店县、涞源县、曼城区、望都县、定州市）；邢台市（广宗县、巨鹿县、临西县、南宫县、南和县、清河县、威县、新河县）；邯郸市（成安县、大名县、邯郸县、临漳县、邱县、曲周县、魏县、永年县）；大同市（广灵县、灵丘县）
IIIB-2	暖温带中度风蚀半湿润区	内蒙古自治区（赤峰市）	赤峰市（红山区、松山区、元宝山区、喀喇沁旗、宁城县）
IIIB-3	暖温带微度水蚀半湿润区	辽宁省（锦州市）、河北省（廊坊市、衡水市、沧州市）	锦州市（凌海县、义县）；廊坊市（安次区、霸州市、大城县、固安县、广阳县、文安县、香河县、永清县）；衡水市（桃城区、武强县、武邑县）；沧州市（海兴县）
IIIB-4	暖温带较强度水蚀半湿润区	河北省（石家庄市）	石家庄市（藁城区、行唐市、灵寿县、平山县、深泽县、无极县、新乐市、元氏县、正定县）
IIIC-1	暖温带中度水蚀半干旱区	山西省（大同市）	大同市（浑源县）
IIIC-2	暖温带强度风蚀强度水蚀半干旱区	甘肃省（白银市）	白银市（靖远县、平川区）
IIIC-3	暖温带强度水蚀半干旱区	山西省（忻州市）	忻州市（保德县、河曲县、神池县、五寨县）
IIIC-4	暖温带极强度风蚀极强度水蚀半干旱区	宁夏回族自治区（吴忠市）	吴忠市（同心县）

（续）

编号	生态功能区	省（市、盟、自治州、地区、师）	市（区、县、旗、团、农场）
IIIC-5	暖温带极强度风蚀强度水蚀半干旱区	陕西省（榆林市）	榆林市（靖边县、榆阳区）
IIIC-6	暖温带极强度水蚀半干旱区	甘肃省（庆阳市）	庆阳市（环县）
IIID-1	暖温带剧烈风蚀干旱区	甘肃省（酒泉市）、新疆维吾尔自治区（哈密地区、吐鲁番市）、新疆兵团（第十三师）	酒泉市（敦煌市、玉门市、瓜州县）；哈密地区（哈密市）；吐鲁番市（高昌区、鄯善县、托克逊县）；第十三师（红星二场、淖毛湖农场）
IIID-2	暖温带极强度风蚀干旱区	新疆维吾尔自治区（巴音郭楞蒙古自治州、和田地区、喀什地区、阿克苏地区）、新疆兵团（第一师、第二师）	巴音郭楞蒙古自治州（博湖县、和静县、和硕县、库尔勒市、轮台县、且末县、尉犁县、焉耆县）；和田地区（策勒县、和田市、洛浦县、民丰县、墨玉县、皮山县、于田县）；喀什地区（喀什市、巴楚县、伽师县、麦盖提县、莎车县、疏附县、疏勒县、英吉沙县、岳普湖县、泽普县）；阿克苏地区（阿克苏市、阿瓦提县、拜城县、柯坪县、库车县、沙雅县、温宿县、乌什县、新和县）；第一师（2~8团、10-14团、16团、阿拉尔农场、幸福农场）；第二师（21~22团、24~25团、27团、29~31团、33~34团、36~37团、223团）
HID-1	高原亚寒带极强度风蚀干旱区	新疆维吾尔自治区（和田地区）	和田地区（和田县）
HIIC-1	高原温带中度风蚀半干旱区	甘肃省（张掖市）	张掖市（肃南裕固族自治县）
HIID-1	高原温带中度风蚀干旱区	新疆维吾尔自治区（克孜勒柯尔克孜自治州）	克孜勒柯尔克孜自治州（阿克陶县）
HIID-2	高原温带剧烈风蚀干旱区	甘肃省（酒泉市）	酒泉市（阿克塞哈萨克族自治县）
HIID-3	高原温带极强度风蚀干旱区	新疆维吾尔自治区（巴音郭楞蒙古自治州、喀什地区）	巴音郭楞蒙古自治州（若羌县）；喀什地区（塔什库尔干塔吉克自治县、叶城县）

注：新疆生产建设兵团简称为“新疆兵团”，下同。

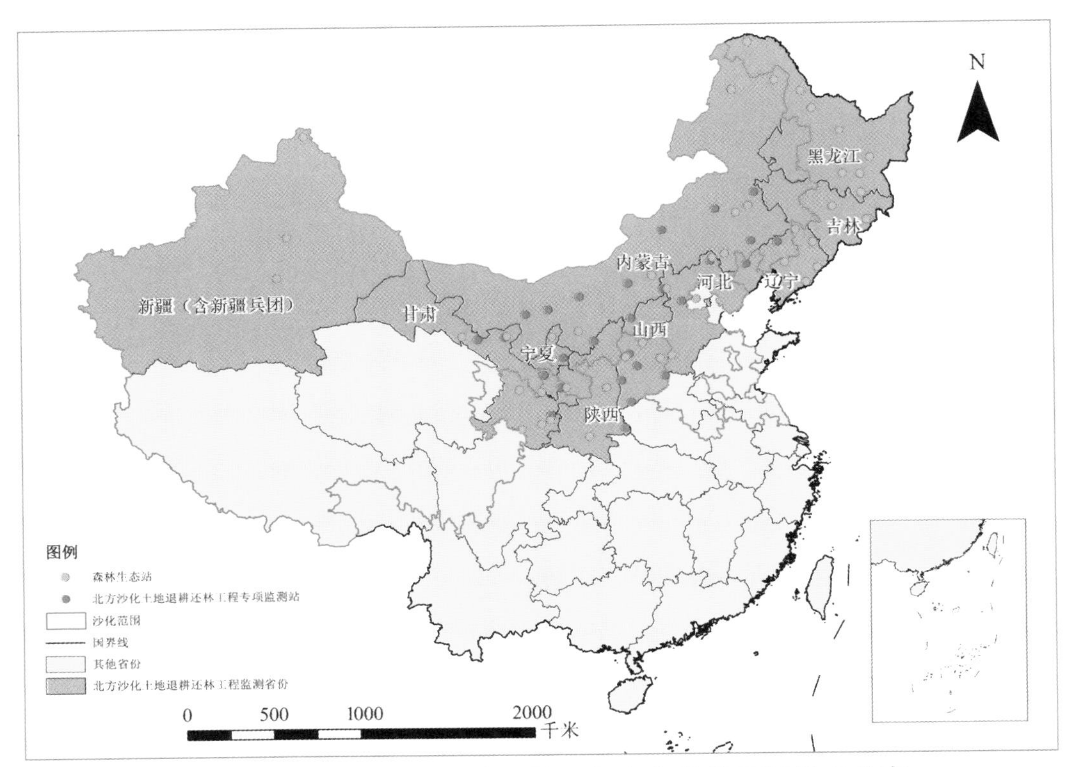

图1-3 北方沙化土地退耕还林工程生态效益监测站点分布

目前森林生态站、生态效益专项监测站以及辅助观测点在生态功能区的布局上能够充分体现区位优势和地域特色，兼顾了在国家和地方等层面的典型性和重要性，可以负责相关站点所属区域的退耕还林工程森林生态连清工作。

退耕还林工程生态效益专项监测站是指承担退耕还林工程生态效益监测任务的各类野外观测台站。通过定位监测、野外试验等手段，运用森林生态效益评价的原理和方法，通过退耕后林地的生态环境与退耕前农耕地、坡耕地的生态环境发生的变化作对比，对退耕还林工程的森林防护、净化大气环境、固碳释氧、生物多样性保护、涵养水源、保育土壤和林木积累营养物质等功能进行评估。

1.1.2 观测站点建设

森林生态站与生态效益专项监测站作为北方沙化土地退耕还林工程生态效益监测的两大平台，在建设时坚持“统一规划、统一布局、统一建设、统一规范、统一标准、资源整合、数据共享”的原则（王兵，2015）。

依据中华人民共和国林业行业标准《森林生态系统定位研究站建设技术要求》（LY/T 1626-2005），森林生态站和生态效益专项监测站的建设，涵盖了森林生态连清野外观测所需要的基础设施、观测设施、仪器设备的建设等。森林生态站都配有功能用房和辅助用房建设，综合实验楼包括数据分析室、资料室、化学分析实验室等。同时也包括观测用车、观测区道路、供水设施、供电设施、供暖设施、通讯设施、标识牌、综合实验楼周围围墙、宽带网络等方面的建设。

森林生态站和生态效益专项监测站都建有地面气象观测场、林内气象观测场、测流堰、水量平衡场、坡面径流场、长期固定标准地、综合观测铁塔等基本观测设施。同时，按照中华人民共和国林业行业标准《森林生态系统定位观测指标体系》（LY/T 1606-2003）（国家林业局，2003）观测需要，各项指标的观测均配有相应符合规范的仪器设备。无论观测设施还是观测设备，要求全国统一，保证了数据的准确性、连续性、全面性和可用性。

1.1.3 观测标准体系

观测标准体系是退耕还林工程野外观测连清体系的技术支撑。北方沙化土地退耕还林工程生态效益监测与评估所依据的标准体系如图1-4所示。包含了从退耕还林工程生态效益监测站点建设到观测指标、观测方法、数据管理，乃至数据应用各个阶段的标准。退耕还林工程生态效益监测站点建设、观测指标、观测方法、数据管理及数据应用的标准化，保证了不同站点所提供退耕还林工程生态连清数据集的准确性和可比性，为北方沙化土地退耕还林工程生态效益监测与评估的顺利实施提供了保障。

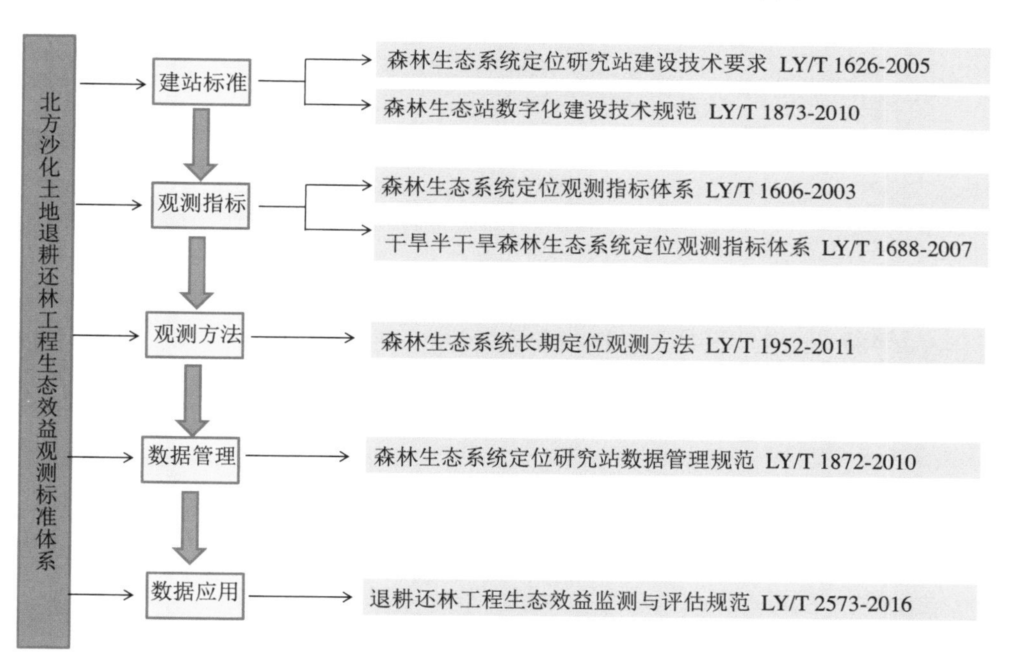

图1-4 北方沙化土地退耕还林工程生态效益观测标准体系

1.1.4 观测数据采集传输

在北方沙化土地退耕还林工程生态效益监测与评估中，数据是监测与评估的基础。为了加强管理，实现数据资源共享，森林生态站、退耕还林工程生态效益专项监测站及辅助观测点的数据采集严格按照中华人民共和国林业行业标准《森林生态系统定位站数据管理规范》（LY/T 1872-2010）（国家林业局，2010a）和《森林生态站数字化建设技术规范》（LY/T 1873-2010）（国家林业局，2010b），对各种数据的采集、传输、整理、计算、存档、质量控制、共享等进行了规范要求，按照同一标准进行观测数据的数字化采集和管理，实现了北方沙化土地退耕还林工程生态效益监测与评估数据的自动化、数字化、网络化、智能化和可视化，充分利用云计算、物联网、大数据、移动互联网等新一代数据技术，提高了北方沙化土地退耕还林工程生态连清数据的可比性。

在生态站数字化建设方面，北方沙化土地退耕还林工程生态效益监测站点在观测数据采集过程中使用了大量全自动采集系统，如自动气象站、自动流量计、树干茎流测量系统等，采集的数据量增多、精度也大大提高。随着观测仪器自动化的提高，观测数据得以远程数据传输，为北方沙化土地退耕还林工程生态效益监测与评估提供了观测数据采集及传输的基本保障。

1.2 北方沙化土地退耕还林工程分布式测算评估体系

1.2.1 分布式测算方法

分布式测算体系是退耕还林工程生态连清体系的精度保证体系，可以解决森林生态系统结构复杂、森林类型较多、森林生态状况测算难、观测指标体系不统一、尺度转化难的问题。

> 分布式测算源于计算机科学，是研究如何把一项整体复杂的问题分割成相对独立运算的单元，并将这些单元分配给多个计算机进行处理，最后将计算结果统一合并得出结论的一种计算科学。

北方沙化土地退耕还林工程生态效益测算是一项非常庞大、复杂的系统工程，很适合划分成多个均质化的生态测算单元开展评估（Niu *et al*., 2012）。因此，分布式测算方法是目前评估退耕还林工程生态效益所采用的较为科学有效的方法。并且，通过《退耕还林工程生态效益监测国家报告（2013）》（国家林业局，2014）以及《退耕还林工程生态效益监测国家报告（2014）》（国家林业局，2015b）已经证实，分布式测算方法能够保证结果的准确性及可靠性。

2015年按省级区域分布式测算方法为：①按照北方沙化土地退耕还林工程监测与评

估省级区域划分为11个一级测算单元；②每个一级测算单元按照市（盟、自治州、地区、师）划分成68个二级测算单元；③每个二级测算单元按照不同退耕还林工程植被恢复类型分为退耕地还林、宜林荒山荒地造林和封山育林3个三级测算单元；④按照退耕还林林种类型将每个三级测算单元再分为生态林、经济林和灌木林3个四级测算单元；⑤将四级测算单元按优势树种组作为五级测算单元。最后，结合不同立地条件的对比分析，确定1986个相对均质化的生态效益评估单元（图1-5）。

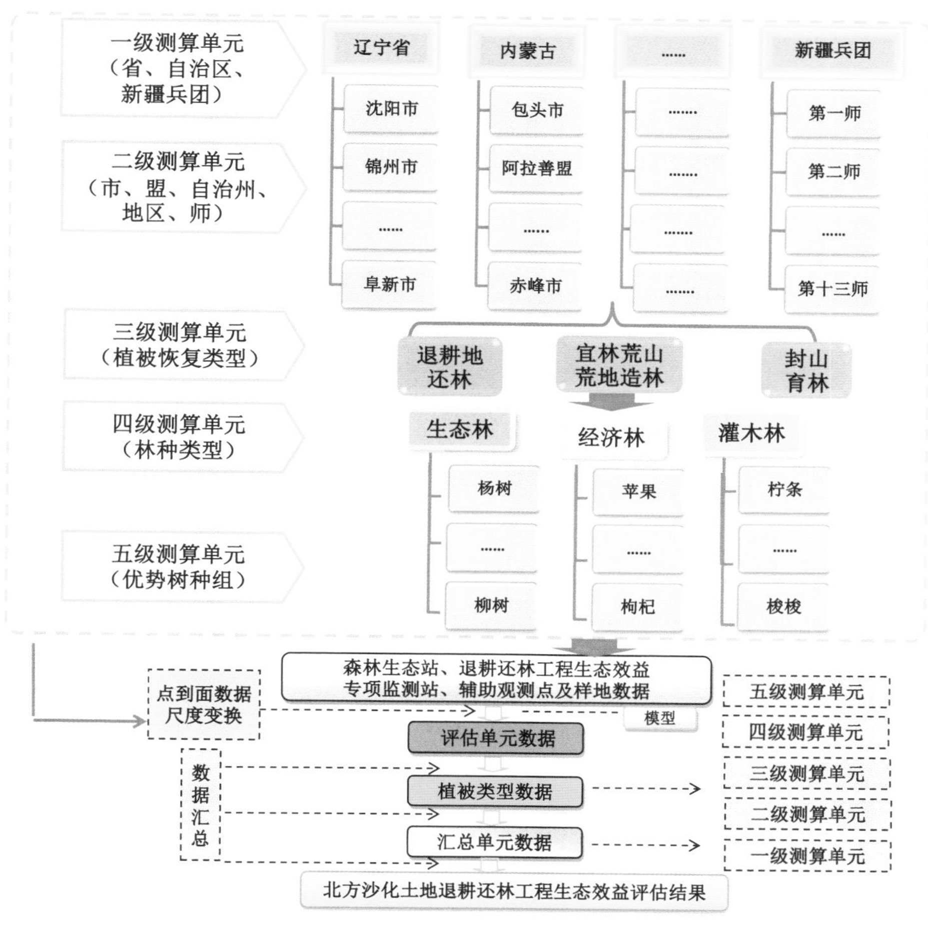

图1-5 按省级区域分布式测算评估体系

2015年按生态功能区分布式测算方法为：①将北方沙化土地退耕还林工程的10个省（自治区）和新疆生产建设兵团按照生态功能区划分为45个一级测算单元；②每个一级测算单元按照市（区、县、旗、团、农场）划分成442个二级测算单元；③每个二级测算单元再按照不同退耕还林工程植被恢复类型分为退耕地还林、宜林荒山荒地造林和封山育林3个三级测算单元；④按照退耕还林林种类型将每个三级测算单元再分为生态林、经济林和灌木林3个四级测算单元；⑤将四级测算单元按优势树种组作为五级测算单元（图1-6）。

基于生态系统尺度的定位实测数据，运用遥感反演、模型模拟等技术手段，进行由点到面的数据尺度转换，将点上实测数据转换至面上测算数据，得到各生态效益评估单元的

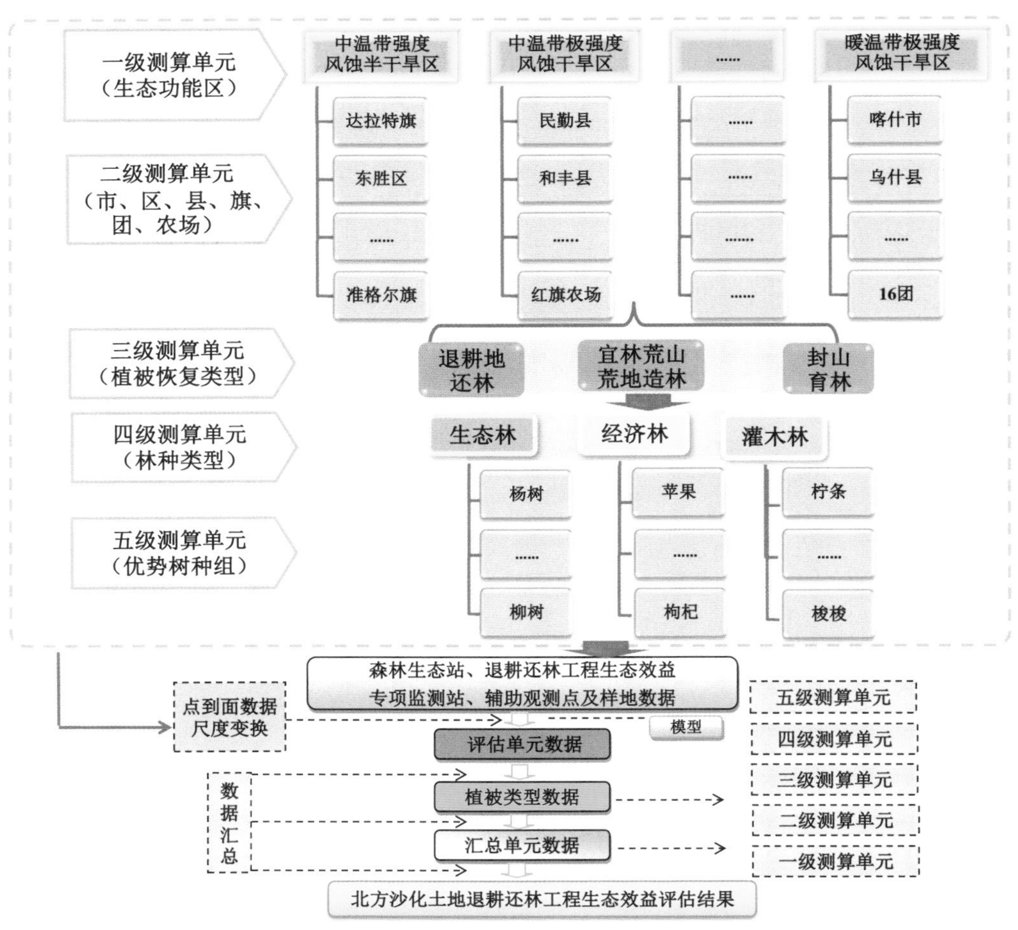

图1-6 按生态功能区分布式测算评估体系

测算数据；以上均质化的单元数据累加的结果即为北方沙化土地退耕还林工程评估区域生态效益测算结果。

1.2.2 测算评估指标体系

在满足代表性、全面性、简明性、可操作性以及适应性等原则的基础上，通过总结近年来的工作及研究经验，依据中华人民共和国林业行业标准《退耕还林工程生态效益监测与评估规范》（LY/T 2573-2016）（国家林业局，2016），本次评估选取的测算评估指标体系包括森林防护、净化大气环境、固碳释氧、生物多样性保护、涵养水源、保育土壤和林木积累营养物质7类功能15项评估指标。本次评估的创新之处在于将森林植被滞纳TSP、PM_{10}、$PM_{2.5}$指标进行单独测算评估（图1-7），同时在《退耕还林工程生态效益监测国家报告（2014）》的基础上增加了森林防护功能的农田防护指标，使得整个测算评估结果更具针对性和全面性。其中，降低噪音指标的测算评估方法尚未成熟，因此本报告未涉及该方面的评估。基于相同原因，在吸收污染物指标中不涉及吸收重金属的指标评估。

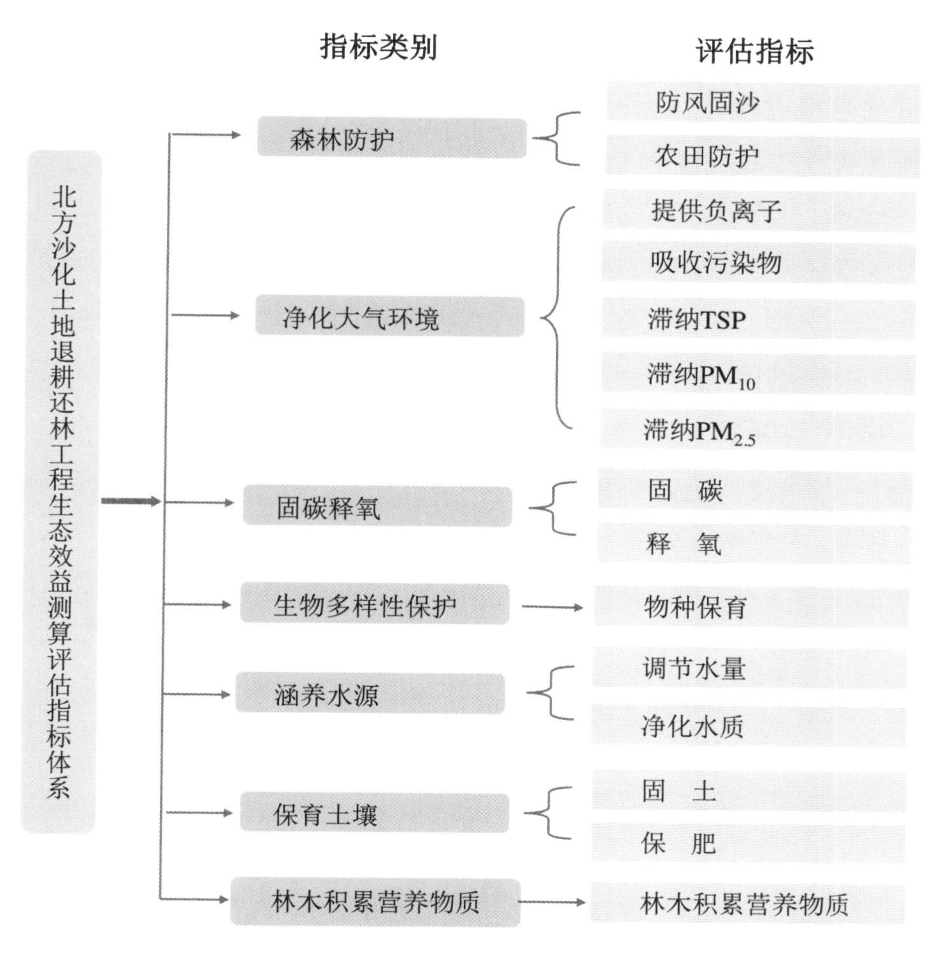

图1-7 北方沙化土地退耕还林工程生态效益测算评估指标体系

1.2.3 数据源耦合集成

北方沙化土地退耕还林工程生态系统服务功能评估分为物质量和价值量两部分。物质量评估所需数据来源于北方沙化土地退耕还林工程生态连清数据集和退耕还林工程资源连清数据集；价值量评估所需数据除以上两个来源外还包括社会公共数据集。

物质量评估主要是对生态系统提供服务的物质数量进行评估，即根据不同区域、不同生态系统的结构、功能和过程，从生态系统服务功能机制出发，利用适宜的定量方法确定生态系统服务功能的质量、数量。物质量评估的特点是评价结果比较直观，能够比较客观地反映生态系统的生态过程，进而反映生态系统的可持续性。

价值量评估主要是利用一些经济学方法对生态系统提供的服务进行评价。价值量评估的特点是评价结果用货币量体现，既能将不同生态系统与一项生态系统服务进行比较，也能将某一生态系统的各单项服务综合起来。运用价值量评价方法得出的货币结果能引起人们对区域生态系统服务足够的重视。

（1）北方沙化土地退耕还林工程生态连清数据集

北方沙化土地退耕还林工程生态连清数据集来源于生态效益专项监测站16个、CFERN所属的森林生态站41个（图1-3）、辅助观测点120多个以及4000多块样地，依据中华人民共和国林业行业标准《退耕还林工程生态效益监测与评估规范》（LY/T 2573-2016）（国家林业局，2016）、《森林生态系统服务功能评估规范》（LY/T1721-2008）（国家林业局，2008）和《森林生态系统长期定位观测方法》（LY/T 1952-2011）（国家林业局，2011）等获取的北方沙化土地退耕还林工程生态连清数据。

（2）北方沙化土地退耕还林工程资源清查数据集

北方沙化土地退耕还林工程资源清查工作主要由国家林业局退耕还林（草）工程管理中心牵头，各省级区域退耕还林工程管理机构负责组织有关部门及其科技支撑单位，于每年3月前，将上一年本省的退耕还林工程3种植被恢复类型中各退耕还林树种营造面积、林龄等资源数据进行清查，最终整合上报至国家林业局退耕还林（草）工程管理中心。

（3）社会公共数据集

北方沙化土地退耕还林工程生态效益评估中所使用的社会公共数据主要采用我国权威

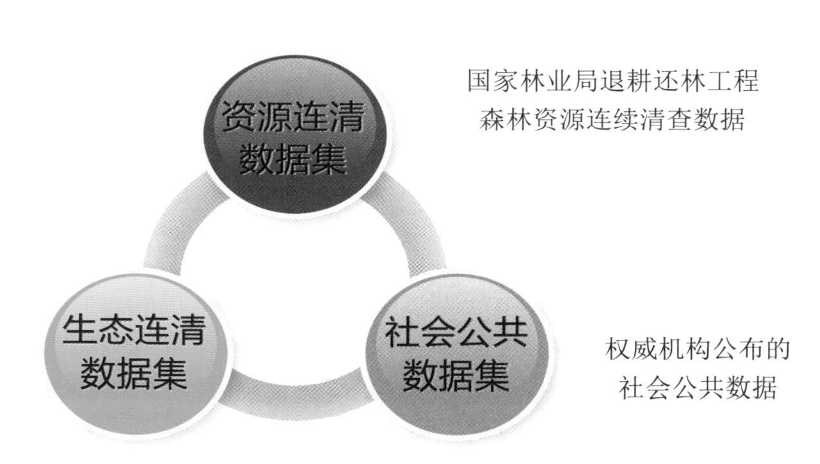

资源连清数据集	• 面积、蓄积量、生长量、消耗量、资源结构
生态连清数据集	• 风蚀模数、提供负离子、吸收二氧化硫能力、吸收氟化物能力、吸收氮氧化物能力、滞纳TSP、滞纳$PM_{2.5}$、滞纳PM_{10}、降水量、蒸散量、快速径流量、森林土壤侵蚀模数、无林地土壤侵蚀模数、土壤容重、土壤含氮量、土壤含磷量、土壤有机质含量、土层厚度、土壤含钾量、林分生产力、生物量、林分平均高、负离子浓度、生物多样性指数、濒危指数 、特有种指数、古树年龄指数
社会公共数据集	• 草方格固沙成本、$PM_{2.5}$所造成健康危害经济损失、PM_{10}所造成健康危害经济损失、降尘清理费用、二氧化硫治理费用、燃煤污染收费标准、大气污染收费标准、排污收费标准、生物多样性保护价值、固碳价格、制造氧气价格、水资源交易市场价格、水质净化费用、磷酸二铵含氮量、磷酸二铵含磷量、氯化钾含钾量、磷酸二铵价格、氯化钾价格、有机质价格、二氧化碳含碳比例、粮食和牧草价格

图1-8 退耕还林工程数据源耦合集成

机构公布的社会公共数据（附表4），分别来源于《关于加快建立完善城镇居民用水阶梯价格制度的指导意见》、《中华人民共和国水利部水利建筑工程预算定额》、农业部信息网（http://www.agri.gov.cn/）、卫生部网站（http://wsb.moh.gov.cn/）、中华人民共和国国家发展和改革委员会第四部委2003年第31号令《排污费征收标准及计算方法》等。

将上述三类数据源有机地耦合集成（图1-8），应用于一系列的评估公式中，即可获得北方沙化土地退耕还林工程生态系统服务功能评估结果。

1.2.4 森林生态功能修正系数集

森林生态系统服务功能价值量的合理测算对绿色国民经济核算具有重要意义，社会进步程度、经济发展水平、森林资源质量等对森林生态系统服务功能均会产生一定影响，而森林自身结构和功能状况则是体现森林生态系统服务功能可持续发展的基本前提。“修正”作为一种状态，表明系统各要素之间具有相对“融洽”的关系。当用现有的野外实测值不能代表同一生态单元同一目标林分类型的结构或功能时，就需要采用森林生态功能修正系数（Forest Ecological Function Correction Coefficient，简称*FEF-CC*）客观地从生态学精度的角度反映同一林分类型在同一区域的真实差异（宋庆丰等，2015）。其理论公式为：

$$FEF\text{-}CC = \frac{Be}{Bo} = \frac{BEF \cdot V}{Bo} \qquad 1\text{-}1$$

公式中：

FEF-CC—森林生态功能修正系数；

Be—评估林分的生物量（千克/立方米）；

Bo—实测林分的生物量（千克/立方米）；

BEF—蓄积量与生物量的转换因子；

V—评估林分的蓄积量（立方米）。

实测林分的生物量可以通过退耕还林工程生态连清的实测手段来获取，而评估林分的生物量在本次退耕还林工程资源连续清查中还没有完全统计，但其蓄积量可以获取（附表1）。因此，通过评估林分蓄积量和生物量转换因子（BEF，附表2）或者评估林分的蓄积量、胸径和树高（附表3），测算评估林分的生物量（Fang *et al.*，2001）。

1.2.5 贴现率

北方沙化土地退耕还林工程生态系统服务功能价值量评估中，由物质量转价值量时，部分价格参数并非评估年价格参数，因此需要使用贴现率将非评估年价格参数换算为评估年份价格参数以计算各项功能价值量的现价。本评估中所使用的贴现率指将未来现金收益折合成现在收益的比率。贴现率是一种存贷款均衡利率，利率的大小，主要根据金融市场利率来决定，其计算公式为：

$$t = (Dr + Lr) / 2 \quad 1\text{-}2$$

公式中：

t —存贷款均衡利率（%）；

Dr —银行的平均存款利率（%）；

Lr —银行的平均贷款利率（%）。

贴现率利用存贷款均衡利率，将非评估年份价格参数，逐年贴现至评估年2015年的价格参数。贴现率的计算公式为：

$$d = (1 + t_{n+1})(1 + t_{n+2}) \cdots (1 + t_m) \quad 1\text{-}3$$

公式中：

d —贴现率；

t —存贷款均衡利率（%）；

n —价格参数可获得年份（年）；

m —评估年年份（年）。

1.2.6 评估公式与模型包

北方沙化土地退耕还林工程生态系统服务功能物质量评估主要是从物质量的角度对该区域退耕还林工程提供的各项生态服务功能进行定量评估；价值量评估是指从货币价值量的角度对该区域退耕还林工程提供的生态服务功能价值进行定量评估，在价值量评估中，主要采用等效替代原则，并用替代品的价格进行等效替代核算某项评估指标的价值量。同时，在具体选取替代品的价格时应遵守权重当量平衡原则，考虑计算所得的各评估指标价值量在总价值量中所占的权重，使其保持相对平衡。

等效替代法是当前生态环境效益经济评价中最普遍采用的一种方法，是生态系统功能物质量向价值量转化的过程中，在保证某评估指标生态功能相同的前提下，将实际的、复杂的生态问题和生态过程转化为等效的、简单的、易于研究的问题和过程来估算生态系统各项功能价值量的研究和处理方法。

权重当量平衡原则是指生态系统服务功能价值量评估过程中，当选取某个替代品的价格进行等效替代核算某项评估指标的价值量时，应考虑计算所得的各评估指标价值量在总价值量中所占的权重，使其保持相对平衡。

1.2.6.1 森林防护功能

植被根系能够固定土壤，改善土壤结构，降低土壤的裸露程度；植被地上部分能够增加地表粗糙程度，降低风速，阻截风沙。地上地下的共同作用能够减弱风的强度和携沙能力，减少因风蚀导致的土壤流失和风沙危害。

（1）防风固沙量

$$G_{防风固沙} = A_{防风固沙} \cdot (Y_2 - Y_1) \cdot F \quad \text{1-4}$$

公式中：

$G_{防风固沙}$—森林防风固沙物质量（吨/年）；

Y_1—退耕还林工程实施后林地风蚀模数〔吨/（公顷·年）〕；

Y_2—退耕还林工程实施前林地风蚀模数〔吨/（公顷·年）〕；

$A_{防风固沙}$—防风固沙林面积（公顷）；

F—森林生态功能修正系数。

（2）防风固沙价值

$$U_{防风固沙} = K_{防风固沙} \cdot A_{防风固沙} \cdot (Y_2 - Y_1) \cdot F \cdot d \quad \text{1-5}$$

公式中：

$U_{防风固沙}$—森林防风固沙价值量（元）；

$K_{防风固沙}$—草方格固沙成本（元/吨）（附表4）；

Y_1—退耕还林工程实施后林地风蚀模数〔吨/（公顷·年）〕；

Y_2—退耕还林工程实施前林地风蚀模数〔吨/（公顷·年）〕；

$A_{防风固沙}$—防风固沙林面积（公顷）；

F—森林生态功能修正系数；

d—贴现率。

（3）农田防护价值

$$U_{农田防护} = V \cdot M \cdot K \quad \text{1-6}$$

公式中：

$U_{农田防护}$—实测林分农田防护功能的价值量（元/年）；

V—稻谷价格（元/千克）（附表4）；

M—农作物、牧草平均增产量（千克/年）；

K—平均1公顷农田防护林能够防护农田的面积，为19公顷。

1.2.6.2 净化大气环境功能

近年雾霾天气频繁、大范围出现，使空气质量状况成为民众和政府部门关注的焦点，大气颗粒物（如TSP、PM_{10}、$PM_{2.5}$）被认为是造成雾霾天气的罪魁。特别$PM_{2.5}$更是由于其对人体健康的严重威胁，成为人们关注的热点。如何控制大气污染、改善空气质量成为众多科学家研究的热点（王兵等，2015；张维康等，2015；Zhang *et al*., 2015）。

森林提供负离子是指森林的树冠、枝叶的尖端放电以及光合作用过程的光电效应促使空气电解，产生空气负离子，同时森林植被释放的挥发性物质如植物精气(又叫芬多精)等也能促进空气电离，增加空气负离子浓度。

退耕还林工程恢复植被同样能有效吸收有害气体、滞纳粉尘、降低噪音、提供负离子等，从而起到净化大气环境的作用。为此，本报告选取提供负离子、吸收污染物、滞纳TSP、PM_{10}和$PM_{2.5}$等指标反映森林植被净化大气环境能力。

森林滞纳空气颗粒物是指由于森林增加地表粗糙度，降低风速从而提高空气颗粒物的沉降几率，同时，植物叶片结构特征的理化特性为颗粒物的附着提供了有利的条件；此外，枝、叶、茎还能够通过气孔和皮孔滞纳空气颗粒物。

（1）提供负离子指标

①年提供负离子量

$$G_{负离子} = 5.256 \times 10^{15} \cdot Q_{负离子} \cdot A \cdot H \cdot F / L \quad 1\text{-}7$$

公式中：

$G_{负离子}$—实测林分年提供负离子个数（个/年）；

$Q_{负离子}$—实测林分负离子浓度（个/立方厘米）；

H—林分高度（米）；

L—负离子寿命（分钟）；

A—林分面积（公顷）；

F—森林生态功能修正系数。

②年提供负离子价值

国内外研究证明，当空气中负离子达到600个/立方厘米以上时，才能有益于人体健康，所以林分年提供负离子价值采用如下公式计算：

$$U_{负离子} = 5.256 \times 10^{15} \cdot A \cdot H \cdot K_{负离子} \cdot (Q_{负离子} - 600) \cdot F / L \cdot d \quad 1\text{-}8$$

公式中：

$U_{负离子}$—实测林分年提供负离子价值（元/年）；

$K_{负离子}$—负离子生产费用（元/个）(附表4)；

$Q_{负离子}$—实测林分负离子浓度（个/立方厘米）；

L—负离子寿命（分钟）；

H—林分高度（米）；

A—林分面积（公顷）；

F—森林生态功能修正系数；

d—贴现率。

（2）吸收污染物指标

二氧化硫、氟化物和氮氧化物是大气污染物的主要物质，因此本报告选取退耕还林工程森林植被吸收二氧化硫、氟化物和氮氧化物3个指标评估森林植被吸收污染物的能力。退耕还林工程森林植被对二氧化硫、氟化物和氮氧化物的吸收，可使用面积－吸收能力法、阈值法、叶干质量估算法等。本报告采用面积－吸收能力法评估退耕还林工程森林植被吸收污染物的物质量和价值量。

①吸收二氧化硫

a. 二氧化硫年吸收量

$$G_{二氧化硫}=Q_{二氧化硫}\cdot A\cdot F/1000 \qquad 1\text{-}9$$

公式中：

$G_{二氧化硫}$—实测林分年吸收二氧化硫量（吨/年）；

$Q_{二氧化硫}$—单位面积实测林分年吸收二氧化硫量〔千克/（公顷·年）〕；

A—林分面积（公顷）；

F—森林生态功能修正系数。

b. 年吸收二氧化硫价值

$$U_{二氧化硫}=K_{二氧化硫}\cdot Q_{二氧化硫}\cdot A\cdot F\cdot d \qquad 1\text{-}10$$

公式中：

$U_{二氧化硫}$—实测林分年吸收二氧化硫价值（元/年）；

$K_{二氧化硫}$—二氧化硫的治理费用（元/千克）（附表4）；

$Q_{二氧化硫}$—单位面积实测林分年吸收二氧化硫量〔千克/（公顷·年）〕；

A—林分面积（公顷）；

F—森林生态功能修正系数；

d—贴现率。

②吸收氟化物

a. 氟化物年吸收量

$$G_{氟化物} = Q_{氟化物} \cdot A \cdot F / 1000 \quad 1\text{-}11$$

公式中：

$G_{氟化物}$—实测林分年吸收氟化物量（吨/年）；

$Q_{氟化物}$—单位面积实测林分年吸收氟化物量〔千克/（公顷·年）〕；

A—林分面积（公顷）；

F—森林生态功能修正系数。

b. 年吸收氟化物价值

$$U_{氟化物} = K_{氟化物} \cdot Q_{氟化物} \cdot A \cdot F \cdot d \quad 1\text{-}12$$

公式中：

$U_{氟化物}$—实测林分年吸收氟化物价值（元/年）；

$Q_{氟化物}$—单位面积实测林分年吸收氟化物量〔千克/（公顷·年）〕；

$K_{氟化物}$—氟化物治理费用（元/千克）(附表4)；

A—林分面积（公顷）；

F—森林生态功能修正系数；

d—贴现率。

③吸收氮氧化物

a. 氮氧化物年吸收量

$$G_{氮氧化物} = Q_{氮氧化物} \cdot A \cdot F / 1000 \quad 1\text{-}13$$

公式中：

$G_{氮氧化物}$—实测林分年吸收氮氧化物量（吨/年）；

$Q_{氮氧化物}$—单位面积实测林分年吸收氮氧化物量〔千克/（公顷·年）〕；

A—林分面积（公顷）；

F—森林生态功能修正系数。

b. 年吸收氮氧化物价值

$$U_{氮氧化物} = K_{氮氧化物} \cdot Q_{氮氧化物} \cdot A \cdot F \cdot d \quad 1\text{-}14$$

公式中：

$U_{氮氧化物}$—实测林分年吸收氮氧化物价值（元/年）；

$K_{氮氧化物}$—氮氧化物治理费用（元/千克）(附表4)；

$Q_{氮氧化物}$—单位面积实测林分年吸收氮氧化物量〔千克/（公顷·年）〕；

A—林分面积（公顷）；

F—森林生态功能修正系数；

d—贴现率。

（3）TSP指标

鉴于近年来人们对PM_{10}和$PM_{2.5}$的关注，本报告在评估TSP及其价值的基础上，将PM_{10}和$PM_{2.5}$进行了单独的物质量和价值量核算。

①年滞纳TSP量

$$G_{TSP} = Q_{TSP} \cdot A \cdot F / 1000 \tag{1-15}$$

公式中：

G_{TSP}—实测林分年滞纳TSP量（吨/年）；

Q_{TSP}—单位面积实测林分年滞纳TSP量〔千克/（公顷·年）〕；

A—林分面积（公顷）；

F—森林生态功能修正系数。

②年滞纳TSP价值

本研究中，用健康危害损失法计算林分滞纳PM_{10}和$PM_{2.5}$的价值。其中，PM_{10}采用的是治疗因为空气颗粒物污染而引发的上呼吸道疾病的费用，$PM_{2.5}$采用的是治疗因为空气颗粒物污染而引发的下呼吸道疾病的费用。林分滞纳TSP采用降尘清理费用计算。

$$U_{TSP} = [(G_{TSP} - G_{PM_{10}} - G_{PM_{2.5}})] \cdot K_{TSP} \cdot F \cdot d + U_{PM_{10}} + U_{PM_{2.5}} \tag{1-16}$$

公式中：

U_{TSP}—实测林分年滞纳TSP价值（元/年）；

G_{TSP}—实测林分年滞纳TSP量（吨/年）；

$G_{PM_{10}}$—实测林分年滞纳PM_{10}量（千克/年）；

$G_{PM_{2.5}}$—实测林分年滞纳$PM_{2.5}$量（千克/年）；

$U_{PM_{10}}$—实测林分年滞纳PM_{10}价值（元/年）；

$U_{PM_{2.5}}$—实测林分年滞纳$PM_{2.5}$价值（元/年）；

K_{TSP}—降尘清理费用（元/千克）（附表4）；

F—森林生态功能修正系数；

d—贴现率。

（4）滞纳PM_{10}指标

①年滞纳PM_{10}量

$$G_{PM_{10}} = 10Q_{PM_{10}} \cdot A \cdot n \cdot F \cdot LAI \tag{1-17}$$

公式中：

$G_{PM_{10}}$—实测林分年滞纳PM_{10}量（千克/年）；

$Q_{PM_{10}}$—实测林分单位叶面积滞纳PM_{10}量（克/平方米）；

A—林分面积（公顷）；

n—年洗脱次数；

F—森林生态功能修正系数；

LAI—叶面积指数。

②年滞纳PM_{10}价值

$$U_{PM_{10}} = 10C_{PM_{10}} \cdot Q_{PM_{10}} \cdot A \cdot n \cdot F \cdot LAI \cdot d \qquad 1\text{-}18$$

公式中：

$U_{PM_{10}}$—实测林分年滞纳PM_{10}价值（元/年）；

$C_{PM_{10}}$—由PM_{10}所造成的健康危害经济损失（治疗上呼吸道疾病的费用）（元/千克）(附表4)；

$Q_{PM_{10}}$—实测林分单位叶面积滞纳PM_{10}量（克/平方米）；

A—林分面积（公顷）；

n—年洗脱次数；

F—森林生态功能修正系数；

LAI—叶面积指数；

d—贴现率。

（5）**滞纳$PM_{2.5}$指标**

①年滞纳$PM_{2.5}$量

$$G_{PM_{2.5}} = 10Q_{PM_{2.5}} \cdot A \cdot n \cdot F \cdot LAI \qquad 1\text{-}19$$

公式中：

$G_{PM_{2.5}}$—实测林分年滞纳$PM_{2.5}$量（千克/年）；

$Q_{PM_{2.5}}$—实测林分单位叶面积滞纳$PM_{2.5}$量（克/平方米）；

A—林分面积（公顷）；

n—年洗脱次数；

F—森林生态功能修正系数；

LAI—叶面积指数。

②年滞纳$PM_{2.5}$价值

$$U_{PM_{2.5}} = 10C_{PM_{2.5}} \cdot Q_{PM_{2.5}} \cdot A \cdot n \cdot F \cdot LAI \cdot d \qquad 1\text{-}20$$

公式中：

$U_{PM_{2.5}}$—实测林分年滞纳$PM_{2.5}$价值（元/年）；

$C_{PM_{2.5}}$—由$PM_{2.5}$所造成的健康危害经济损失（治疗下呼吸道疾病的费用）（元/千克）(附表4)；

$Q_{PM_{2.5}}$—实测林分单位叶面积滞纳$PM_{2.5}$量（克/平方米）；

A—林分面积（公顷）；

n —年洗脱次数；

F —森林生态功能修正系数；

LAI —叶面积指数；

d —贴现率。

1.2.6.3 **固碳释氧功能**

森林植被与大气的物质交换主要是二氧化碳与氧气的交换，这对维持大气中的二氧化碳和氧气动态平衡、减少温室效应以及为人类提供生存的基础都有巨大的、不可替代的作用。为此本报告选用固碳、释氧两个指标反映退耕还林工程固碳释氧功能。根据光合作用化学反应式，森林植被每积累1.00克干物质，可以吸收1.63克二氧化碳，释放1.19克氧气。

（1）固碳指标

①植被和土壤年固碳量

$$G_{碳} = A \cdot (1.63R_{碳} \cdot B_{年} + F_{土壤碳}) \cdot F \qquad 1\text{-}21$$

公式中：

$G_{碳}$ —实测年固碳量（吨/年）；

$B_{年}$ —实测林分年净生产力〔吨/（公顷·年）〕；

$F_{土壤碳}$ —单位面积林分土壤年固碳量〔吨/（公顷·年）〕；

$R_{碳}$ —二氧化碳中碳的含量，为27.27%；

A —林分面积（公顷）；

F —森林生态功能修正系数。

公式得出退耕还林工程森林植被的潜在年固碳量，再从其中减去由于林木消耗造成的碳量损失，即为退耕还林工程森林植被的实际年固碳量。

②年固碳价值

鉴于欧美发达国家正在实施温室气体排放税收制度，并对二氧化碳的排放征税。为了与国际接轨，便于在外交谈判中有可比性，采用国际上通用的碳税法进行评估。退耕还林工程植被和土壤年固碳价值的计算公式为：

$$U_{碳} = A \cdot C_{碳} \cdot (1.63R_{碳} \cdot B_{年} + F_{土壤碳}) \cdot F \cdot d \qquad 1\text{-}22$$

公式中：

$U_{碳}$ —实测林分年固碳价值（元/年）；

$B_{年}$ —实测林分年净生产力〔吨/（公顷·年）〕；

$F_{土壤碳}$ —单位面积森林土壤年固碳量〔吨/（公顷·年）〕；

$C_{碳}$ —固碳价格（元/吨）（附表4）；

$R_{碳}$—二氧化碳中碳的含量，为27.27%；

A—林分面积（公顷）；

F—森林生态功能修正系数；

d—贴现率。

公式得出退耕还林工程森林植被的潜在年固碳价值，再从其中减去由于林木消耗造成的碳量损失，即为退耕还林工程森林植被的实际年固碳价值。

（2）释氧指标

①年释氧量

公式为：

$$G_{氧气} = 1.19 A \cdot B_{年} \cdot F \quad 1\text{-}23$$

公式中：

$G_{氧气}$—实测林分年释氧量（吨/年）；

$B_{年}$—实测林分年净生产力〔吨/（公顷·年）〕；

A—林分面积（公顷）；

F—森林生态功能修正系数。

②年释氧价值

因为价值量的评估属经济的范畴，是市场化、货币化的体现，因此本报告采用国家权威部门公布的氧气商品价格计算退耕还林工程森林植被的年释氧价值。计算公式为：

$$U_{氧} = 1.19 C_{氧} \cdot A \cdot B_{年} \cdot F \cdot d \quad 1\text{-}24$$

公式中：

$U_{氧}$—实测林分年释氧价值（元/年）；

$B_{年}$—实测林分年净生产力〔吨/（公顷·年）〕；

$C_{氧}$—制造氧气的价格（元/吨）(附表4)；

A—林分面积（公顷）；

F—森林生态功能修正系数；

d—贴现率。

1.2.6.4 生物多样性保护功能

生物多样性维护了自然界的生态平衡，并为人类的生存提供了良好的环境条件。生物多样性是生态系统不可缺少的组成部分，对生态系统服务的发挥具有十分重要的作用。Shannon-Wiener指数是反映森林中物种的丰富度和分布均匀程度的经典指标。传统Shannon-Wiener指数对生物多样性保护等级的界定不够全面。本报告采用濒危指数、特有种指数及古树年龄指数进行生物多样性保护功能评估，其中濒危指数和特有种指数主要针对封山育林。

生物多样性保护功能评估公式如下：

$$U_{生物}=(1+0.1\sum_{m=1}^{x}E_m+0.1\sum_{n=1}^{y}B_n+0.1\sum_{r=1}^{z}O_r)\cdot S_I\cdot A\cdot d \qquad 1\text{-}25$$

公式中：

$U_{生物}$—实测林分年生物多样性保护价值（元/年）；

E_m—实测林分或区域内物种m的濒危分值（表1-2）；

B_n—评估林分或区域内物种n的特有种（表1-3）；

O_r—评估林分（或区域）内物种r的古树年龄指数（表1-4）；

x—计算濒危指数物种数量；

y—计算特有种指数物种数量；

z—计算古树年龄指数物种数量；

S_I—单位面积物种多样性保育价值量〔元/（公顷·年）〕；

A—林分面积（公顷）；

d—贴现率。

本报告根据Shannon-Wiener指数计算生物多样性价值，共划分7个等级：

当指数<1时，S_I为3000元/（公顷·年）；

当1≤指数＜2时，S_I为5000元/（公顷·年）；

当2≤指数＜3时，S_I为10000元/（公顷·年）；

当3≤指数＜4时，S_I为20000元/（公顷·年）；

当4≤指数＜5时，S_I为30000元/（公顷·年）；

当5≤指数＜6时，S_I为40000元/（公顷·年）；

当指数≥6时，S_I为50000元/（公顷·年）。

表1-2　濒危指数体系

濒危指数	濒危等级	物种种类
4	极危	参见《中国物种红色名录（第一卷）：红色名录》
3	濒危	
2	易危	
1	近危	

注：濒危指数主要针对封山育林。

表1-3 特有种指数体系

特有种指数	分布范围
4	仅限于范围不大的山峰或特殊的自然地理环境下分布
3	仅限于某些较大的自然地理环境下分布的类群，如仅分布于较大的海岛（岛屿）、高原、若干个山脉等
2	仅限于某个大陆分布的分类群
1	至少在2个大陆都有分布的分类群
0	世界广布的分类群

注：参见《植物特有现象的量化》（苏志尧，1999）；特有种指数主要针对封山育林。

表1-4 古树年龄指数体系

古树年龄	指数等级	来源及依据
100~299年	1	参见全国绿化委员会、国家林业局文件《关于开展古树名木普查建档工作的通知》
300~499年	2	
≥500年	3	

1.2.6.5 涵养水源功能

涵养水源功能主要是指森林对降水的截留、吸收和贮存，将地表水转为地表径流或地下水的作用。主要功能表现在增加可利用水资源、净化水质和调节径流三个方面。本报告选定两个指标，即调节水量指标和净化水质指标，以反映该区域退耕还林工程的涵养水源功能。

（1）调节水量指标

①年调节水量

北方沙化土地退耕还林工程生态系统年调节水量公式为：

$$G_{调} = 10A \cdot (P - E - C) \cdot F \quad 1\text{-}26$$

公式中：

$G_{调}$—实测林分年调节水量（立方米/年）；

P—实测林外降水量（毫米/年）；

E—实测林分蒸散量（毫米/年）；

C—实测地表快速径流量（毫米/年）；

A—林分面积（公顷）；

F—森林生态功能修正系数。

②年调节水量价值

由于森林对水量主要起调节作用，与水库的功能相似。因此该区域退耕还林工程生态系统年调节水量价值根据水库工程的蓄水成本（替代工程法）来确定，采用如下公式计算：

$$U_{调} = 10C_{库} \cdot A \cdot (P - E - C) \cdot F \cdot d \quad 1\text{-}27$$

公式中：

$U_{调}$—实测森林年调节水量价值（元/年）；

$C_{库}$—水库库容造价（元/吨）(附表4)；

P—实测林外降水量（毫米/年）；

E—实测林分蒸散量（毫米/年）；

C—实测地表快速径流量（毫米/年）；

A—林分面积（公顷）；

F—森林生态功能修正系数；

d—贴现率。

（2）净化水质指标

①年净化水量

北方沙化土地退耕还林工程生态系统年净化水量采用年调节水量的公式：

$$G_{净} = 10A \cdot (P - E - C) \cdot F \quad 1\text{-}28$$

公式中：

$G_{净}$—实测林分年净化水量（立方米/年）；

P—实测林外降水量（毫米/年）；

E—实测林分蒸散量（毫米/年）；

C—实测地表快速径流量（毫米/年）；

A—林分面积（公顷）；

F—森林生态功能修正系数。

②年净化水质价值

由于森林净化水质与自来水的净化原理一致，所以参照水的商品价格，即居民用水平均价格，根据净化水质工程的成本（替代工程法）计算该区域退耕还林工程森林生态系统年净化水质价值。这样也可以在一定程度上引起公众对森林净化水质的物质量和价值量的感性认识。具体计算公式为：

$$U_{水质} = 10K_{水} \cdot A \cdot (P - E - C) \cdot F \cdot d \quad 1\text{-}29$$

公式中：

$U_{水质}$—实测林分净化水质价值（元/年）；

$K_{水}$—水的净化费用（元/吨）(附表4)；

P—实测林外降水量（毫米/年）；

E—实测林分蒸散量（毫米/年）；

C—实测地表快速径流量（毫米/年）；

A—林分面积（公顷）；

F—森林生态功能修正系数；

d—贴现率。

1.2.6.6 **保育土壤功能**

森林植被凭借强壮且成网状的根系截留大气降水，减少或免遭雨滴对土壤表层的直接冲击，有效地固持土体，降低了地表径流对土壤的冲蚀，使土壤流失量大大降低。而且退耕还林工程森林植被的生长发育及其代谢产物不断对土壤产生物理及化学影响，参与土体内部的能量转换与物质循环，使土壤肥力提高，森林植被是土壤养分的主要来源之一。为此，本报告选用两个指标，即固土指标和保肥指标，以反映该区域退耕还林工程森林植被保育土壤功能。

（1）固土指标

①年固土量

林分年固土量公式为：

$$G_{固土}=A\cdot(X_2-X_1)\cdot F \tag{1-30}$$

公式中：

$G_{固土}$—实测林分年固土量（吨/年）；

X_1—退耕还林工程实施后土壤侵蚀模数〔吨/（公顷·年）〕；

X_2—退耕还林工程实施前土壤侵蚀模数〔吨/（公顷·年）〕；

A—林分面积（公顷）；

F—森林生态功能修正系数。

②年固土价值

由于土壤侵蚀流失的泥沙淤积于水库中，减少了水库蓄积水的体积，因此本报告根据蓄水成本（替代工程法）计算林分年固土价值，公式为：

$$U_{固土}=A\cdot C_{土}\cdot(X_2-X_1)\cdot F/\rho\cdot d \tag{1-31}$$

公式中：

$U_{固土}$—实测林分年固土价值（元/年）；

X_1—退耕还林工程实施后土壤侵蚀模数〔吨/（公顷·年）〕；

X_2—退耕还林工程实施前土壤侵蚀模数〔吨/（公顷·年）〕；

$C_{土}$—挖取和运输单位体积土方所需费用（元/立方米）(附表4)；

ρ—土壤容重（克/立方厘米）；

A—林分面积（公顷）；

F—森林生态功能修正系数；

d—贴现率。

（2）保肥指标

①年保肥量

$$G_N = A \cdot N \cdot (X_2 - X_1) \cdot F \quad 1\text{-}32$$

$$G_p = A \cdot P \cdot (X_2 - X_1) \cdot F \quad 1\text{-}33$$

$$G_k = A \cdot K \cdot (X_2 - X_1) \cdot F \quad 1\text{-}34$$

$$G_{有机质} = A \cdot M \cdot (X_2 - X_1) \cdot F \quad 1\text{-}35$$

公式中：

G_N—退耕还林工程森林植被固持土壤而减少的氮流失量（吨/年）；

G_P—退耕还林工程森林植被固持土壤而减少的磷流失量（吨/年）；

G_K—退耕还林工程森林植被固持土壤而减少的钾流失量（吨/年）；

$G_{有机质}$—退耕还林工程森林植被固持土壤而减少的有机质流失量（吨/年）；

X_1—退耕还林工程实施后土壤侵蚀模数〔吨/（公顷·年）〕；

X_2—退耕还林工程实施前土壤侵蚀模数〔吨/（公顷·年）〕；

N—退耕还林工程森林植被土壤平均含氮量（%）；

P—退耕还林工程森林植被土壤平均含磷量（%）；

K—退耕还林工程森林植被土壤平均含钾量（%）；

M—退耕还林工程森林植被土壤平均有机质含量（%）；

A—林分面积（公顷）；

F—森林生态功能修正系数。

②年保肥价值

年固土量中氮、磷、钾的物质量换算成化肥价值即为林分年保肥价值。本报告的林分年保肥价值以固土量中的氮、磷、钾数量折合成磷酸二铵化肥和氯化钾化肥的价值来体现。公式为：

$$U_{肥} = A \cdot (X_2 - X_1) \cdot \left(\frac{N \cdot C_1}{R_1} + \frac{P \cdot C_1}{R_2} + \frac{K \cdot C_2}{R_3} + M \cdot C_3\right) \cdot F \cdot d \quad 1\text{-}36$$

公式中：

$U_{肥}$—实测林分年保肥价值（元/年）；

X_1—退耕还林工程实施后土壤侵蚀模数〔吨/（公顷·年）〕；

X_2—退耕还林工程实施前土壤侵蚀模数〔吨/（公顷·年）〕；

N—退耕还林工程森林植被土壤平均含氮量（%）；

P—退耕还林工程森林植被土壤平均含磷量（%）；

K—退耕还林工程森林植被土壤平均含钾量（%）；

M—退耕还林工程森林植被土壤平均有机质含量（%）；

R_1—磷酸二铵化肥含氮量（%）(附表4)；

R_2—磷酸二铵化肥含磷量（%）(附表4)；

R_3—氯化钾化肥含钾量（%）(附表4)；

C_1—磷酸二铵化肥价格（元/吨）(附表4)；

C_2—氯化钾化肥价格（元/吨）(附表4)；

C_3—有机质价格（元/吨）(附表4)；

A—林分面积（公顷）；

F—森林生态功能修正系数；

d—贴现率。

1.2.6.7 林木积累营养物质功能

森林植被不断从周围环境吸收营养物质固定在植物体中，成为全球生物化学循环不可缺少的环节。本次评价选用林木积累氮、磷、钾指标来反映退耕还林工程林木积累营养物质功能。

（1）林木年营养物质积累量

$$G_{氮} = A \cdot N_{营养} \cdot B_{年} \cdot F \quad 1\text{-}37$$

$$G_{磷} = A \cdot P_{营养} \cdot B_{年} \cdot F \quad 1\text{-}38$$

$$G_{钾} = A \cdot K_{营养} \cdot B_{年} \cdot F \quad 1\text{-}39$$

公式中：

$G_{氮}$—植被固氮量（吨/年）；

$G_{磷}$—植被固磷量（吨/年）；

$G_{钾}$—植被固钾量（吨/年）；

$N_{营养}$—林木氮元素含量（%）；

$P_{营养}$—林木磷元素含量（%）；

$K_{营养}$—林木钾元素含量（%）；

$B_{年}$—实测林分年净生产力〔吨/（公顷·年）〕；

A—林分面积（公顷）；

F—森林生态功能修正系数。

（2）林木年营养物质积累价值

采取把营养物质折合成磷酸二铵化肥和氯化钾化肥方法计算林木营养物质积累价值，公式为：

$$U_{营养} = A \cdot B_{年} \cdot (\frac{N_{营养} \cdot C_1}{R_1} + \frac{P_{营养} \cdot C_1}{R_2} + \frac{K_{营养} \cdot C_2}{R_3}) \cdot F \cdot d \qquad 1\text{-}40$$

公式中：

$U_{营养}$—实测林分氮、磷、钾年增加价值（元/年）；

$N_{营养}$—实测林木含氮量（%）；

$P_{营养}$—实测林木含磷量（%）；

$K_{营养}$—实测林木含钾量（%）；

R_1—磷酸二铵含氮量（%）（附表4）；

R_2—磷酸二铵含磷量（%）（附表4）；

R_3—氯化钾含钾量（%）（附表4）；

C_1—磷酸二铵化肥价格（元/吨）（附表4）；

C_2—氯化钾化肥价格（元/吨）（附表4）；

$B_{年}$—实测林分年净生产力〔吨/（公顷·年）〕；

A—林分面积（公顷）；

F—森林生态功能修正系数；

d—贴现率。

1.2.6.8 **北方沙化土地退耕还林工程生态系统服务功能总价值量评估**

北方沙化土地退耕还林工程生态系统服务功能总价值量为上述分项之和，公式为：

$$U_{总} = \sum_{i=1}^{15} U_i \qquad 1\text{-}41$$

公式中：

$U_{总}$—北方沙化土地退耕还林工程生态系统服务功能总价值量（元/年）；

U_i—北方沙化土地退耕还林工程生态系统服务功能各分项价值量（元/年）。

第二章 北方沙化土地退耕还林工程区概况

北方沙化土地退耕还林工程区的自然、经济和社会条件差异很大，本章将从地形地貌、降水条件、土壤条件和植被条件等方面介绍北方沙化土地退耕还林工程区的自然概况。

2.1 北方沙化土地退耕还林工程区自然概况

2.1.1 地形地貌

北方沙化土地退耕还林工程监测与评估省（自治区）和新疆生产建设兵团地处我国东北、华北和西北地区。

东北地区的地貌可分为山地、高原、丘陵和平原四大类型，以山地、丘陵和平原为主。以吉林省四平市和黑龙江省大庆市为例，吉林省四平市地貌形态差异明显，北临条子河，东有大黑山，地势由东南向西北倾斜，东南多为低山丘陵地带，西北多为波状平原地带，中部地势十分平坦，呈现明显的东南高、西北低的特征。黑龙江省大庆市属于松花江、嫩江冲积一级阶地，地势由四周向中心倾斜，地貌结构呈同心圆形状，地势由北向南渐低，地貌表现为波状起伏的低平原，稍高处为平缓的漫岗，平地上多为耕地、草原，也分布着许多面积不大的盐碱小丘。

华北地区的地貌可分为山地、高原、丘陵和平原四大类型，高原内部起伏不平，河谷纵横，山地高低错落，与平原构成华北独特的地貌景观。以内蒙古自治区和山西省为例，内蒙古自治区西部地区的地形以阴山山系为“脊梁”向南北两翼展开，地貌类型沿中山山地、低山丘陵、平原等依次过渡。东部地区的地形则以大兴安岭山地为“轴”向东西两侧展开。向西依次出现中山、低山、高原地貌，向东出现中山、低山、丘陵、平原及蒙古高原。山西省地势东北高西南低，高原内部起伏不平，河谷纵横，地貌类型复杂多样，有山地、丘陵、台地、平原，山多川少。地貌呈现整体隆起的地势，在高原中部，分布着一列雁行排列的断陷盆地。中部断陷盆地把山西高原斜截为二，东西两侧为山地和高原，使山西的地貌截面轮廓很像一个“凹”字形。

西北地区的地貌可分为山地、高原、丘陵、盆地和平原五大类型。山体纵横交错与高原一起构成地貌的基本骨架，丘陵、盆地、平原分布于该框架之内。各种类型的地貌在多种内外营力的共同作用下，其表面经过长期的侵蚀与堆积，地貌景观上存在很大差别。以宁夏回族自治区和新疆维吾尔自治区为例，宁夏回族自治区按地形大体可分为黄土高原、鄂尔多斯台地和洪积冲积平原。地势南高北低。从地貌类型看，中部和北部以干旱剥蚀、风蚀地貌为主，是蒙古高原的一部分。境内有较为高峻的山地和广泛分布的丘陵，也有由于地层断陷又经黄河冲积而成的冲积平原，还有台地和沙丘。新疆维吾尔自治区北部有阿尔泰山，南部为昆仑山系有昆仑山、阿尔金山和天山。天山横亘于新疆维吾尔自治区中部，把新疆维吾尔自治区分为南北两半，南部是塔里木盆地，北部是准噶尔盆地。习惯上称天山以南为南疆，天山以北为北疆，把哈密地区、吐鲁番地区称之为东疆。北方沙化土地退耕还林工程省级区域地形地貌具体概况见表2-1。

表2-1　北方沙化土地退耕还林工程省级区域地形地貌

省级区域	主要地形	主要城市
黑龙江	平原	齐齐哈尔市、大庆市
吉林	平原、山地、丘陵	四平市、白城市、松原市
辽宁	平原	沈阳市
	山地、丘陵	锦州市、阜新市
河北	山地、丘陵、高原	张家口市、承德市、唐山市
	平原	石家庄市、邯郸市、邢台市、保定市、衡水市、沧州市、廊坊市
内蒙古	山地、丘陵	兴安盟、巴彦淖尔市、呼和浩特市、包头市、乌兰察布市、赤峰市、呼伦贝尔市东部
	高原	阿拉善盟、鄂尔多斯市、呼伦贝尔市西部、乌海市、锡林郭勒盟
	平原	通辽市
山西	山地、丘陵	朔州市、忻州市
	盆地	大同市
陕西	黄土高原	榆林市
甘肃	黄土高原	庆阳市、白银市
	平原	武威市、张掖市、酒泉市、金昌市、嘉峪关市
宁夏	平原	银川市、石嘴山市
	丘陵	吴忠市

（续）

省级区域	主要地形	主要城市
新疆	盆地、山地	和田地区、喀什地区、阿克苏地区、巴音郭楞蒙古自治州
	盆地、山地	克孜勒柯尔克孜自治州、阿勒泰地区、塔城地区、昌吉地区、博尔塔拉蒙古自治州、伊犁哈萨克自治州
	盆地	哈密地区、吐鲁番地区
新疆兵团	盆地、山地	第一师、第二师、第三师
	盆地、山地	第四师、第五师、第六师、第七师、第八师、第九师、第十师、第十二师
	盆地	第十三师

2.1.2 降水条件

中国降水分布从北到南、从西到东呈增多的趋势，该变化主要由于纬度变化和水陆位置变化引起。北方沙化土地退耕还林工程省级区域具体降水量情况见表2-2。

表2-2 北方沙化土地退耕还林工程省级区域年均降水量

省级区域	年均降水量（毫米）	省级区域	年均降水量（毫米）
黑龙江	400~800	陕西	286~365
吉林	330~800	甘肃	60~400
辽宁	400~800	宁夏	160~260
河北	330~800	新疆	<150
内蒙古	100~500	新疆兵团	<150
山西	330~600	–	–

*来源：中国天气网。

东北地区属于温带大陆性季风气候，四季特点十分明显：春季干旱多风，夏季炎热多雨，秋季短暂霜早，冬季干冷漫长，山区降水多于平原地区。如吉林省，以东部降雨量最为丰沛，降雨趋势由东向西逐渐减少。华北地区属于温带大陆性季风气候，内蒙古自治区气候复杂多样，年均降水量表现为自西向东依次增加；山西省气候受海洋影响较弱，年降水量山区高于盆地。由于地形的抬升作用，暖湿气流遇山地极易成云致雨，致使山地降水量在大致相同的纬度普遍多于川谷。河北省降雨趋势表现为东南地区多于西北地区。

西北地区的陕北大部属暖温带气候，陕北北部长城沿线属中温带气候，陕北为半干旱区；宁夏回族自治区地处半湿润、半干旱区向干旱区过渡带的西北地区东部，降水量由南向北逐渐减少；甘肃省深居西北内陆，属大陆性很强的温带季风气候，降水量由东南向西北递减；新疆维吾尔自治区和新疆生产建设兵团属于温带大陆性气候，整体上看南疆地区降水量低于北疆地区。

2.1.3 土壤条件

土壤作为岩石圈表面的疏松表层，是生物生活的基底，其分布与经纬度、海拔、地形地貌、气候、植被等因子密切相关。北方沙化土地退耕还林工程省级区域土壤类型分布见表2-3。

表2-3 北方沙化土地退耕还林工程省级区域土壤类型

省级区域	主要土壤类型
黑龙江	风沙土、黑钙土、白浆土、黑土
吉林	风沙土、黑钙土、白浆土、黑土、荒漠土、盐碱土
辽宁	风沙土、黑钙土、白浆土、黑土、荒漠土、盐碱土
河北	风沙土、栗钙土、粗骨土、栗褐土
内蒙古	风沙土、栗钙土、棕钙土、灰棕漠土、黑钙土、暗棕壤
山西	风沙土、黄绵土、褐土、栗褐土、粗骨土
陕西	风沙土、黄绵土、黄棕壤、褐土、棕壤
甘肃	风沙土、灰棕漠土、黄绵土、灰钙土
宁夏	风沙土、黄绵土、灰钙土、灰褐土
新疆	风沙土、棕漠土、棕钙土、石质土、灰棕漠土
新疆兵团	风沙土、棕漠土、棕钙土、石质土、灰棕漠土、栗钙土

*来源：中国土壤数据库。

中国是世界上土壤侵蚀最严重的国家之一，退耕还林工程对于扭转我国土壤侵蚀状况作用巨大。土壤侵蚀分为水力侵蚀、风力侵蚀和冻融侵蚀3种（图2-1）。北方沙化土地退耕还林工程土壤侵蚀主要以风力侵蚀或水力侵蚀为主，亦有风力和水力的复合侵蚀类型。

北方沙化土地退耕还林工程风蚀区主要分布在中国北部和西北部的蒙新高原上，水蚀区主要分布在大兴安岭东坡，沿蒙古高原向西南向北直到新疆维吾尔自治区塔里木盆地。北方沙化土地退耕还林工程省级区域土壤侵蚀具体情况见表2-4。

2.1.4 植被条件

根据《中国植被区划》，中国植被主要分布在寒温带针叶林区域，温带针叶、落叶阔叶混交林区域，暖温带落叶阔叶林区域，亚热带常绿阔叶林区域，热带季风雨林、

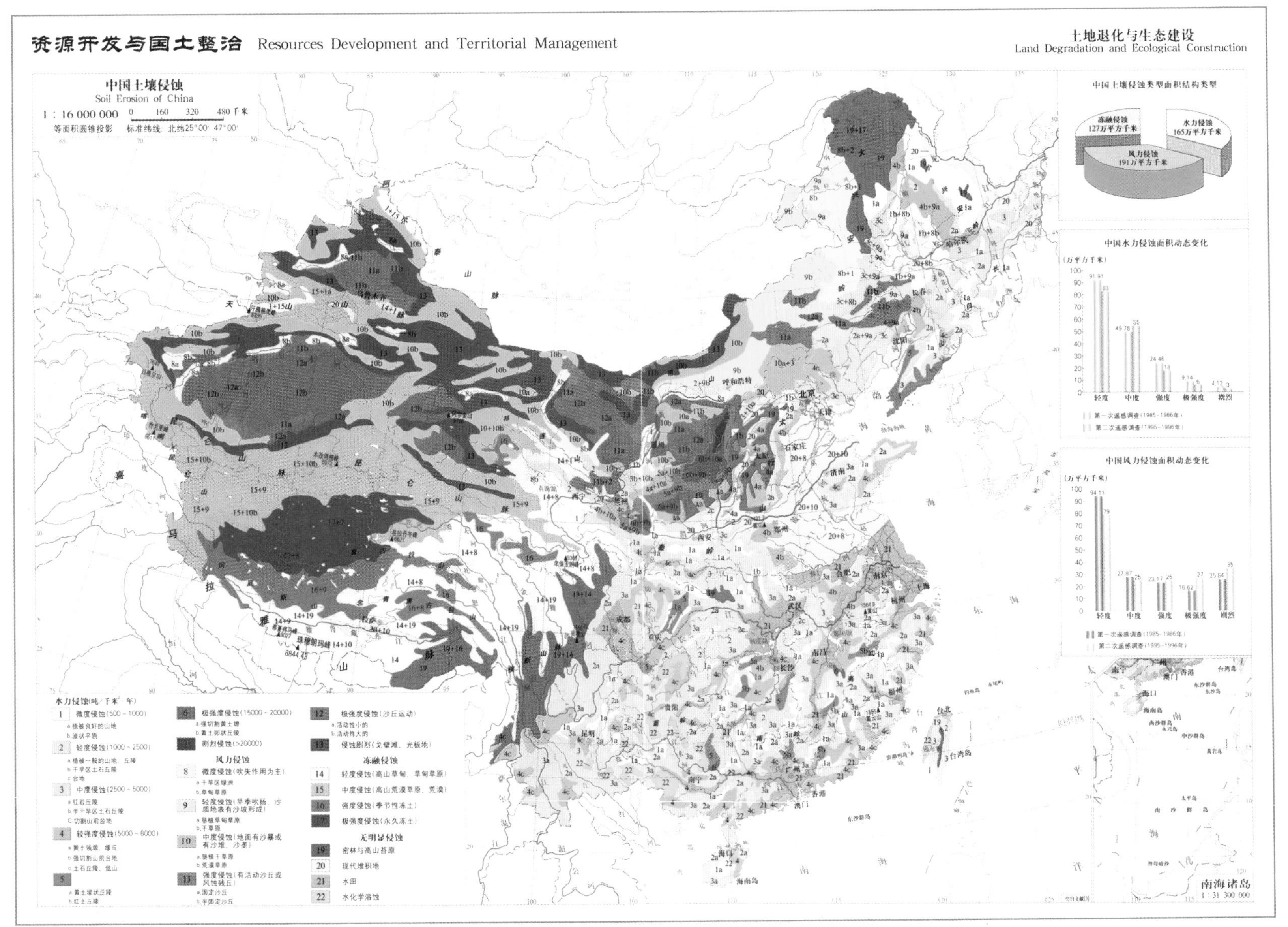

图2-1 中国土壤侵蚀图（来源：中国地理图集）

表2-4 北方沙化土地退耕还林工程省级区域土壤侵蚀情况

省级区域	土壤侵蚀	主要城市
黑龙江	轻度风蚀	大庆市
	中度水蚀	齐齐哈尔市
吉林	强度风蚀轻度水蚀	四平市、白城市、松原市
辽宁	微度水蚀	锦州市
	中度水蚀	沈阳市、阜新市
河北	微度水蚀	廊坊市、衡水市、沧州市
	中度水蚀	唐山市、承德市、保定市、邢台市、邯郸市、张家口市
	较强度水蚀	石家庄市
内蒙古	微度风蚀	呼伦贝尔市
	微度风蚀中度水蚀	兴安盟
	轻度风蚀	锡林郭勒盟、乌兰察布市
	轻度风蚀强度水蚀	呼和浩特市
	强度风蚀中度水蚀	通辽市、赤峰市
	强度风蚀	鄂尔多斯市、乌海市
	剧烈风蚀	包头市、阿拉善盟、巴彦淖尔市
山西	中度水蚀	大同市、朔州市
	强度水蚀	忻州市
陕西	极强度风蚀强度水蚀	榆林市
甘肃	极强度水蚀	庆阳市
	中度风蚀	张掖市
	强度风蚀强度水蚀	白银市
	极强度风蚀	武威市
	剧烈风蚀	金昌市、嘉峪关市、酒泉市
宁夏	轻度水蚀	银川市、石嘴山市
	极强度风蚀强度水蚀	吴忠市
新疆	中度风蚀	克孜勒柯尔克孜自治州
	极强度风蚀	塔城地区、昌吉回族自治州、巴音郭楞蒙古自治州、和田地区、喀什地区、阿克苏地区
	剧烈风蚀	哈密地区、博尔塔拉蒙古自治州、伊犁哈萨克自治州、阿勒泰地区、吐鲁番地区
新疆兵团	中度风蚀	第三师、第四师、第十二师
	极强度风蚀	第一师、第二师、第六师、第七师、第八师、第九师、
	剧烈风蚀	第五师、第十师、第十三师

注：参照“中国土壤侵蚀图”。

雨林区域，温带草原区域，温带荒漠区域和青藏高原高寒植被区域，中国植被区划如图2-2所示。

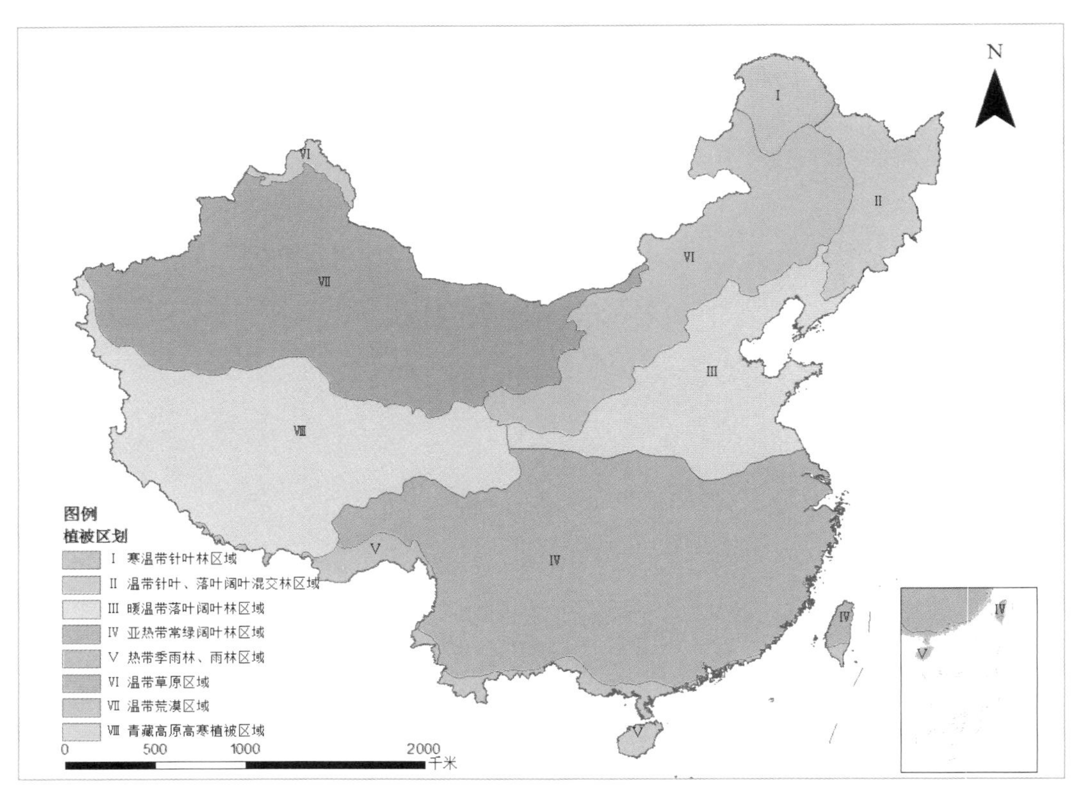

图2-2 中国植被区划图

表2-5 北方沙化土地退耕还林工程区主要优势树种组

省级区域	林种类型	主要优势树种组
黑龙江	生态林	云杉、落叶松、杨、柳、樟子松、其他硬阔类、其他软阔类、针阔混交林
	经济林	榛子、枸杞、山杏、山楂
	灌木林	沙棘、山杏、柠条
吉林	生态林	樟子松、其他硬阔类、杨、柳
	经济林	榛子、枸杞、山杏、山楂
	灌木林	山杏、柠条、沙棘、白刺
辽宁	生态林	云杉、樟子松、油松、柏木、榆、杨、柳、其他软阔类
	经济林	扁杏、梨、苹果、葡萄、山楂、树莓、桃、五味子、杏、樱桃、枣、榛子、李、海棠、文冠果
	灌木林	荆条、紫穗槐、胡枝子、锦鸡儿、柠条、沙棘
河北	生态林	落叶松、油松、榆、其他硬阔类、杨、柳、其他软阔类、阔叶混交林、针阔混交林
	经济林	板栗、扁杏、枣、梨、李、苹果、桃树、核桃、枸杞、山楂、葡萄、柿、石榴、花椒、杜仲
	灌木林	胡枝子、酸枣、荆条、柠条、火炬、黄连木、金银花、紫穗槐、绣线菊、刺槐、野皂角、山杏、山茱萸、黄连木、连翘、迎春、皂荚、沙棘等

（续）

省级区域	林种类型	主要优势树种组
内蒙古	生态林	落叶松、樟子松、油松、柏木、榆、其他硬阔类、杨、柳、其他软阔类
	经济林	板栗、桃树、枣树、山杏、沙果、葡萄、苹果、麻黄、李、梨、枸杞、扁杏、文冠果
	灌木林	沙棘、柠条、荆条、紫穗槐、杨柴、梭梭、沙地柏、锦鸡儿、黄柳、黄刺玫、花棒、虎榛子、胡枝子、四合木、榆叶梅、沙柳、山丁子、山樱桃、红砂等
山西	生态林	云杉、落叶松、樟子松、油松、柏木、榆、杨、其他软阔类
	经济林	杏树、仁用杏、葡萄、李、核桃、枣、红果、花椒
	灌木林	柠条、紫穗槐、连翘、山杏、山桃、沙棘
陕西	生态林	樟子松
	经济林	红枣、苹果、杏、核桃、葡萄、桑
	灌木林	紫穗槐、沙棘、柠条、红柳、沙柳、沙地柏
甘肃	生态林	云杉、油松、柏木、榆、其他硬阔类、杨、柳、其他软阔类
	经济林	梨、枣、杏、文冠果、枸杞、葡萄、桃、苹果、柿、核桃、山楂
	灌木林	红砂、柠条、沙棘、花棒、红柳、白刺、梭梭、金露梅、合头藜、沙拐枣
宁夏	生态林	其他硬阔类、杨
	经济林	杏、枸杞、梨、苹果、红枣、葡萄、核桃
	灌木林	山桃、枸杞、柠条、杞柳、红柳、花棒、杨柴、金银花
新疆	生态林	榆、其他硬阔类、杨、柳
	经济林	核桃、枣、苹果、梨、杏、桃、葡萄、石榴、樱桃、桑、酸梅、枸杞、李、黑加仑、海棠、文冠果、桑、巴旦木、山楂
	灌木林	梭梭、柽柳、沙枣、沙棘、酸枣、金银花、柠条、麻黄、绣线菊、锦鸡儿、紫穗槐、蔷薇、沙拐枣、沙冬青、铃铛刺、榆叶梅
新疆兵团	生态林	其他硬阔类、杨
	经济林	核桃、枣、苹果、梨、杏、桃、葡萄、石榴、樱桃、桑、酸梅、枸杞、李、文冠果、桑、山楂
	灌木林	梭梭、柽柳、沙枣、沙棘、酸枣、金银花、柠条、麻黄、绣线菊、锦鸡儿、紫穗槐、沙拐枣

东北地区主要分布有寒温带针叶林，温带针叶、落叶阔叶混交林，温带草原和暖温带落叶阔叶林。以黑龙江省为例，此次评估区域主要位于温带草原区域；华北地区主要有温带草原和暖温带落叶阔叶林。以内蒙古自治区和河北省为例，内蒙古自治区跨越3个植被区域，大部分地区位于温带草原区域，西部部分地区位于温带荒漠区域，东北部少部分地区位于寒温带针叶林区域。河北省除西北部位于温带草原区域外，绝大部分地区位于暖温带落叶阔叶林区域；西北地区植被条件复杂多样，相互交错，主要包括温带荒

漠区域、温带草原区域、暖温带落叶阔叶林区域和青藏高原高寒植被区域。宁夏回族自治区大部分地区位于温带草原区域；甘肃省西北部位于温带荒漠区域，中部位于温带荒漠、温带草原和暖温带落叶阔叶林区域；新疆维吾尔自治区和新疆生产建设兵团北部极小部分地区位于温带草原区域，中部大部分地区位于温带荒漠区域，南部一部分地区位于青藏高原高寒植被区域。北方沙化土地退耕还林工程主要优势树种组类型见表2-5。

2.2 北方沙化土地退耕还林工程典型生态功能区自然概况

本报告从省级区域及生态功能区两个方面分别评估了北方沙化土地退耕还林工程生态效益，本章选择了典型生态功能区的自然概况进行介绍。其他生态功能区的自然概况见附表5。

2.2.1 寒温带生态功能区

以寒温带微度风蚀湿润区和高原亚寒带极强度风蚀干旱区为例。

2.2.1.1 寒温带微度风蚀湿润区

包括内蒙古自治区呼伦贝尔市的额尔古纳市和鄂伦春自治旗。该生态功能区位于中国东北地区，地势以低山、丘陵为主。年平均气温在–2.0~3.0℃，最冷月出现在1月，平均气温–27.7℃，最暖月在7月，平均气温19.0℃。年平均降水量为200~490毫米，干燥指数在0.50~0.99之间，风力侵蚀以吹失作用为主，土壤类型以风沙土、栗钙土为主。

2.2.1.2 高原亚寒带极强度风蚀干旱区

包括新疆维吾尔自治区的和田地区。该生态功能区地势自南向北倾斜，地形以盆地为主。年平均气温11.7℃，最冷月出现在1月，平均气温–11℃，最暖月在7月，平均气温32.0℃。年平均降水量为60~150毫米，干燥指数≥4.00，风力侵蚀形成活动沙丘或风蚀残丘，土壤类型以风沙土、棕漠土为主。

2.2.2 中温带生态功能区

以中温带强度风蚀半湿润区、中温带强度风蚀半干旱区为例。

2.2.2.1 中温带强度风蚀半湿润区

包括吉林省四平市的双辽市和白城市的通榆县。该生态功能区主要地形是平原。年平均气温为4.0~6.6℃，最冷月出现在1月，平均气温–13℃，最暖月在7月，平均气温24℃。年平均降水量为330~570毫米，干燥指数在1.00~1.49之间，风力侵蚀形成活动沙丘或风蚀残丘，土壤类型以风沙土、黑土为主。

2.2.2.2 中温带强度风蚀半干旱区

包括内蒙古自治区鄂尔多斯市的达拉特旗、东胜区、乌审旗、伊金霍洛旗、准格尔旗。该生态功能区主要地形是高原。年平均气温6.2℃，最冷月出现在1月，平均气温–11.8℃，最暖月在7月，平均气温23.0℃。年平均降水量270~400毫米，干燥指数在1.50~4.00之间，风力侵蚀形成活动沙丘或风蚀残丘，土壤类型以风沙土、栗钙土为主。

2.2.3 暖温带生态功能区

以暖温带中度风蚀半湿润区、暖温带强度水蚀和极强度风蚀半干旱区、暖温带剧烈风蚀干旱区、高原温带中度风蚀半干旱区和高原温带极强度风蚀干旱区为例。

2.2.3.1 暖温带中度风蚀半湿润区

包括内蒙古自治区赤峰市的红山区、松山区、元宝山区、喀喇沁旗、宁城县。该生态功能区地形主要以山地、丘陵为主。年平均气温6.0℃，最冷月出现在1月，平均气温–19℃；最暖月在7月，平均气温29℃。年平均降水量350~400毫米，干燥指数在1.00~1.49之间，风力侵蚀形成沙堆或沙垄，土壤类型以风沙土、栗钙土为主。

2.2.3.2 暖温带强度水蚀极强度风蚀半干旱区

包括陕西省榆林市的靖边县和榆阳区。该生态功能区地形主要以丘陵为主。年平均气温7.2℃，最冷月出现在1月，平均气温–9.4℃；最暖月在7月，平均气温23.3℃。年平均降水量280~360毫米，干燥指数在1.50~4.00之间，水力侵蚀土壤为8000~15000吨/平方公里，风力侵蚀时形成沙丘运动，土壤类型以灰钙土和黄绵土为主。

2.2.3.3暖温带剧烈风蚀干旱区

包括甘肃省酒泉市的敦煌市、玉门市、瓜州县；新疆维吾尔自治区哈密地区的哈密市，吐鲁番地区的高昌区、鄯善县、托克逊县；新疆生产建设兵团第十三师的红星二场、淖毛湖农场。年平均气温5.0℃，最冷月出现在1月，平均气温–15.2℃；最暖月在7月，平均气温26.5℃。年平均降水量为38~168毫米，干燥指数≥4.00，风力侵蚀形成戈壁滩，土壤类型以灰钙土和黄绵土为主。

2.2.3.4 高原温带中度风蚀半干旱区

包括甘肃省张掖市的肃南裕固族自治县。该生态功能区地形主要以山地为主。年平均气温为4.6℃，最冷月出现在1月，平均气温–15.2℃；最暖月在7月，平均气温21.0℃。年平均降水量为200~398毫米，干燥指数1.50~4.00之间，风力侵蚀时地面形成沙堆或沙垄，土壤类型以灰棕壤土为主。

2.2.3.5 高原温带极强度风蚀干旱区

包括新疆维吾尔自治区巴音郭楞蒙古自治州的若羌县，喀什地区的塔什库尔干塔吉克自治县、叶城县。该生态功能区地形主要以山地、平原为主。年平均气温为11.8℃，最冷月出现在1月，平均气温-11.5℃；最暖月在7月，平均气温16.4℃。年平均降水量为3.3~118毫米，干燥指数≥4.00，风力侵蚀形成活动沙丘或风蚀残丘，土壤类型以黑钙土、栗钙土为主。

2.3 北方沙化土地退耕还林工程区资源概况

2.3.1 沙化土地资源概况

鉴于2015年退耕还林工程开始实施的时间较晚，因此，本报告资源数据统计不包含2015年的退耕还林工程面积。截至2014年底，10个省（自治区）和新疆生产建设兵团退耕还林工程总面积为1592.29万公顷，其中沙化土地和严重沙化土地退耕还林工程面积分别为401.10万公顷、300.61万公顷，占退耕还林工程总面积的比例为25.19%和18.88%（表2-6）。

截至2014年底，黑龙江省退耕还林工程总面积为114.03万公顷，其中沙化土地退耕还林工程建设范围涉及2个市的13个县（市、区），沙化土地退耕还林工程面积为17.72万公顷，占该省退耕还林工程总面积的15.54%。

表2-6 截至2014年底北方沙化土地和严重沙化土地退耕还林工程面积

省级区域	退耕还林工程总面积（×10⁴公顷）	沙化土地退耕还林工程面积（×10⁴公顷）	比例（%）	严重沙化土地退耕还林工程面积（×10⁴公顷）	比例（%）
黑龙江	114.03	17.72	15.54	–	–
吉林	90.68	11.89	13.11	1.48	1.63
辽宁	115.01	9.12	7.93	2.44	2.12
河北	187.23	45.98	24.56	13.02	6.95
内蒙古	286.09	246.37	86.12	232.97	81.43
山西	157.37	9.33	5.93	2.00	1.27
陕西	250.61	0.03	0.01	0.02	0.01
甘肃	198.75	13.28	6.68	10.31	5.19
宁夏	86.47	10.72	12.40	1.71	1.98
新疆	76.64	7.52	9.81	7.52	9.81
新疆兵团	29.41	29.14	99.08	29.14	99.08
合计	1592.29	401.10	25.19	300.61	18.88

吉林省退耕还林工程总面积为90.68万公顷，其中沙化土地退耕还林工程建设范围涉及3个市的14个县（市、区），沙化土地退耕还林工程面积为11.89万公顷，占该省退耕还林工程总面积的13.11%。

辽宁省退耕还林工程总面积为115.01万公顷，其中沙化土地退耕还林工程建设范围涉及3个市的9个县（市、区），沙化土地退耕还林工程面积为9.12万公顷，占该省退耕还林工程总面积的7.93%。

河北省退耕还林工程总面积为187.23万公顷，其中沙化土地退耕还林工程建设范围涉及10个市的63个县（市、区），沙化土地退耕还林工程面积为45.98万公顷，占该省退耕还林工程总面积的24.56%。

内蒙古自治区退耕还林工程总面积为286.09万公顷，在所有评估省级区域中退耕还林工程实施的面积最大。其中沙化土地退耕还林工程建设范围涉及12个市的97个县（市、区、旗），沙化土地退耕还林工程面积为246.37万公顷，占该省退耕还林工程总面积的86.12%。

山西省退耕还林工程总面积为157.37万公顷，其中沙化土地退耕还林工程建设范围涉及3个市的17个县（市、区），沙化土地退耕还林工程面积为9.33万公顷，占该省退耕还林工程总面积的5.93%。

陕西省退耕还林工程总面积为250.61万公顷，其中沙化土地退耕还林工程建设范围只涉及榆林市的靖边县、神木县和榆阳区，沙化土地退耕还林工程面积为0.03万公顷，占该省退耕还林工程总面积的0.01%。

甘肃省退耕还林工程总面积为198.75万公顷，其中沙化土地退耕还林工程建设范围涉及7个市的22个县（市、区），沙化土地退耕还林工程面积为13.28万公顷，占该省退耕还林工程总面积的6.68%。

宁夏回族自治区退耕还林工程总面积为86.47万公顷，其中沙化土地退耕还林工程建设范围涉及3个市的9个县（市、区）和自治区农垦集团，沙化土地退耕还林工程面积为10.72万公顷，占该省退耕还林工程总面积的12.40%。

新疆维吾尔自治区退耕还林工程总面积为76.64万公顷，新疆维吾尔自治区沙化土地退耕还林工程区均属于严重沙化土地。其中严重沙化土地退耕还林工程建设范围涉及14个市（地区、自治州）的92个县（市、区），严重沙化土地退耕还林工程面积为7.52万公顷，占该省退耕还林工程总面积的9.81%。

新疆生产建设兵团退耕还林工程总面积为29.41万公顷，新疆生产建设兵团沙化土地退耕还林工程区均属于严重沙化土地。其中严重沙化土地退耕还林工程涉及13个师的43个团（场），面积为29.14万公顷，占该省退耕还林工程总面积的99.08%。

北方沙化土地退耕还林工程省级区域三种植被恢复类型所占比重存在差异（表2-7）。黑龙江省、吉林省、辽宁省、山西省、陕西省和新疆维吾尔自治区均为退耕地

表2-7 北方沙化土地退耕还林工程不同植被恢复类型和林种类型面积

省级区域	退耕还林工程总面积（×10⁴公顷）	三种植被恢复类型面积（×10⁴公顷）			三个林种类型面积（×10⁴公顷）		
		退耕地还林	宜林荒山荒地造林	封山育林	生态林	经济林	灌木林
黑龙江	17.72	17.72	–	–	17.68	0.04	–
吉林	11.89	11.89	–	–	10.85	0.28	0.76
辽宁	9.12	9.12	–	–	7.47	1.54	0.11
河北	45.98	20.54	20.88	4.56	26.58	0.64	18.76
内蒙古	246.37	77.25	158.02	11.10	84.02	1.60	160.76
山西	9.33	9.33	–	–	1.44	0.75	7.14
陕西	0.03	0.03	–	–	<0.01	–	0.03
甘肃	13.28	0.39	7.14	5.75	4.59	–	8.69
宁夏	10.72	6.25	2.65	1.82	0.48	0.17	10.07
新疆	7.52	7.52	–	–	5.03	1.41	1.08
新疆兵团	29.14	10.63	6.26	12.25	5.76	4.10	19.28
合计	401.10	170.67	194.95	35.48	163.90	10.52	226.68

还林（图2-3）。河北省沙化土地退耕还林工程以退耕地还林和宜林荒山荒地造林为主，二者的相对比例分别为44.67%和45.41%，而封山育林的面积比例仅为9.92%。内蒙古自治区沙化土地退耕还林工程主要以宜林荒山荒地造林为主，其面积比例达到64.14%，而退耕地还林和封山育林的面积比例分别为31.36%和4.51%。

甘肃省沙化土地退耕还林工程主要以宜林荒山荒地造林和封山育林为主，二者的面积比例分别为53.77%和43.30%，而宁夏回族自治区沙化土地退耕还林工程主要以退耕地还林为主，其面积比例达到58.30%。新疆生产建设兵团沙化土地退耕还林工程三种植被恢复类型的面积比例分别为36.49%、21.49%和42.02%。

生态林在黑龙江省、吉林省、辽宁省、新疆维吾尔自治区退耕还林工程中面积及相对比例最大，为改善退耕还林工程区生态环境起到了非常重要的作用。经济林和灌木林面积在上述几个省（自治区）中所占比重较小（图2-4）。河北省沙化土地退耕还林工程主要以营造生态林和灌木林为主，其面积比例分别为57.81%和40.80%，其中灌木林主要分布在河北省临近内蒙古自治区、辽宁省和山西省的地区。内蒙古自治区沙化土地退耕还林工程主要以营造灌木林和生态林为主，其面积比例分别为65.25%和34.10%。

山西省、陕西省、甘肃省、宁夏回族自治区、新疆生产建设兵团沙化土地退耕还林工程森林植被主要以灌木林为主，由于当地生境特点，陕西省和甘肃省未营造经济林。上述省（自治区）和新疆生产建设兵团沙化土地灌木林所占比重分别为76.53%、87.69%、65.44%、93.94%和66.15%，是所评估省级区域中灌木林面积最大、所占比重最高的区域，这主要由于这些地区纬度较高、年均降水量不足400毫米且土壤多为风沙土类的原因，大部分地区不适宜耗水量高的植被生长，柠条、梭梭、沙棘等灌木林是该区域较好的退耕还林树种（表2-5）。

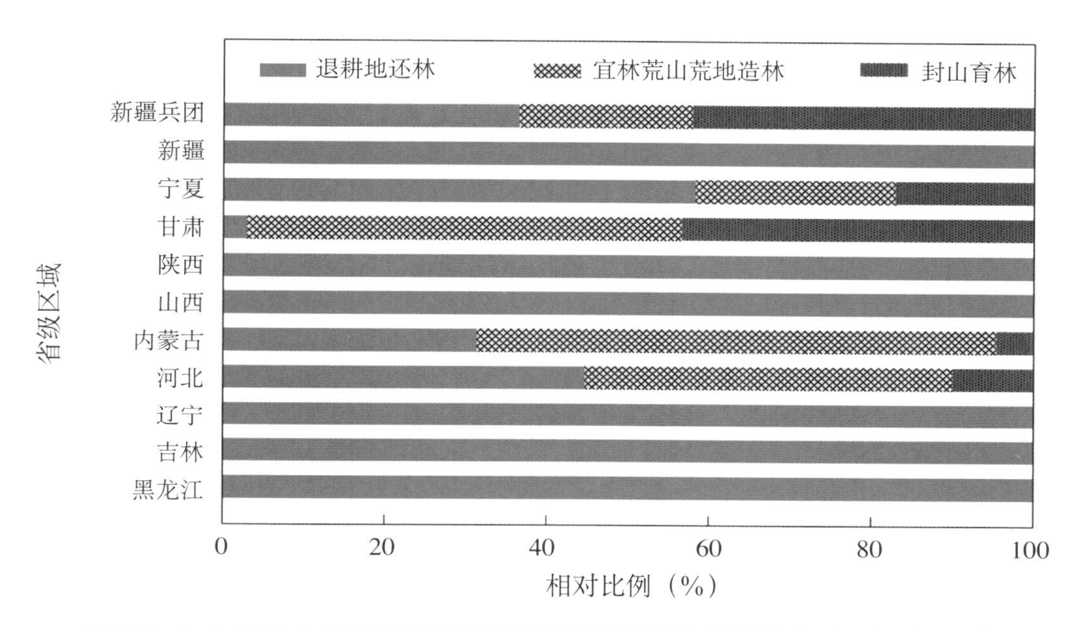

图2-3 北方沙化土地退耕还林工程省级区域三种植被恢复类型面积所占比重

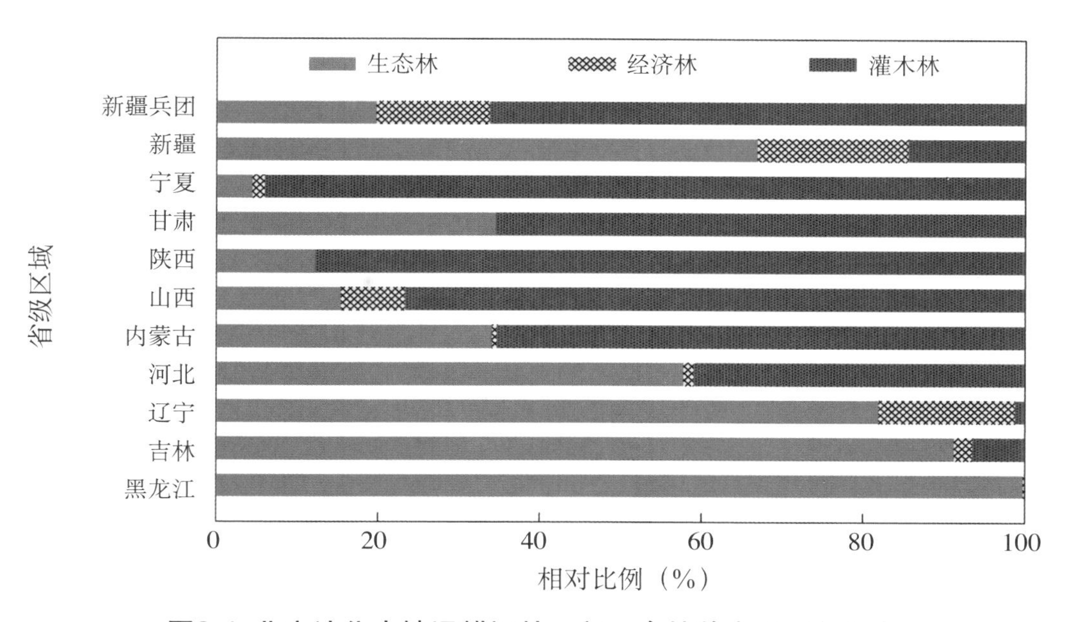

图2-4 北方沙化土地退耕还林工程三个林种类型面积所占比重

2.3.2 严重沙化土地资源概况

黑龙江省严重沙化土地未涉及退耕还林工程。截至2014年底，吉林省严重沙化土地退耕还林工程建设范围只涉及白城市的通榆县，严重沙化土地退耕还林面积为1.48万公顷，占该省退耕还林工程总面积的1.63%（表2-8）。

辽宁省严重沙化土地退耕还林工程建设范围涉及3个市的7个县（市、区），严重沙化土地退耕还林工程面积为2.44万公顷，占该省退耕还林工程总面积的2.12%。河北省严重沙化土地退耕还林工程建设范围涉及4个市的9个县（市、区），严重沙化土地退耕还林工程面积为13.02万公顷，占该省退耕还林工程总面积的6.95%。

内蒙古自治区严重沙化土地退耕还林工程建设范围涉及12个市的97个县（市、区、旗），严重沙化土地退耕还林工程面积为232.97万公顷，占内蒙古自治区退耕还林工程总面积的81.43%。山西省严重沙化土地退耕还林工程建设范围涉及3个市的8个县（市、区），严重沙化土地退耕还林工程面积为2.00万公顷，占该省退耕还林工程总面积的1.27%。

陕西省严重沙化土地退耕还林工程建设范围只涉及榆林市的靖边县，严重沙化土地退耕还林工程面积为0.016万公顷，占该省退耕还林工程总面积的0.006%。甘肃省严重沙化土地退耕还林工程建设范围7个市的19个县（市、区），严重沙化土地退耕还林工程面积为10.31万公顷，占该省退耕还林工程总面积的5.19%。

表2-8 北方严重沙化土地退耕还林工程不同植被恢复类型和林种类型面积

省级区域	退耕还林工程总面积（$\times10^4$公顷）	三种植被恢复类型面积（$\times10^4$公顷）			三个林种类型面积（$\times10^4$公顷）		
		退耕地还林	宜林荒山荒地造林	封山育林	生态林	经济林	灌木林
黑龙江	–	–	–	–	–	–	–
吉林	1.48	1.48	–	–	1.45	0.03	–
辽宁	2.44	2.44	–	–	2.07	0.28	0.09
河北	13.02	7.31	2.89	2.82	7.35	0.04	5.63
内蒙古	232.97	73.45	151.06	8.46	78.28	1.43	153.26
山西	2.00	2.00	–	–	0.28	0.08	1.64
陕西	0.02	0.02	–	–	<0.01	–	0.02
甘肃	10.31	0.08	5.61	4.62	3.28	–	7.03
宁夏	1.71	1.71	–	–	0.04	–	1.67
新疆	7.52	7.52	–	–	5.03	1.41	1.08
新疆兵团	29.14	10.63	6.26	12.25	5.76	4.10	19.28
合计	300.61	106.64	165.82	28.15	103.54	7.37	189.70

宁夏回族自治区严重沙化土地退耕还林工程建设范围为2个市的3个县（市、区），严重沙化土地退耕还林面积为1.71万公顷，占该省退耕还林工程总面积的1.98%。新疆维吾尔自治区严重沙化土地退耕还林工程建设范围涉及14个市（地区、自治州）的92个县（市、区），严重沙化土地退耕还林工程面积为7.52万公顷，占宁夏回族自治区退耕还林工程总面积的9.81%。新疆生产建设兵团严重沙化土地退耕还林工程建设范围涉及13个师的43个团（场），严重沙化土地退耕还林工程面积为29.14万公顷，占该省退耕还林工程总面积的99.08%。

北方严重沙化土地退耕还林三种植被恢复类型的面积如表2-8所示。不同省（自治区）和新疆生产建设兵团退耕还林工程三种植被恢复类型所占比重差异明显（图2-5）。其中吉林省、辽宁省、山西省、陕西省、宁夏回族自治区和新疆维吾尔自治区均为退耕地还林；河北省严重沙化土地退耕还林工程以退耕地还林为主，其所占比重达56.14%；内蒙古自治区严重沙化土地退耕还林工程主要以宜林荒山荒地造林为主，其面积比例达到64.84%，而退耕地还林和封山育林所占比重分别为31.53%和3.63%。

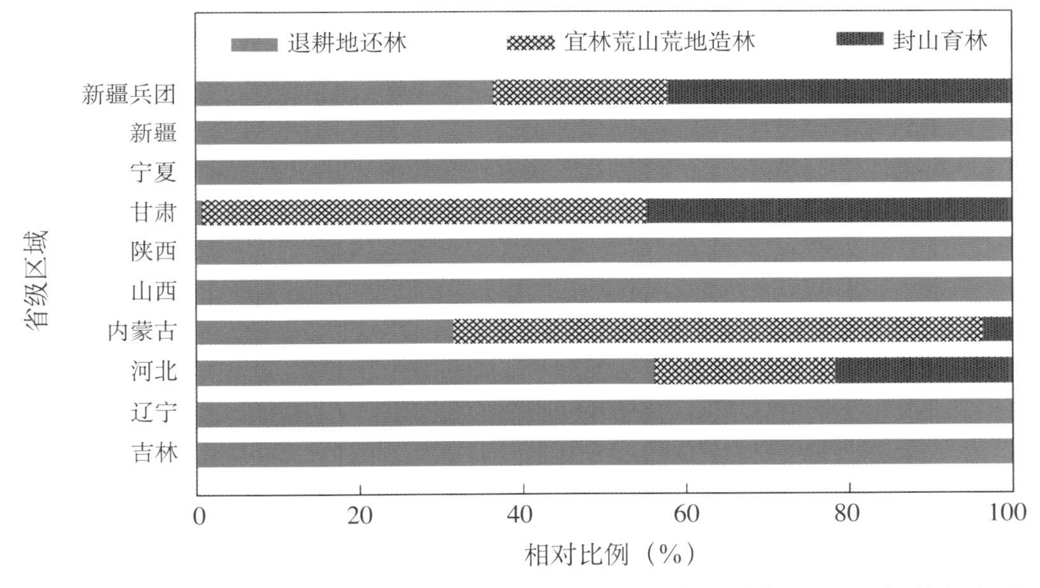

图2-5　北方严重沙化土地退耕还林工程三种植被恢复类型面积所占比重

甘肃省严重沙化土地退耕还林工程主要以宜林荒山荒地造林和封山育林为主，二者的面积比例分别为54.41%和44.81%，而退耕地还林所占比例仅为0.78%。新疆生产建设兵团严重沙化土地退耕还林工程3种植被恢复类型所占比重分别为36.49%、21.49%和42.02%。

生态林在吉林省、辽宁省、新疆维吾尔自治区严重沙化土地退耕还林工程中面积及比重最大，为改善退耕还林工程区的生态环境起到了非常重要的作用。经济林和灌木林面积在上述省（自治区）中所占比重较小（图2-6）。河北省严重沙化土地退耕还林工程主要

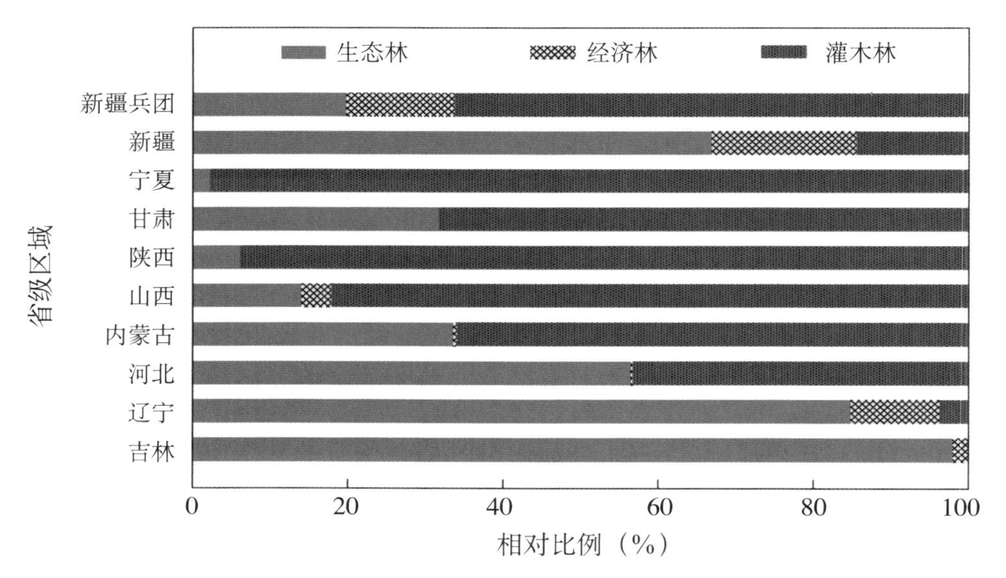

图2-6 北方严重沙化土地退耕还林工程省级区域三个林种类型面积所占比重

以营造生态林和灌木林为主，生态林和灌木林的比例分别为56.45%和43.24%。内蒙古自治区沙化土地退耕还林工程主要以营造灌木林和经济林为主，灌木林和经济林的面积比例分别为65.79%和33.60%。

山西省、陕西省、甘肃省、宁夏回族自治区、新建生产建设兵团严重沙化土地退耕还林工程森林植被主要以灌木林为主，由于当地生境特点，陕西省、甘肃省和宁夏回族自治区未营造经济林。山西省、陕西省、甘肃省、宁夏回族自治区、新建生产建设兵团严重沙化土地灌木林所占比重分别为82.00%、93.75%、68.19%、97.66%和66.15%，宁夏回族自治区在所评估省级区域中灌木林面积最大、所占比重最高，且上述省（自治区）和新疆生产建设兵团严重沙化土地退耕还林工程灌木林所占比重均高于沙化土地灌木林所占比重，这表明随着沙化程度的增加，该区域更适宜营造梭梭、柽柳、柠条等耐干旱、耐贫瘠的灌木林。

第三章 北方沙化土地退耕还林工程生态效益

长期以来，由于盲目毁林开垦和耕种，北方沙化地区水土流失严重、干旱和沙尘暴等自然灾害频繁、风沙危害加剧、生态安全受到威胁、人民群众生产生活受到严重影响。尽管自2000年以来我国沙化土地面积持续减少，但沙化状况依然严峻。截至2014年底，我国沙化土地总面积172.12万平方公里，占国土面积的17.93%，但沙化土地仅缩减1.43%，恢复速度缓慢，土地沙化问题仍是当前我国最为严重的生态问题之一（国家林业局，2015a）。

本章基于森林生态系统服务连续观测与清查体系，采用分布式测算方法，针对行政区域（省级区域、市级区域）和生态功能区对北方沙化土地退耕还林工程生态效益进行评估并探讨生态效益的特征。

3.1 北方沙化土地退耕还林工程行政区域生态效益

北方沙化土地退耕还林工程生态效益评估分为物质量和价值量两部分。本节从省级区域和市级区域分别对退耕还林工程所发挥的生态效益进行评估。

3.1.1 省级区域生态效益

北方沙化土地省级区域森林防护、净化大气环境、固碳释氧、生物多样性保护、涵养水源、保育土壤和林木积累营养物质功能的物质量和价值量评估结果分别见表3-1和表3-2。

3.1.1.1 物质量

北方沙化土地退耕还林工程生态系统服务功能物质量呈现出明显的地区差异，且各地区生态系统服务的主导功能也不尽相同。

（1）森林防护功能 北方沙化土地退耕还林工程防风固沙总物质量为91918.66

表3-1 北方沙化土地退耕还林工程省级区域物质量评估结果

省级区域	森林防护	净化大气环境					固碳释氧		涵养水源	保育土壤					林木积累营养物质		
	防风固沙 ($\times10^4$吨/年)	提供负离子 ($\times10^{20}$个/年)	吸收污染物 ($\times10^2$吨/年)	滞纳TSP ($\times10^4$吨/年)	滞纳PM_{10} ($\times10^2$吨/年)	滞纳$PM_{2.5}$ ($\times10^2$吨/年)	固碳 ($\times10^4$吨/年)	释氧 ($\times10^4$吨/年)	($\times10^4$立方米/年)	固土 ($\times10^4$吨/年)	固氮 ($\times10^2$吨/年)	固磷 ($\times10^2$吨/年)	固钾 ($\times10^2$吨/年)	固有机质 ($\times10^2$吨/年)	氮 ($\times10^2$吨/年)	磷 ($\times10^2$吨/年)	钾 ($\times10^2$吨/年)
黑龙江	3381.20	13074.93	184.82	188.40	17.66	4.41	16.53	32.38	6589.87	567.85	91.32	28.34	650.80	1233.50	47.80	1.78	5.85
吉林	2402.39	8226.59	118.63	121.04	9.88	2.79	10.87	21.13	4102.94	382.58	60.23	18.10	438.99	848.17	31.20	1.05	4.06
辽宁	1925.45	5563.74	88.58	93.48	8.47	2.13	10.59	22.24	2547.94	192.51	12.86	2.34	292.72	484.54	23.00	0.55	2.37
河北	10207.59	15188.04	422.20	540.55	42.29	10.79	60.37	140.87	17044.92	913.24	214.48	34.52	1167.25	2868.13	120.50	6.24	75.84
内蒙古	52345.14	70833.66	2601.94	2548.43	126.26	34.83	181.03	379.28	50320.32	7315.83	795.03	326.81	15918.95	10455.50	298.08	27.51	329.26
山西	1986.74	1805.28	99.45	108.74	7.40	1.94	7.99	16.61	2257.94	198.68	58.80	8.11	392.14	217.25	24.37	0.91	3.27
陕西	7.43	4.83	0.67	0.26	0.03	0.01	0.03	0.07	7.17	0.75	0.15	0.06	1.41	2.01	0.04	<0.01	0.02
宁夏	4272.25	3692.22	160.70	145.16	6.66	2.08	12.76	27.76	1637.48	505.85	175.21	45.03	574.33	1102.05	34.65	2.74	22.79
甘肃	2589.67	3268.11	152.17	118.42	5.41	1.57	10.05	22.03	2087.19	336.70	93.00	32.08	656.80	1118.97	24.41	1.80	25.10
新疆	2129.18	4196.49	47.29	80.00	2.58	0.68	5.73	12.64	576.28	35.17	26.98	13.42	297.35	224.21	9.29	2.26	5.70
新疆兵团	10671.62	10593.62	262.60	306.23	10.84	3.30	23.20	51.77	4382.59	1217.91	82.06	88.84	1943.99	1450.23	50.39	10.40	28.39
合计	91918.66	136447.51	4139.05	4250.71	237.48	64.53	339.15	726.78	91554.64	11667.07	1610.12	597.65	22334.73	20004.56	663.73	55.24	502.65

注：（1）防风固沙物质量为防止风力侵蚀所固定的沙量；（2）固土物质量为防止水力侵蚀所固定的土壤物质量；（3）固碳为植物固碳与土壤固碳的物质量总和；（4）吸收污染物是森林吸收二氧化硫、氟化物和氮氧化物的物质量总和。

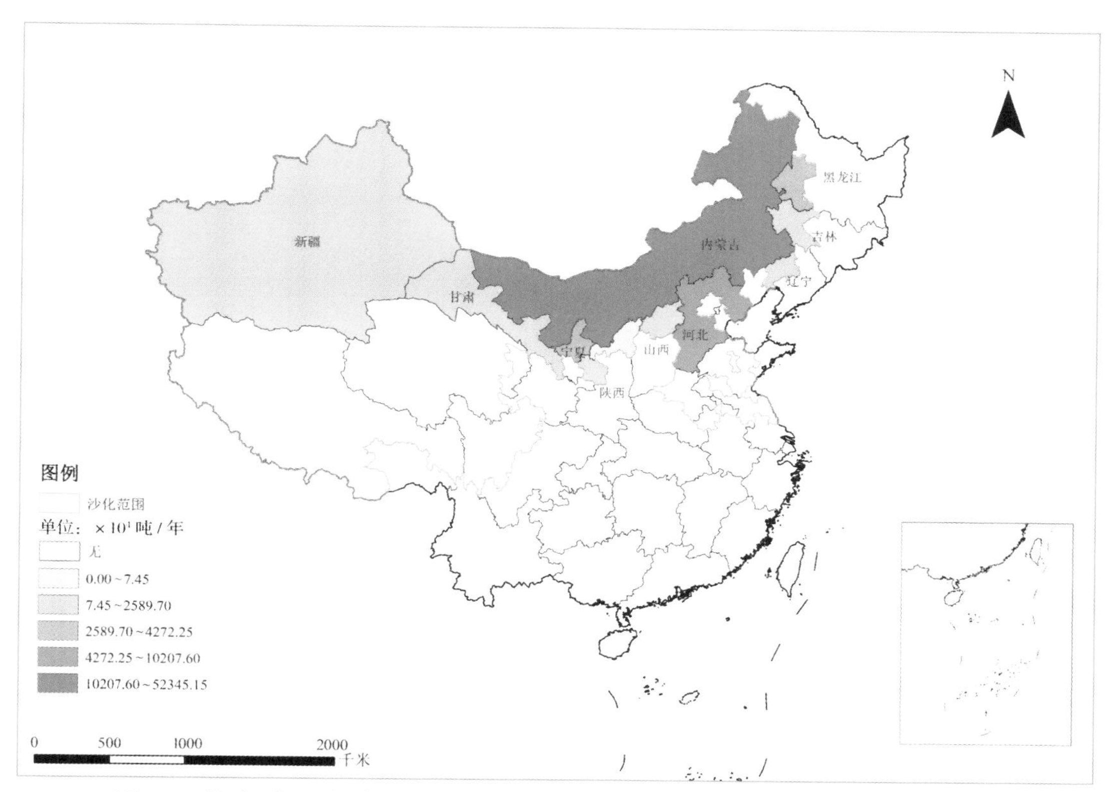

图3-1 北方沙化土地退耕还林工程省级区域防风固沙物质量空间分布

注：新疆兵团退耕还林工程生态系统服务功能物质量见表3-1，下同。

万吨/年（表3-1），其空间分布特征见图3-1。内蒙古自治区最高，为52345.14万吨/年，占防风固沙总物质量的56.95%；新疆生产建设兵团和河北省次之，分别为10671.62万吨/年和10207.59万吨/年；其余省（自治区）防风固沙物质量均低于4500万吨/年。

（2）净化大气环境功能 北方沙化土地退耕还林工程提供负离子总物质量为136447.51×10^{20}个/年（表3-1），其空间分布特征见图3-2。内蒙古自治区最高，其提供负离子物质量为70833.66×10^{20}个/年，占提供负离子总物质量的51.91%；河北省、黑龙江省和新疆生产建设兵团提供负离子物质量在10000×10^{20}~20000×10^{20}个/年之间，两个省和新疆生产建设兵团退耕还林工程提供负离子之和占提供负离子总物质量的28.48%；其余省（自治区）均低于10000×10^{20}个/年。

北方沙化土地退耕还林工程吸收污染物总物质量为41.39万吨/年（表3-1），其空间分布特征见图3-3。内蒙古自治区吸收污染物的物质量最高，为26.01万吨/年；其次为河北省，其吸收污染物的物质量为4.22万吨/年；新疆生产建设兵团、黑龙江省、宁夏回族自治区、甘肃省和吉林省吸收污染物的物质量在1万~3万吨/年之间；其余省（自治区）吸收污染物的物质量均小于1万吨/年。

北方沙化土地退耕还林工程滞纳TSP总物质量为4250.71万吨/年，其中滞纳PM_{10}

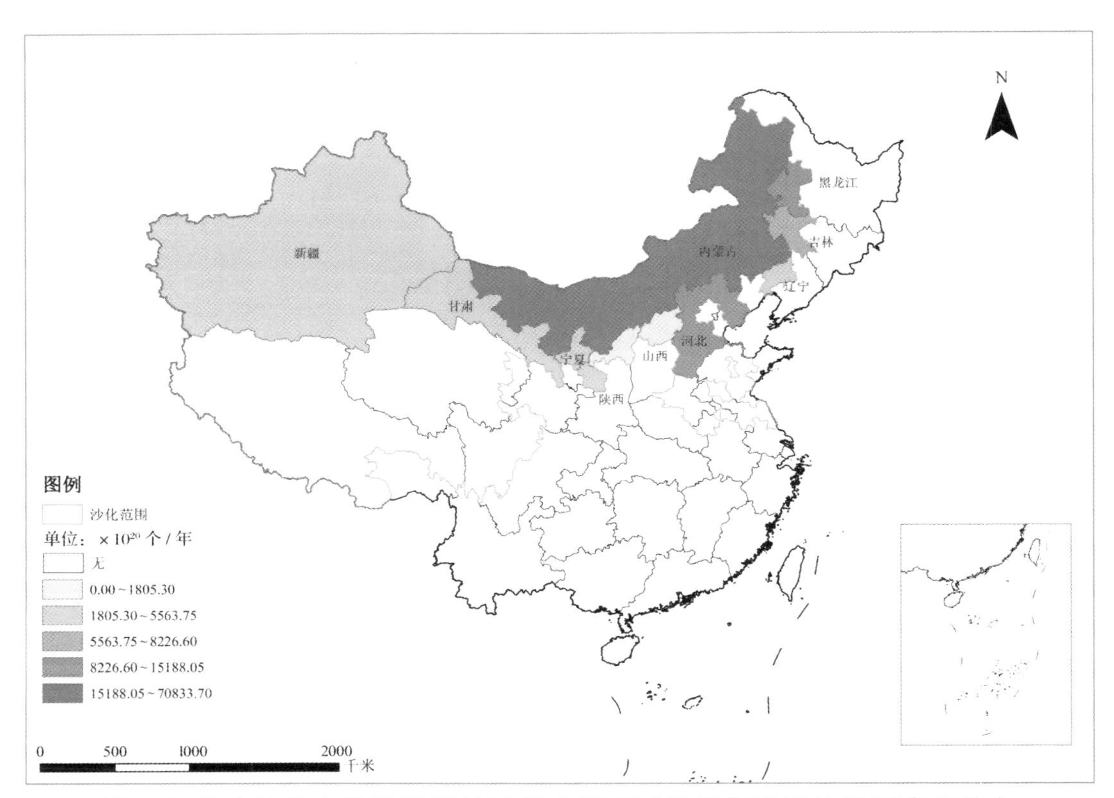

图3-2 北方沙化土地退耕还林工程省级区域提供负离子物质量空间分布

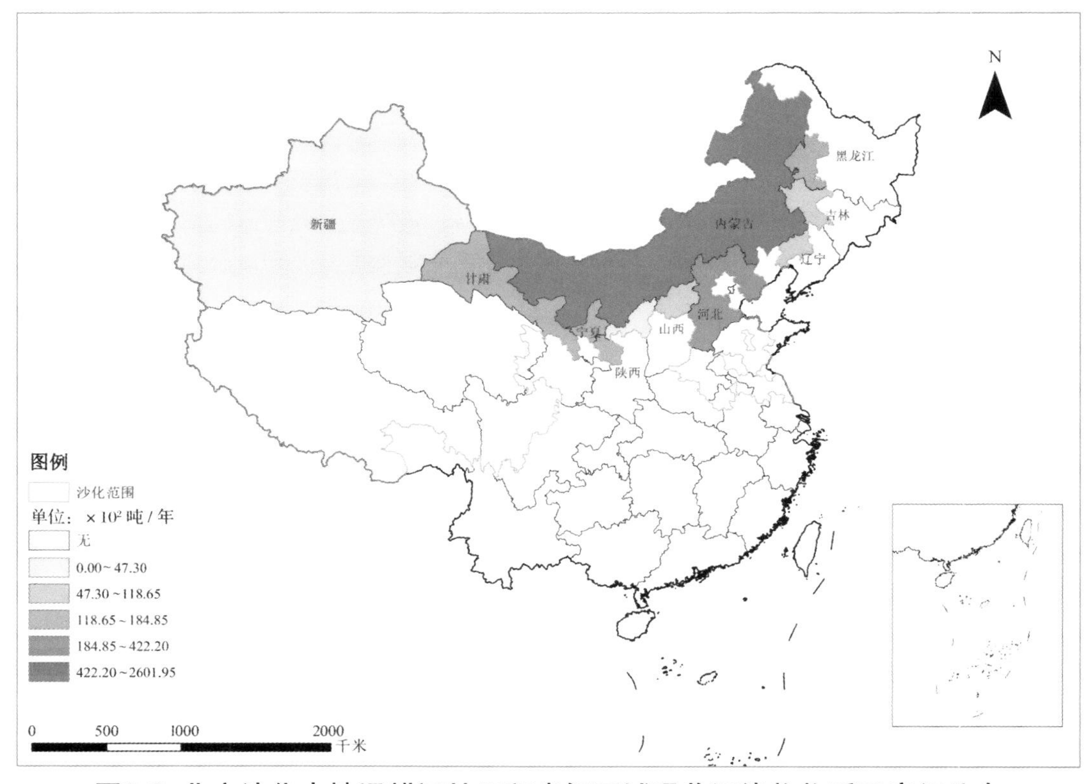

图3-3 北方沙化土地退耕还林工程省级区域吸收污染物物质量空间分布

和$PM_{2.5}$总物质量分别为2.37万吨/年和0.65万吨/年（表3-1），不同省（自治区）和新疆生产建设兵团滞纳TSP物质量差异明显（图3-4至图3-6）。内蒙古自治区滞纳TSP物质量最高，为2548.43万吨/年；滞纳PM_{10}和$PM_{2.5}$的物质量分别为1.26万吨/年、0.35万吨/年。河北省、新疆生产建设兵团滞纳TSP物质量次之，其中河北省滞纳TSP物质量540.55万吨/年（滞纳PM_{10}和$PM_{2.5}$的物质量分别为0.42万吨/年和0.11万吨/年）；新疆生产建设兵团滞纳TSP物质量306.23万吨/年（滞纳PM_{10}和$PM_{2.5}$的物质量分别为0.11万吨/年和0.03万吨/年）；其余省（自治区）滞纳TSP物质量均低于200万吨/年。

（3）固碳释氧功能 北方沙化土地退耕还林工程固碳和释氧总物质量分别为339.15万吨/年和726.78万吨/年（表3-1），其空间分布特征见图3-7和图3-8。内蒙古自治区固碳（181.03万吨/年）和释氧物质量（379.28万吨/年）均最高；其次为河北省，固碳和释氧物质量分别为60.37万吨/年和140.87万吨/年；新疆生产建设兵团、黑龙江省、宁夏回族自治区、吉林省、辽宁省和甘肃省固碳物质量均在10万~30万吨/年之间，释氧物质量在20万~60万吨/年之间；其余省（自治区）固碳物质量均低于10万吨/年，释氧物质量均低于20万吨/年。

（4）涵养水源功能 北方沙化土地退耕还林工程涵养水源总物质量为91554.64万立方米/年（表3-1），其空间分布特征见图3-9。内蒙古自治区涵养水源物质量最高，

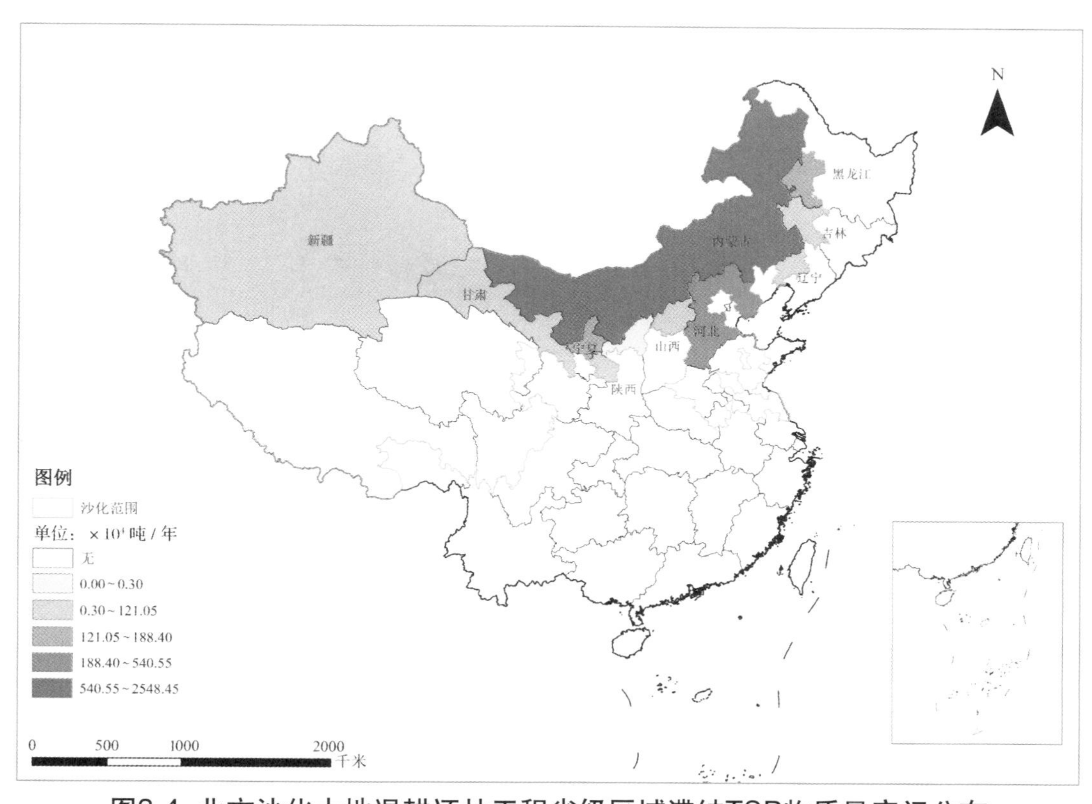

图3-4 北方沙化土地退耕还林工程省级区域滞纳TSP物质量空间分布

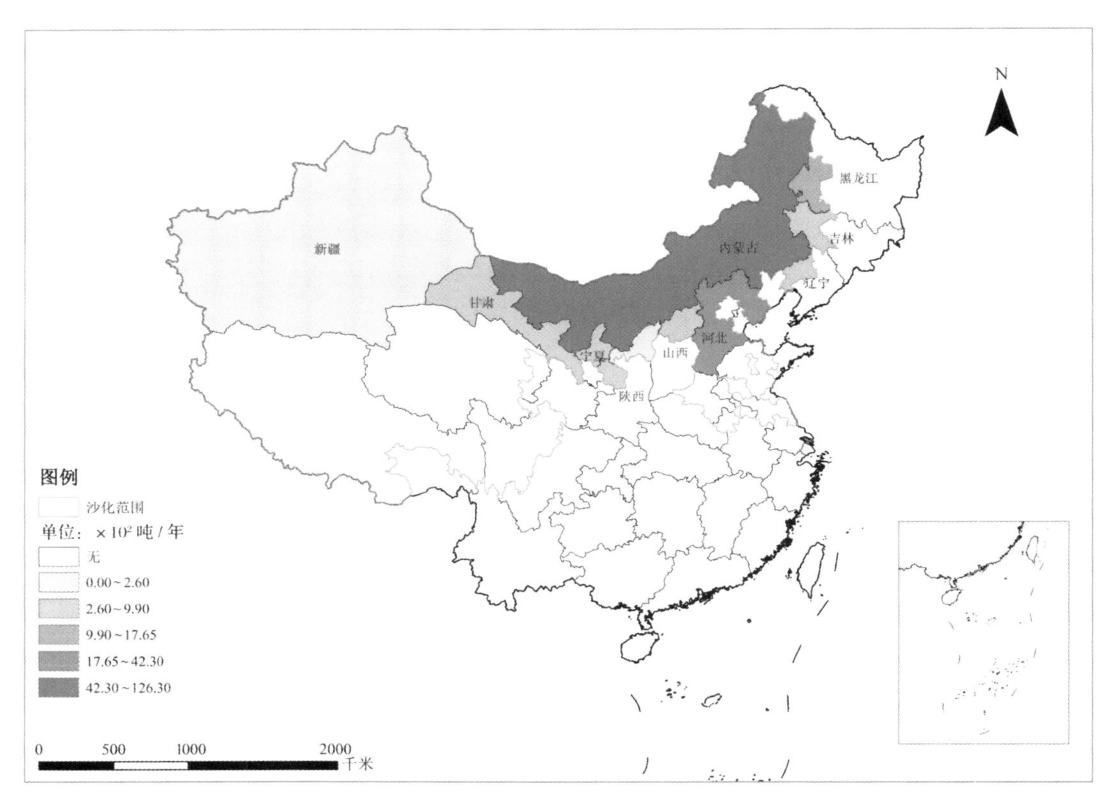

图3-5 北方沙化土地退耕还林工程省级区域滞纳PM_{10}物质量空间分布

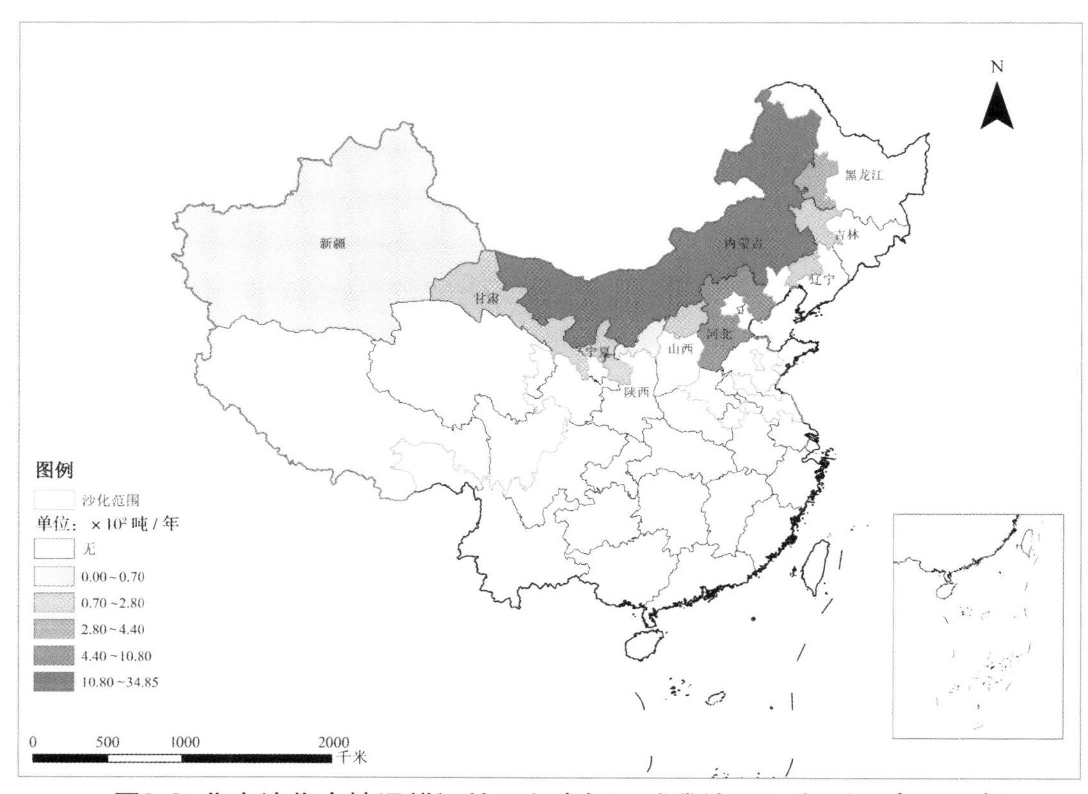

图3-6 北方沙化土地退耕还林工程省级区域滞纳$PM_{2.5}$物质量空间分布

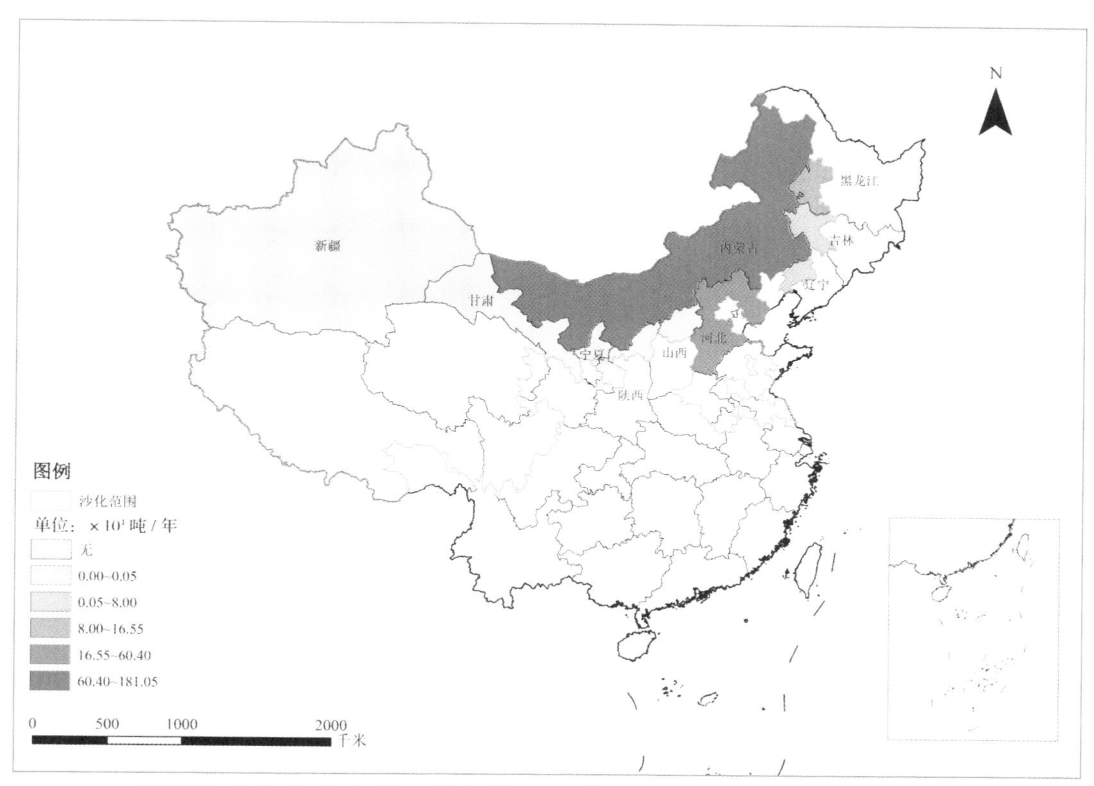

图3-7 北方沙化土地退耕还林工程省级区域固碳物质量空间分布

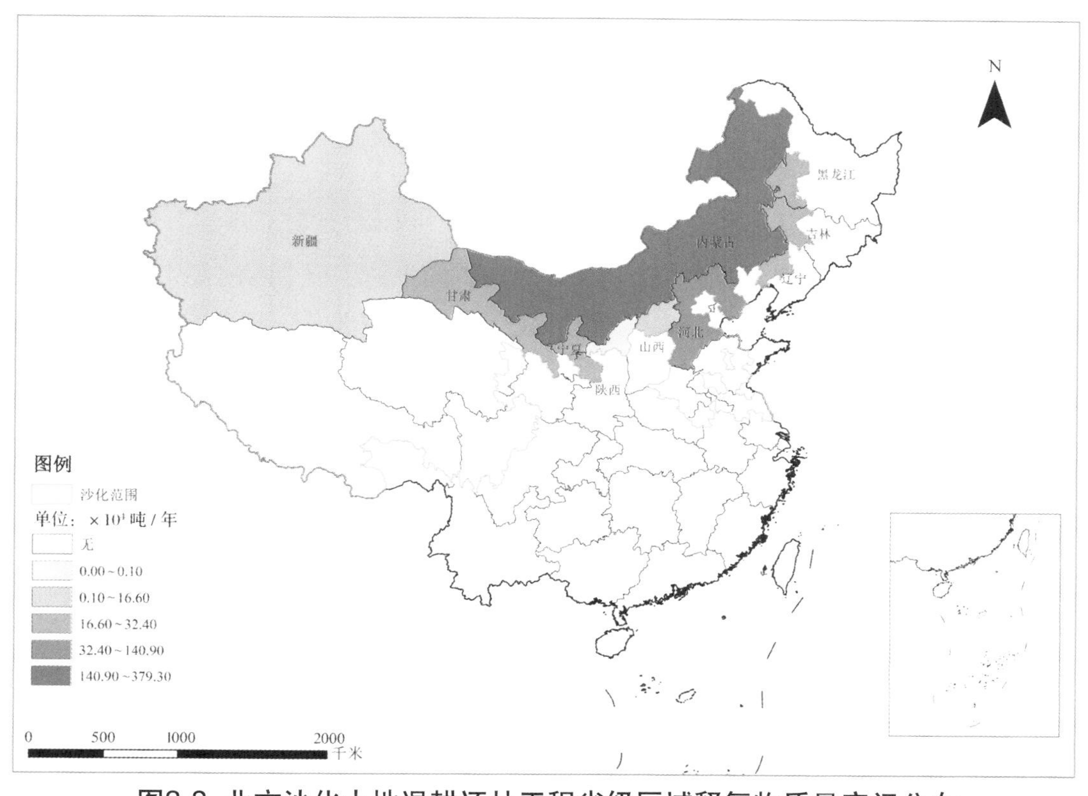

图3-8 北方沙化土地退耕还林工程省级区域释氧物质量空间分布

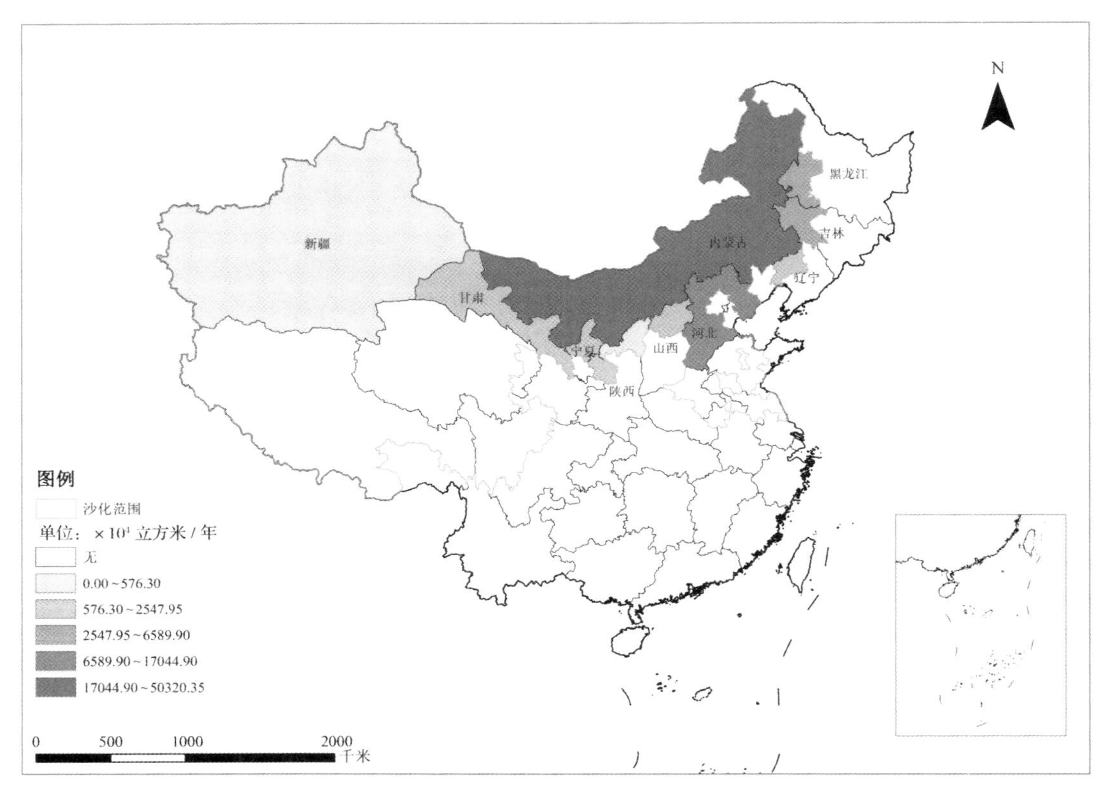

图3-9 北方沙化土地退耕还林工程省级区域涵养水源物质量空间分布

为50320.32万立方米/年；其次是河北省，涵养水源物质量为17044.92万立方米/年；黑龙江省、新疆生产建设兵团和吉林省涵养水源物质量均在4000万~7000万立方米/年之间；其余省（自治区）均低于3000万立方米/年。

（5）保育土壤功能 北方沙化土地退耕还林工程固土总物质量为11667.07万吨/年（表3-1），其空间分布特征见图3-10。内蒙古自治区固土物质量最高，为7315.83万吨/年；新疆生产建设兵团次之，固土物质量为1217.91万吨/年；河北省、黑龙江省和宁夏回族自治区固土物质量均在500万~1000万吨/年之间；其余省（自治区）均低于500万吨/年。

北方沙化土地退耕还林工程保肥总物质量为445.48万吨/年，其中土壤固定氮、磷、钾和有机质总物质量分别为16.10万吨/年、5.98万吨/年、223.35万吨/年和200.05万吨/年（表3-1），其空间分布特征见图3-11。内蒙古自治区保肥物质量最高，达274.96万吨/年；河北省、新疆生产建设兵团、黑龙江省、甘肃省、宁夏回族自治区和吉林省保肥物质量均在10万~50万吨/年之间；其余省（自治区）保肥物质量均低于10万吨/年。

（6）林木积累营养物质功能 北方沙化土地退耕还林工程林木积累营养总物质量为12.22万吨/年，其中，林木积累氮、磷和钾总物质量分别为6.64万吨/年、0.55万吨/

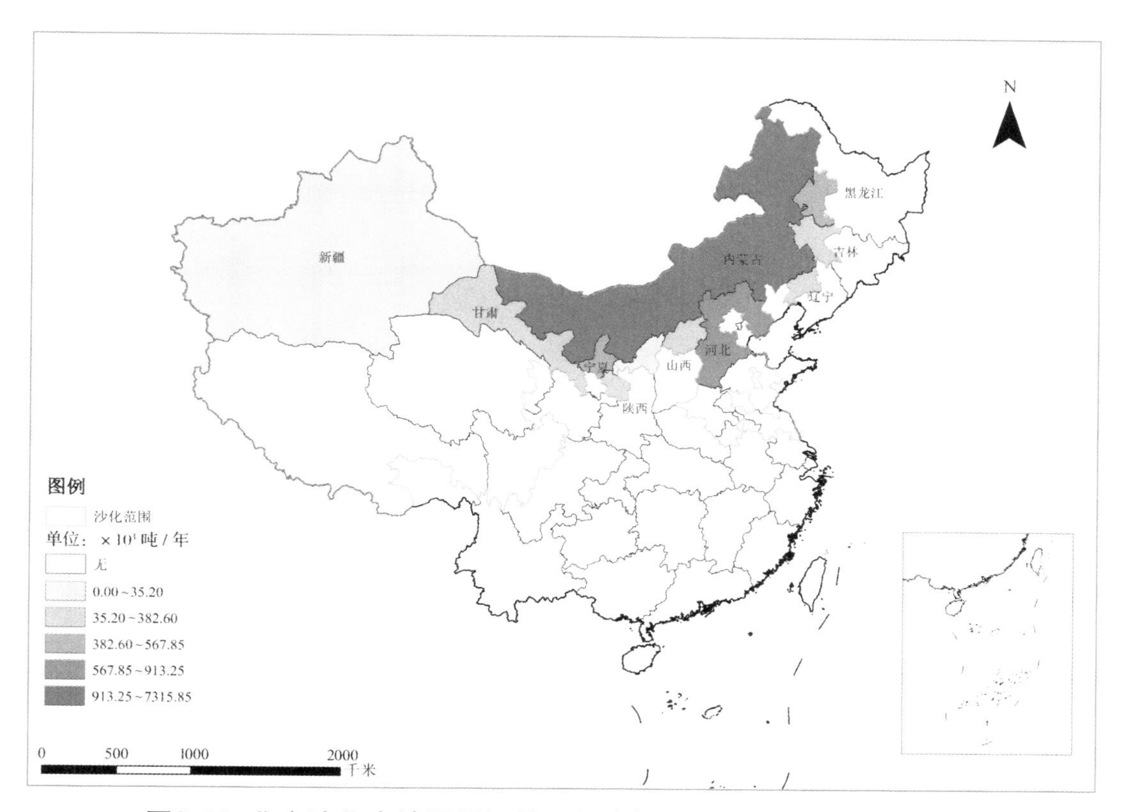

图3-10 北方沙化土地退耕还林工程省级区域固土物质量空间分布

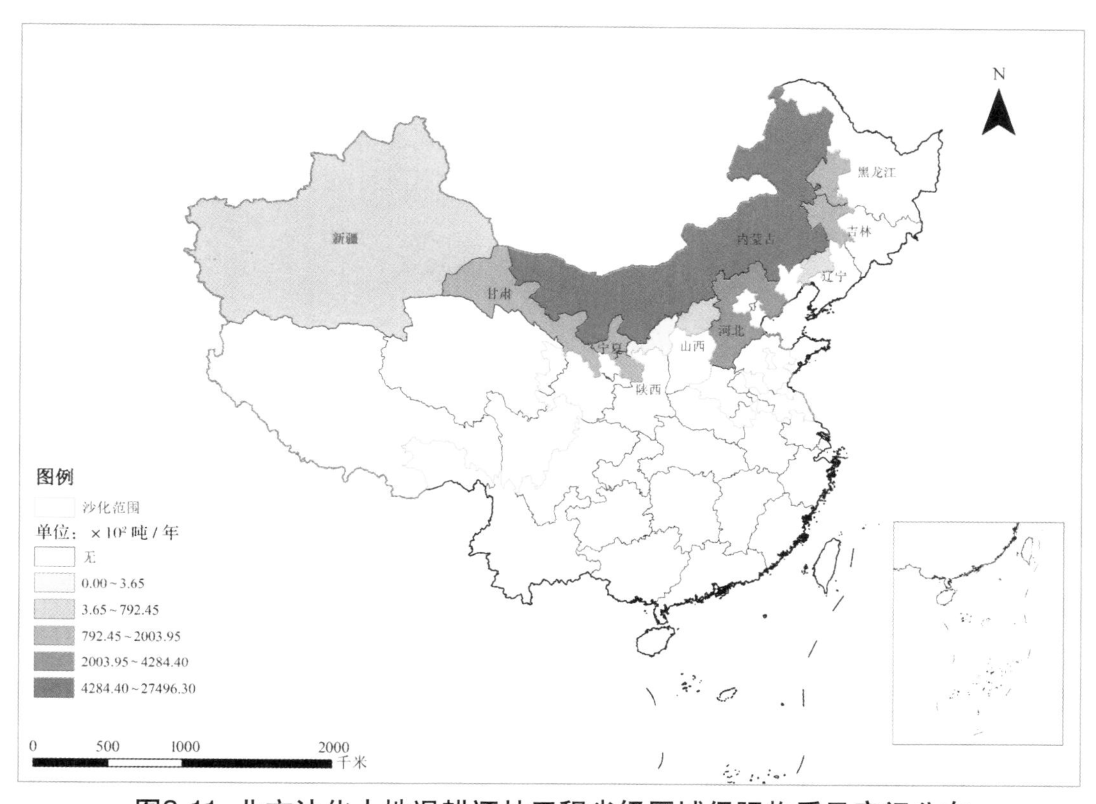

图3-11 北方沙化土地退耕还林工程省级区域保肥物质量空间分布

年和5.03万吨/年（表3-1），其空间分布特征见图3-12。内蒙古自治区林木积累营养物质量最高，为6.55万吨/年；河北省次之，为2.03万吨/年；新疆生产建设兵团和宁夏回族自治区分别为0.89万吨/年和0.60万吨/年；其余省（自治区）林木积累营养物质量均低于0.50万吨/年。

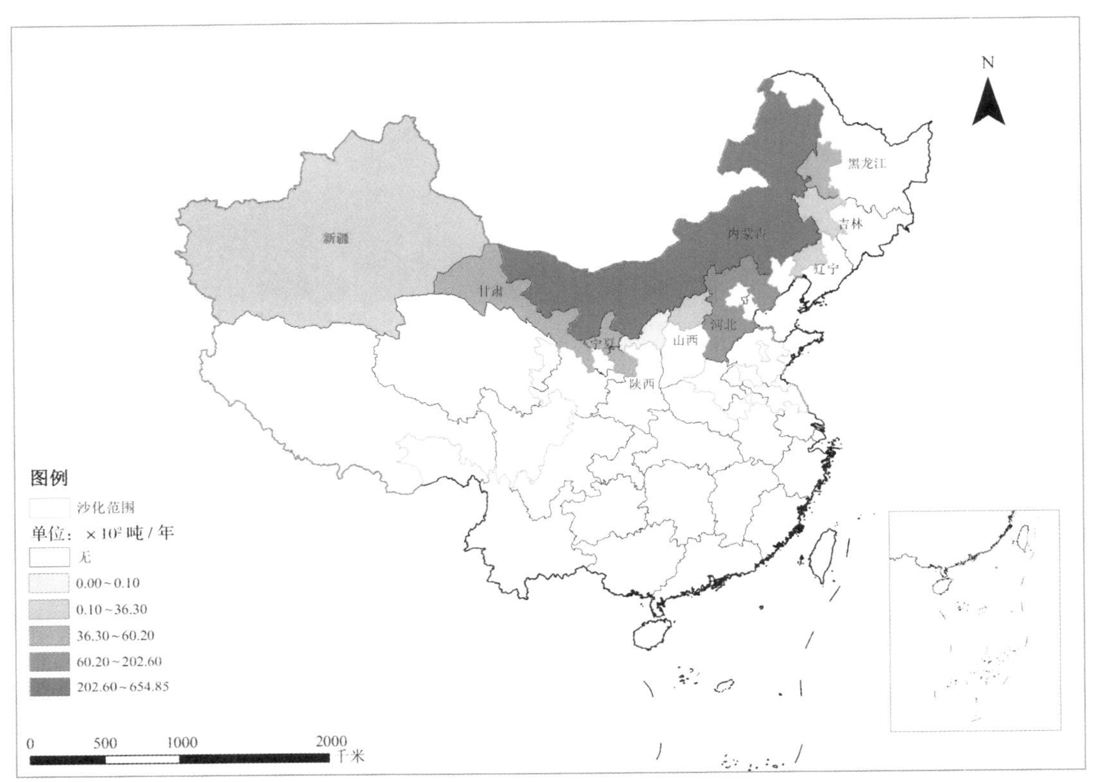

图3-12 北方沙化土地退耕还林工程省级区域林木积累营养物质量空间分布

3.1.1.2 **价值量**

北方沙化土地退耕还林工程生态系统服务功能价值量及空间分布见表3-2和图3-13。生态系统服务功能总价值量为1263.07亿元/年，相当于2014年该评估区林业总产值的3.33倍（国家统计局，2015；黑龙江省统计局，2015；吉林省统计局，2013；辽宁省统计局，2015；山西省统计局，2015；陕西省统计局，2015；宁夏回族自治区统计局；2015），也相当于该评估区退耕还林工程总投资的2.93倍。

内蒙古自治区退耕还林工程生态系统服务功能总价值量最高，为705.48亿元/年（图3-13）；河北省次之，总价值量为180.53亿元/年；新疆生产建设兵团和黑龙江省总价值量分别为96.03亿元/年和67.45亿元/年；其余省（自治区）总价值量均低于50亿元/年。

北方沙化土地退耕还林工程生态系统服务功能价值量相对比例分布如图3-14所示，森林防护价值量所占相对比例最大，为34.86%；其次为净化大气环境价值量，所占比重为29.92%。

表3-2 北方沙化土地退耕还林工程省级区域价值量评估结果　　单位：×10^8元/年

省级区域	森林防护	净化大气环境			固碳释氧	生物多样性保护	涵养水源	保育土壤	林木积累营养物质	总价值
		总计	滞纳PM_{10}	滞纳$PM_{2.5}$						
黑龙江	17.50	24.18	0.53	20.56	6.02	8.75	6.62	3.09	1.29	67.45
吉林	12.05	15.34	0.29	13.07	3.93	5.20	4.12	1.88	0.82	43.34
辽宁	9.43	11.81	0.25	9.96	4.08	4.23	2.56	0.96	0.60	33.67
河北	48.83	60.26	1.28	50.35	25.14	19.44	17.09	6.11	3.66	180.53
内蒙古	256.01	207.87	3.83	162.47	63.58	77.75	50.52	39.59	10.16	705.48
山西	9.71	11.08	0.21	9.06	3.04	2.81	2.27	0.86	0.65	30.42
陕西	0.03	0.04	<0.01	0.02	0.01	0.01	0.01	<0.01	<0.01	0.10
宁夏	18.92	12.30	0.20	9.72	5.05	5.48	1.66	2.59	1.07	47.07
甘肃	15.61	9.46	0.14	7.37	4.00	3.95	2.09	2.87	0.80	38.78
新疆	9.06	4.53	0.05	3.16	2.27	2.25	0.55	1.18	0.36	20.20
新疆兵团	43.18	21.08	0.33	15.61	9.34	10.01	4.39	6.38	1.65	96.03
合计	440.33	377.95	7.11	301.35	126.46	139.88	91.88	65.51	21.06	1263.07

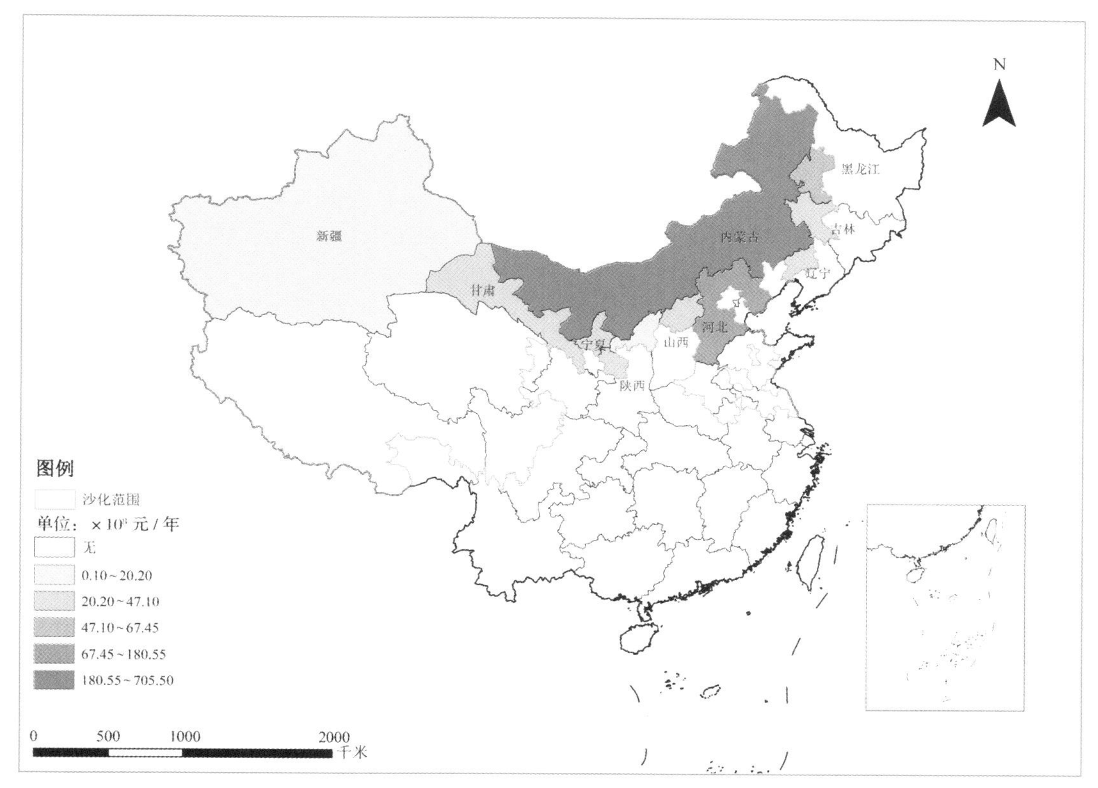

图3-13 北方沙化土地退耕还林工程省级区域生态系统服务功能总价值量空间分布

注：新疆兵团退耕还林工程生态系统服务功能总价值量见表3-2，下同。

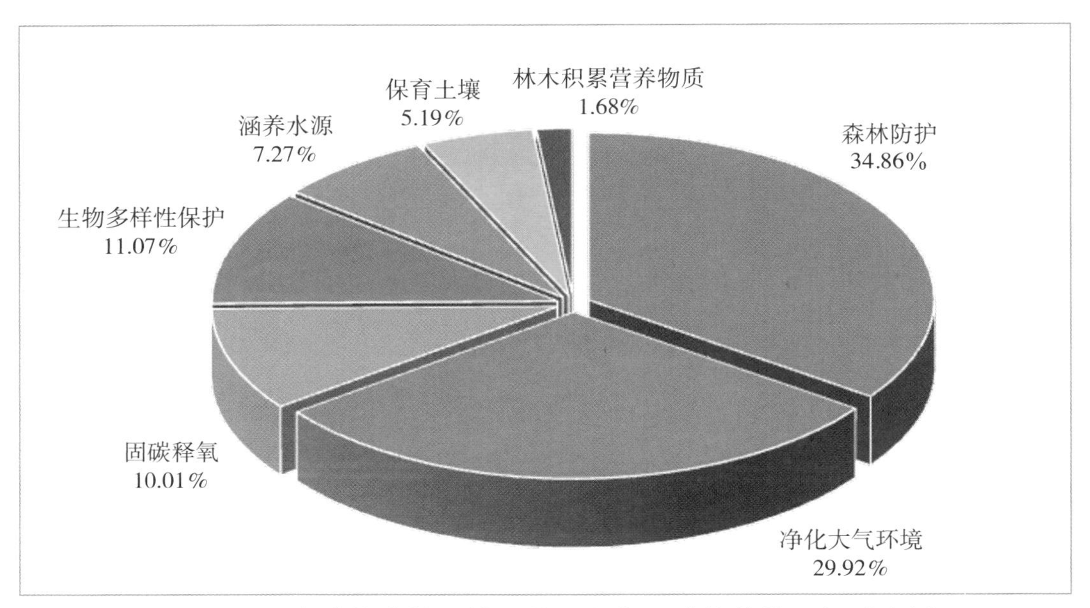

图3-14 北方沙化土地退耕还林工程各项功能价值量相对比例

3.1.2 市级区域生态效益

北方沙化土地退耕还林工程68个市（盟、自治州、地区、师）物质量和价值量的评估结果分别见表3-3和表3-4。

3.1.2.1 物质量

北方沙化土地退耕还林工程市级区域生态系统服务功能物质量评估结果，见表3-3。

（1）森林防护功能 北方沙化土地退耕还林工程防风固沙物质量较高的市（盟）主要有内蒙古自治区的乌兰察布市、通辽市、鄂尔多斯市、赤峰市、巴彦淖尔市、锡林郭勒盟、兴安盟，河北省的唐山市，宁夏回族自治区的吴忠市以及黑龙江省的齐齐哈尔市，各市（盟）的防风固沙物质量均在3100万吨/年以上，10个市（盟）防风固沙总物质量（55601.78万吨/年）占北方沙化土地退耕还林工程防风固沙总物质量的60.49%。

（2）净化大气环境功能 北方沙化土地退耕还林工程提供负离子物质量较高的市（盟）主要有内蒙古自治区的通辽市、呼和浩特市、赤峰市、呼伦贝尔市、鄂尔多斯市、兴安盟、乌兰察布市，黑龙江省的齐齐哈尔市，河北省的张家口市以及吉林省的白城市，均大于3500×10^{20}个/年，10个市（盟）提供负离子物质量之和（84991.10×10^{20}个/年）占北方沙化土地退耕还林工程提供负离子总物质量的62.29%（表3-3）。

北方沙化土地退耕还林工程吸收污染物物质量较高的市（盟）主要有内蒙古自治区的乌兰察布市、赤峰市、鄂尔多斯市、通辽市、呼和浩特市、巴彦淖尔市、兴安盟、锡林郭勒盟，黑龙江省的齐齐哈尔市以及河北省的唐山市，均在1.50万吨/年以上，10个市（盟）吸收污染物物质量之和（27.20万吨/年）约占北方沙化土地退耕还林工程吸收污染物总物质量的65.72%（表3-3）。

北方沙化土地退耕还林工程滞纳TSP、PM_{10}和$PM_{2.5}$物质量较高的市（盟）主要有内

表3-3 北方沙化土地退耕还林工程市级区域物质量评估结果

市级区域	森林防护	净化大气环境					固碳释氧		涵养水源	保育土壤					林木积累营养物质		
	防风固沙 (×10⁴吨/年)	提供负离子 (×10²⁰个/年)	吸收污染物 (×10²吨/年)	滞纳TSP (×10⁴吨/年)	滞纳 PM_{10} (×10²吨/年)	滞纳 $PM_{2.5}$ (×10²吨/年)	固碳 (×10⁴吨/年)	释氧 (×10⁴吨/年)	(×10⁴立方米/年)	固土 (×10⁴吨/年)	固氮 (×10²吨/年)	固磷 (×10²吨/年)	固钾 (×10²吨/年)	固有机质 (×10²吨/年)	氮 (×10²吨/年)	磷 (×10²吨/年)	钾 (×10²吨/年)
黑龙江大庆	135.41	692.45	9.32	9.48	0.80	0.19	0.86	1.68	327.85	30.09	4.81	1.50	34.31	64.46	2.48	0.06	0.26
黑龙江齐齐哈尔	3245.79	12382.48	175.50	178.92	16.86	4.22	15.67	30.70	6262.02	537.76	86.51	26.84	616.49	1169.04	45.32	1.72	5.59
吉林松原	738.69	3099.63	42.10	42.84	3.52	1.01	3.90	7.62	1582.07	136.08	21.72	6.74	155.19	292.96	11.25	0.28	1.24
吉林白城	1333.40	3759.96	56.78	58.06	4.58	1.31	5.23	10.15	1817.21	185.47	28.78	8.38	212.32	420.79	14.99	0.49	2.21
吉林四平	330.30	1367.00	19.75	20.14	1.78	0.47	1.74	3.36	703.66	61.03	9.73	2.98	71.48	134.42	4.96	0.28	0.61
辽宁阜新	794.20	2179.11	37.64	39.61	3.08	0.81	4.38	9.17	1041.95	79.42	5.53	1.02	124.03	202.22	9.45	0.23	0.95
辽宁锦州	225.59	659.86	10.46	10.77	1.07	0.26	1.23	2.58	299.73	22.52	1.49	0.26	34.40	56.82	2.67	0.07	0.28
辽宁沈阳	905.66	2724.77	40.48	43.10	4.32	1.06	4.98	10.49	1206.26	90.57	5.84	1.06	134.29	225.50	10.88	0.25	1.14
河北石家庄	106.05	149.62	4.25	3.68	0.37	0.12	0.44	0.99	153.19	8.20	2.04	0.33	9.16	26.85	0.14	0.02	0.24
河北保定	229.43	368.27	8.82	8.13	0.73	0.24	1.51	3.59	346.07	17.72	4.51	0.79	21.32	59.90	0.63	0.13	0.45
河北邯郸	883.92	1192.05	32.70	31.11	2.80	0.96	5.76	13.70	1305.70	70.15	17.52	2.81	77.54	230.65	4.66	0.50	3.14
河北邢台	168.08	264.73	6.78	5.72	0.57	0.19	1.16	2.79	236.32	13.00	3.23	0.52	14.66	41.89	0.50	0.10	0.33
河北衡水	66.08	103.17	2.65	2.24	0.21	0.06	0.46	1.11	100.77	5.10	1.27	0.21	5.63	16.75	0.22	0.04	0.14
河北承德	1077.97	2969.31	50.35	79.81	6.92	1.25	7.49	17.66	1238.78	84.93	23.65	5.52	145.40	312.03	17.52	1.15	9.41
河北唐山	3890.45	3072.75	162.27	169.29	8.69	2.80	20.06	45.42	8327.66	335.10	80.60	10.23	400.36	1042.30	50.92	1.58	34.73
河北张家口	3065.24	5907.04	127.36	215.49	19.60	4.44	18.48	43.58	4314.60	322.62	67.60	11.86	430.20	952.55	43.59	2.25	25.88
河北廊坊	711.16	1147.10	26.33	24.36	2.38	0.72	4.93	11.86	1016.53	55.00	13.72	2.20	61.15	180.79	2.11	0.46	1.38
河北沧州	9.21	14.00	0.69	0.72	0.02	0.01	0.08	0.17	5.30	1.42	0.34	0.05	1.83	4.42	0.21	0.01	0.14
内蒙古阿拉善盟	945.77	466.07	31.17	31.97	1.32	0.41	2.45	4.93	312.21	—	0.54	0.55	210.46	21.29	6.34	0.44	6.63

（续）

市级区域	森林防护	净化大气环境					固碳释氧		涵养水源	保育土壤					林木积累营养物质		
	防风固沙 ($\times10^4$吨/年)	提供负离子 ($\times10^{20}$个/年)	吸收污染物 ($\times10^2$吨/年)	滞纳TSP ($\times10^4$吨/年)	滞纳 PM_{10} ($\times10^2$吨/年)	滞纳 $PM_{2.5}$ ($\times10^2$吨/年)	固碳 ($\times10^4$吨/年)	释氧 ($\times10^4$吨/年)	($\times10^4$立方米/年)	固土 ($\times10^4$吨/年)	固氮 ($\times10^2$吨/年)	固磷 ($\times10^2$吨/年)	固钾 ($\times10^2$吨/年)	固有机质 ($\times10^2$吨/年)	氮 ($\times10^2$吨/年)	磷 ($\times10^2$吨/年)	钾 ($\times10^2$吨/年)
内蒙古巴彦淖尔	4662.70	3438.10	193.79	160.28	8.35	2.59	15.25	30.88	1796.46	—	10.59	4.95	1338.78	347.62	34.29	2.44	36.22
内蒙古包头	1045.60	822.10	45.88	38.30	1.96	0.61	3.40	6.74	861.39	—	3.35	1.97	320.21	81.92	6.53	0.46	6.39
内蒙古赤峰	7554.24	8854.90	429.03	444.71	21.65	5.72	20.25	42.90	8659.08	1521.45	43.42	19.69	3096.06	908.24	20.71	3.09	25.13
内蒙古鄂尔多斯	8023.55	6405.37	377.31	359.72	17.50	5.08	15.82	31.61	3526.80	1405.44	127.46	64.41	2778.03	876.80	63.90	4.65	63.31
内蒙古呼和浩特	2883.89	9379.00	233.69	308.07	10.00	2.05	11.97	24.11	3660.57	306.00	30.63	14.47	603.46	207.42	16.00	1.55	14.23
内蒙古呼伦贝尔	2024.76	7644.45	129.72	154.92	7.43	1.74	8.97	19.34	2519.15	266.32	44.01	9.25	462.84	689.25	7.64	1.17	8.02
内蒙古通辽	8692.70	21594.31	374.13	358.13	18.41	4.66	39.51	89.32	9492.69	1245.44	249.14	37.50	2140.74	4276.02	43.97	5.36	68.10
内蒙古乌海	260.85	213.87	12.69	10.71	0.66	0.20	0.54	1.12	194.63	42.54	0.27	0.21	68.60	7.72	2.46	0.17	2.47
内蒙古乌兰察布	9711.15	4696.07	442.43	379.28	19.32	5.98	32.69	65.37	9588.24	1455.27	144.76	153.88	2828.65	832.16	62.48	4.34	62.23
内蒙古锡林郭勒	3390.39	2951.90	151.13	142.10	9.16	2.80	11.45	23.37	4130.88	468.34	29.09	1.59	1045.14	854.45	20.13	1.57	19.14
内蒙古兴安盟	3149.54	4367.52	180.97	160.24	10.50	2.99	18.73	39.59	5578.22	605.03	111.77	18.34	1025.98	1352.61	13.63	2.27	17.39
山西大同	1026.93	1189.27	51.18	55.98	3.74	0.99	4.10	8.53	1077.17	102.70	30.37	4.05	204.27	113.57	11.73	0.39	1.56
山西朔州	593.75	385.09	30.31	33.05	2.40	0.60	2.40	5.00	737.91	59.38	16.92	2.39	114.80	62.49	7.35	0.33	1.03
山西忻州	366.06	230.92	17.96	19.71	1.26	0.35	1.49	3.08	442.86	36.60	11.51	1.67	73.07	41.19	5.29	0.19	0.68
陕西榆林	7.43	4.83	0.67	0.26	0.03	0.01	0.03	0.07	7.17	0.75	0.15	0.06	1.41	2.01	0.04	<0.01	0.02
宁夏石嘴山	199.73	331.53	7.46	7.30	0.49	0.11	0.71	1.53	103.90	22.97	7.16	1.83	26.97	51.80	1.03	0.11	0.46
宁夏吴忠	3281.27	2640.68	126.10	125.03	4.72	1.53	10.00	21.67	1288.22	398.62	139.36	35.85	450.87	865.53	29.36	2.25	20.58
宁夏银川	791.25	720.01	27.14	12.83	1.45	0.44	2.05	4.56	245.36	84.26	28.69	7.35	96.49	184.72	4.26	0.38	1.75

（续）

市级区域	森林防护	净化大气环境					固碳释氧		涵养水源	保育土壤					林木积累营养物质		
	防风固沙（×10⁴吨/年）	提供负离子（×10²⁰个/年）	吸收污染物（×10²吨/年）	滞纳TSP（×10⁴吨/年）	滞纳PM_{10}（×10²吨/年）	滞纳$PM_{2.5}$（×10²吨/年）	固碳（×10⁴吨/年）	释氧（×10⁴吨/年）	（×10⁴立方米/年）	固土（×10⁴吨/年）	固氮（×10²吨/年）	固磷（×10²吨/年）	固钾（×10²吨/年）	固有机质（×10²吨/年）	氮（×10²吨/年）	磷（×10²吨/年）	钾（×10²吨/年）
甘肃张掖	860.61	1515.07	39.78	40.83	2.12	0.53	3.32	7.23	425.39	123.49	18.21	3.98	185.88	292.16	7.18	0.49	7.46
甘肃武威	627.09	214.99	57.01	21.39	1.05	0.34	2.66	5.76	747.70	131.54	17.76	11.84	148.64	285.44	5.81	0.39	5.85
甘肃庆阳	361.28	270.56	14.75	15.14	0.48	0.17	1.25	2.73	217.36	59.27	6.38	2.29	113.72	151.65	3.40	0.32	2.56
甘肃酒泉	557.71	953.53	31.07	31.04	1.36	0.42	2.14	4.78	562.66	–	44.04	11.32	142.17	278.25	5.91	0.43	6.73
甘肃金昌	76.90	145.14	3.76	3.86	0.15	0.03	0.29	0.64	56.73	–	4.06	0.74	24.18	39.49	0.86	0.08	1.25
甘肃嘉峪关	40.81	61.12	2.11	2.24	0.09	0.03	0.14	0.32	30.15	–	0.31	0.79	9.96	19.12	0.39	0.03	0.39
甘肃白银	65.27	107.70	3.69	3.92	0.16	0.05	0.25	0.57	47.20	22.40	2.24	1.12	32.25	52.86	0.86	0.06	0.86
新疆伊犁	213.63	715.37	0.44	6.31	0.35	0.08	0.62	1.37	63.63	–	3.94	1.96	41.10	35.18	1.45	0.27	0.91
新疆克州	31.17	32.35	0.27	1.06	0.04	0.01	0.12	0.26	13.22	5.76	0.53	0.19	0.86	5.56	0.09	0.07	0.01
新疆博州	7.75	8.00	0.23	0.24	<0.01	<0.01	0.01	0.04	1.36	–	0.11	0.05	1.45	1.40	0.04	0.01	0.02
新疆吐鲁番	146.05	143.15	1.10	4.30	0.18	0.06	0.36	0.80	26.62	–	1.25	0.61	24.67	5.46	1.12	0.15	0.75
新疆和田	565.56	884.67	8.68	15.23	0.78	0.19	1.33	2.93	144.25	–	7.95	3.04	20.11	9.28	1.84	0.40	1.02
新疆哈密	57.97	68.14	1.65	1.75	0.08	0.02	0.17	0.33	15.22	–	0.39	0.10	9.56	7.36	0.17	0.02	0.11
新疆喀什	69.51	107.01	0.53	2.11	0.08	0.03	0.19	0.42	22.88	–	0.85	0.28	8.66	5.30	0.21	0.10	0.09
新疆塔城	54.40	176.13	0.11	1.63	0.03	0.01	0.16	0.35	20.19	7.78	0.85	0.45	9.76	8.31	0.21	0.04	0.14
新疆巴州	426.43	847.44	15.19	25.96	0.37	0.10	1.21	2.65	104.35	–	2.36	2.51	78.38	79.85	1.35	0.44	0.82
新疆昌吉	138.26	289.99	5.25	5.47	0.14	0.04	0.39	0.88	51.29	21.63	2.75	1.72	25.46	1.94	0.78	0.16	0.56
新疆阿克苏	156.55	228.11	4.38	5.98	0.19	0.06	0.40	0.91	20.81	–	2.45	0.59	37.89	31.53	0.44	0.27	0.13
新疆阿勒泰	261.90	696.13	9.46	9.96	0.34	0.08	0.77	1.70	92.46	–	3.55	1.92	39.45	33.04	1.59	0.33	1.14
新疆兵团第一师	630.61	890.14	18.47	19.34	0.51	0.19	1.21	2.74	139.67	–	9.10	2.42	109.69	92.08	6.39	0.38	1.72

（续）

市级区域	森林防护	净化大气环境					固碳释氧		涵养水源	保育土壤					林木积累营养物质		
	防风固沙 (×10^4吨/年)	提供负离子 (×10^20个/年)	吸收污染物 (×10^2吨/年)	滞纳TSP (×10^4吨/年)	滞纳PM_{10} (×10^2吨/年)	滞纳$PM_{2.5}$ (×10^2吨/年)	固碳 (×10^4吨/年)	释氧 (×10^4吨/年)	(×10^4立方米/年)	固土 (×10^4吨/年)	固氮 (×10^2吨/年)	固磷 (×10^2吨/年)	固钾 (×10^2吨/年)	固有机质 (×10^2吨/年)	氮 (×10^2吨/年)	磷 (×10^2吨/年)	钾 (×10^2吨/年)
新疆兵团第二师	1056.57	946.34	32.61	33.64	1.20	0.43	2.18	4.89	480.86	–	6.16	6.64	202.14	196.66	1.61	1.27	0.12
新疆兵团第三师	523.42	737.73	3.36	13.20	0.59	0.21	1.04	2.35	297.15	83.38	2.54	7.51	21.39	1.59	1.00	0.81	0.03
新疆兵团第四师	663.29	375.80	21.14	18.18	0.46	0.14	1.48	3.31	331.25	112.74	4.29	4.98	137.86	129.33	3.54	0.68	2.22
新疆兵团第五师	414.42	751.77	12.13	12.59	0.53	0.14	1.08	2.42	87.78	–	2.71	3.19	78.73	70.97	1.84	0.34	1.17
新疆兵团第六师	2420.07	918.48	81.27	82.76	1.50	0.48	5.20	11.69	1223.99	400.54	14.05	16.07	485.94	468.41	12.68	2.42	7.98
新疆兵团第七师	878.61	1268.85	20.27	20.64	0.99	0.30	1.88	4.14	272.50	128.72	4.93	5.72	157.48	147.42	4.16	0.79	2.62
新疆兵团第八师	1583.34	1244.09	2.60	37.37	1.87	0.54	3.61	7.87	526.93	232.30	18.68	20.90	282.20	24.43	7.44	1.42	4.68
新疆兵团第九师	1258.55	2083.54	38.75	34.75	1.60	0.42	2.83	6.29	395.60	200.34	8.75	10.67	251.32	203.93	5.86	1.21	4.12
新疆兵团第十师	602.33	934.16	18.66	16.42	0.82	0.22	1.36	3.00	342.25	–	4.07	4.79	118.62	107.02	3.09	0.59	1.94
新疆兵团第十二师	398.35	71.38	6.00	9.86	0.45	0.15	0.77	1.75	182.02	59.89	5.36	5.39	66.90	5.61	1.90	0.37	1.20
新疆兵团第十三师	242.06	371.34	7.34	7.48	0.32	0.08	0.56	1.32	102.59	–	1.42	0.56	31.72	2.78	0.88	0.12	0.59
合计	91918.66	136447.50	4139.05	4250.71	237.48	64.53	339.15	726.78	91554.64	11667.07	1610.12	597.65	22334.73	20004.56	663.73	55.24	502.65

注：（1）防风固沙物质量为防止风力侵蚀所固定的沙量；（2）固土物质量为防止水力侵蚀所固定的土壤物质量 [根据刘斌涛等（2013），界定降雨侵蚀力小于100且风力侵蚀等级为极强度以上的生态功能区由于其受到水力侵蚀极小，其固土物质量可忽略不计]；（3）固碳为植物固碳与土壤固碳的物质量总和；（4）吸收污染物是森林吸收二氧化硫、氟化物和氮氧化物的物质量总和。

蒙古自治区的赤峰市、乌兰察布市、鄂尔多斯市、通辽市、呼和浩特市、巴彦淖尔市、兴安盟，河北省的张家口市，黑龙江省的齐齐哈尔市和河北省的唐山市。其滞纳TSP物质量均大于160万吨/年，滞纳PM_{10}物质量均大于0.08万吨/年，滞纳$PM_{2.5}$物质量均大于0.02万吨/年，10个市（盟）滞纳TSP、PM_{10}和$PM_{2.5}$物质量之和分别占北方沙化土地退耕还林工程滞纳TSP、PM_{10}和$PM_{2.5}$总物质量的64.32%、63.53%和62.81%（表3-3）。

（3）固碳释氧功能　北方沙化土地退耕还林工程固碳和释氧物质量较高的市（盟）主要有内蒙古自治区的通辽市、乌兰察布市、赤峰市、兴安盟、鄂尔多斯市、巴彦淖尔市，河北省的唐山市、张家口市，黑龙江省的齐齐哈尔市，固碳物质量和释氧物质量分别大于15万吨/年和30万吨/年，9个市（盟）的固碳、释氧物质量合计分别占北方沙化土地退耕还林工程固碳、释氧总物质量的57.93%和57.70%。

（4）涵养水源功能　北方沙化土地退耕还林工程涵养水源物质量较高的市（盟）主要有内蒙古自治区的乌兰察布市、通辽市、赤峰市、兴安盟、锡林郭勒盟，河北省的唐山市、张家口市以及黑龙江省的齐齐哈尔市，各市（盟）涵养水源物质量均在4000万立方米/年以上，8个市（盟）涵养水源总物质量（56353.39万立方米/年）占北方沙化土地退耕还林工程涵养水源总物质量的61.55%（表3-3）。

（5）保育土壤功能　北方沙化土地退耕还林工程固土物质量和保肥物质量较高的市主要有内蒙古自治区的赤峰市、乌兰察布市、鄂尔多斯市、通辽市，固土物质量和保肥物质量分别超过1000万吨/年和35万吨/年，且4个市的固土物质量（5627.60万吨/年）和保肥物质量（185.77万吨/年）总值分别占北方沙化土地退耕还林工程保育土壤总物质量的48.23%和41.70%（表3-3）。

（6）林木积累营养物质功能　北方沙化土地退耕还林工程林木积累营养物质的物质量较高的市主要有内蒙古自治区的鄂尔多斯市、乌兰察布市、通辽市、巴彦淖尔市以及河北省的唐山市、张家口市，均在0.70万吨/年以上，6个市的林木积累营养物质总物质量（6.10万吨/年）约占北方沙化土地退耕还林工程林木积累营养物质总物质量的49.95%。

3.1.2.2 价值量

北方沙化土地退耕还林工程市级区域的生态系统服务功能价值量评估结果见表3-4。北方沙化土地退耕还林工程生态系统服务功能总价值量较高的市（盟）主要有内蒙古自治区的乌兰察布市、通辽市、赤峰市、鄂尔多斯市、巴彦淖尔市、兴安盟，河北省的张家口市以及黑龙江省的齐齐哈尔市，总价值量均在50亿元/年以上，8个市（盟）的总价值量（738.76亿元/年）约占北方沙化土地退耕还林工程总价值量的55.01%（内蒙古自治区统计局，2014）。内蒙古自治区的6个市（盟）的总价值量为555.10亿元/年，相当于该区林业生产总值的9.53倍，也相当于该区内退耕还林工程投资资金的3.14倍。

森林防护功能和净化大气环境功能的价值量在各个市级区域的相对比例占主导地位。

其中森林防护价值量较高的市（自治州、地区、师）主要分布在新疆维吾尔自治区的博尔塔拉蒙古自治州、塔城地区、喀什地区、昌吉回族自治州、和田地区，新疆生产建设兵团的第一师、第四师、第五师、第六师、第八师，10个市（自治州、地区、师）森林防护价值量之和占各市（自治州、地区、师）生态系统服务功能总价值的比例均在40%以上。净化大气环境价值量较高的市主要分布在辽宁省的沈阳市、锦州市，吉林省的四平市、松原市，河北省的石家庄市、黑龙江省的大庆市，内蒙古自治区的呼伦贝尔市，7个市净化大气环境价值量之和占各市生态系统服务功能总价值量的35%以上。

在北方沙化土地退耕还林工程的68个市级区域中，森林防护价值量较高的市（自治州、地区、师）主要分布在新疆生产建设兵团、新疆维吾尔自治区、甘肃省等。该区内风沙危害严重，退耕还林工程所发挥的防风固沙以及缓减土壤沙化的功能明显。净化大气环境价值量较高的市主要分布在辽宁省、河北省、山西省。该区内工业发达、人口密集、经济活动频繁、环境污染严重，退耕还林工程所发挥的吸收污染物、滞纳颗粒物、净化大气环境的生态功能凸显，对于改善该区的生态环境和保障居民的身体健康都具有重要的贡献。

表3-4 北方沙化土地退耕还林工程市级区域价值量评估结果　　单位：$\times 10^8$元/年

市级区域	森林防护	净化大气环境			固碳释氧	生物多样性保护	涵养水源	保育土壤	林木积累营养物质	总价值
		总计	滞纳PM_{10}	滞纳$PM_{2.5}$						
黑龙江大庆	0.82	1.05	0.02	0.87	0.31	0.37	0.33	0.16	0.07	3.11
黑龙江齐齐哈尔	16.68	23.13	0.51	19.69	5.71	8.38	6.29	2.93	1.22	64.34
吉林松原	4.02	5.52	0.11	4.71	1.42	1.90	1.59	0.74	0.29	15.48
吉林白城	6.23	7.24	0.13	6.17	1.89	2.45	1.83	0.82	0.40	20.86
吉林四平	1.80	2.58	0.05	2.19	0.62	0.85	0.70	0.32	0.13	7.00
辽宁阜新	3.91	4.56	0.09	3.80	1.68	1.68	1.05	0.39	0.24	13.51
辽宁锦州	1.10	1.46	0.03	1.24	0.47	0.50	0.30	0.12	0.07	4.02
辽宁沈阳	4.42	5.79	0.13	4.92	1.93	2.05	1.21	0.45	0.29	16.14
河北石家庄	0.49	0.63	0.01	0.56	0.18	0.22	0.15	0.05	<0.01	1.72
河北保定	1.06	1.28	0.02	1.13	0.64	0.50	0.34	0.12	0.02	3.96
河北邯郸	4.19	5.04	0.08	4.45	2.44	1.72	1.31	0.49	0.15	15.34
河北邢台	0.78	1.01	0.02	0.90	0.49	0.40	0.24	0.09	0.02	3.03
河北衡水	0.31	0.33	0.01	0.29	0.20	0.14	0.10	0.03	0.01	1.12
河北承德	5.09	7.33	0.21	5.86	3.14	2.35	1.24	0.62	0.53	20.30
河北唐山	1.09	1.02	0.02	0.85	0.69	0.51	0.34	0.13	0.02	3.80
河北张家口	32.46	39.78	0.84	32.95	15.23	12.09	12.35	4.18	2.83	118.92

（续）

市级区域	森林防护	净化大气环境			固碳释氧	生物多样性保护	涵养水源	保育土壤	林木积累营养物质	总价值
		总计	滞纳 PM_{10}	滞纳 $PM_{2.5}$						
河北廊坊	3.32	3.80	0.07	3.33	2.10	1.49	1.02	0.39	0.07	12.19
河北沧州	0.04	0.04	<0.01	0.03	0.03	0.02	<0.01	0.01	0.01	0.15
内蒙古阿拉善盟	4.02	2.47	0.04	1.91	0.91	1.00	0.32	0.48	0.21	9.41
内蒙古巴彦淖尔	22.10	14.99	0.25	12.09	5.70	6.23	1.81	3.09	1.14	55.06
内蒙古包头	5.07	3.52	0.06	2.83	1.24	1.46	0.86	0.75	0.21	13.11
内蒙古赤峰	38.23	34.58	0.66	26.72	6.86	12.69	8.69	5.91	0.74	107.70
内蒙古鄂尔多斯	38.08	30.10	0.53	23.70	5.85	10.67	3.54	5.78	2.10	96.12
内蒙古呼和浩特	14.43	14.83	0.30	9.58	5.28	4.27	3.68	1.27	0.53	44.29
内蒙古呼伦贝尔	9.98	10.86	0.22	8.11	3.51	3.58	2.53	1.50	0.27	32.23
内蒙古通辽	41.43	28.17	0.56	21.72	13.89	11.72	9.53	7.90	1.65	114.29
内蒙古乌海	1.33	1.14	0.02	0.94	0.21	0.40	0.19	0.13	0.09	3.49
内蒙古乌兰察布	47.61	34.69	0.59	27.89	12.11	14.08	9.63	7.19	2.06	127.37
内蒙古锡林郭勒	16.12	15.65	0.28	13.05	4.30	4.68	4.14	2.30	0.66	47.85
内蒙古兴安盟	17.61	16.87	0.32	13.93	3.72	6.97	5.60	3.29	0.50	54.56
山西大同	5.00	5.65	0.11	4.62	1.56	1.44	1.08	0.45	0.31	15.49
山西朔州	2.91	3.40	0.07	2.78	0.91	0.85	0.74	0.25	0.20	9.26
山西忻州	1.80	2.03	0.03	1.66	0.57	0.52	0.45	0.16	0.14	5.67
陕西榆林	0.03	0.04	<0.01	0.02	0.01	0.01	0.01	<0.01	<0.01	0.10
宁夏石嘴山	0.91	0.63	0.01	0.50	0.29	0.24	0.11	0.12	0.03	2.33
宁夏吴忠	14.73	9.30	0.14	7.12	3.94	4.31	1.30	2.04	0.91	36.53
宁夏银川	3.28	2.37	0.05	2.10	0.82	0.93	0.25	0.43	0.13	8.21
甘肃张掖	4.98	3.22	0.06	2.50	1.31	1.24	0.42	0.70	0.23	12.10
甘肃武威	3.90	2.00	0.03	1.59	1.05	1.01	0.75	0.79	0.19	9.69
甘肃庆阳	1.94	1.01	0.01	0.75	0.50	0.46	0.22	0.36	0.11	4.60
甘肃酒泉	3.63	2.50	0.04	1.96	0.86	0.93	0.56	0.77	0.20	9.45
甘肃金昌	0.46	0.24	<0.01	0.18	0.12	0.12	0.06	0.10	0.03	1.13
甘肃嘉峪关	0.26	0.18	<0.01	0.14	0.06	0.07	0.03	0.05	0.01	0.66
甘肃白银	0.44	0.31	<0.01	0.25	0.10	0.12	0.05	0.10	0.03	1.15
新疆伊犁	0.92	0.50	0.01	0.39	0.25	0.23	0.06	0.14	0.05	2.15
新疆克州	0.14	0.08	<0.01	0.07	0.04	0.04	0.01	0.02	<0.01	0.33
新疆博州	0.03	0.01	<0.01	0.01	<0.01	0.01	<0.01	<0.01	<0.01	0.05
新疆吐鲁番	0.63	0.33	<0.01	0.25	0.14	0.16	0.02	0.07	0.09	1.44
新疆和田	2.25	1.20	0.02	0.93	0.53	0.52	0.14	0.26	0.06	4.96

（续）

市级区域	森林防护	净化大气环境			固碳释氧	生物多样性保护	涵养水源	保育土壤	林木积累营养物质	总价值
		总计	滞纳 PM_{10}	滞纳 $PM_{2.5}$						
新疆哈密	0.23	0.12	<0.01	0.09	0.06	0.05	0.02	0.03	0.01	0.52
新疆喀什	0.30	0.14	<0.01	0.11	0.07	0.08	0.02	0.04	<0.01	0.65
新疆塔城	0.24	0.06	<0.01	0.03	0.06	0.05	0.02	0.03	0.01	0.47
新疆巴州	1.86	0.90	0.01	0.46	0.48	0.48	0.10	0.29	0.05	4.16
新疆昌吉	0.62	0.27	<0.01	0.17	0.16	0.16	0.05	0.07	0.03	1.36
新疆阿克苏	0.69	0.36	<0.01	0.26	0.17	0.17	0.02	0.13	0.01	1.55
新疆阿勒泰	1.15	0.56	0.01	0.39	0.31	0.30	0.09	0.10	0.05	2.56
新疆兵团第一师	2.52	1.25	0.01	0.91	0.49	0.57	0.14	0.32	0.18	5.47
新疆兵团第二师	4.29	2.62	0.04	2.00	0.88	1.00	0.49	0.66	0.06	10.00
新疆兵团第三师	2.12	1.21	0.02	0.99	0.42	0.49	0.29	0.26	0.04	4.83
新疆兵团第四师	2.73	1.00	0.02	0.68	0.59	0.65	0.33	0.43	0.12	5.85
新疆兵团第五师	1.65	0.91	0.01	0.68	0.44	0.36	0.08	0.12	0.06	3.62
新疆兵团第六师	10.13	3.73	0.05	2.28	2.10	2.45	1.23	1.71	0.42	21.77
新疆兵团第七师	3.45	1.83	0.03	1.45	0.75	0.77	0.27	0.54	0.14	7.75
新疆兵团第八师	6.22	3.16	0.06	2.54	1.43	1.39	0.53	0.72	0.25	13.70
新疆兵团第九师	5.09	2.63	0.05	1.97	1.14	1.17	0.40	0.82	0.20	11.45
新疆兵团第十师	2.43	1.33	0.02	1.02	0.54	0.57	0.35	0.35	0.10	5.67
新疆兵团第十二师	1.59	0.86	0.01	0.68	0.32	0.37	0.18	0.18	0.06	3.56
新疆兵团第十三师	0.96	0.55	0.01	0.41	0.24	0.22	0.10	0.27	0.02	2.36
合计	440.33	377.95	7.11	301.35	126.46	139.88	91.88	65.51	21.06	1263.07

3.2 北方沙化土地退耕还林工程生态功能区生态效益

本节采用分布式测算方法，对退耕还林工程风蚀主导型生态功能区、风蚀与水蚀共同主导型生态功能区和水蚀主导型生态功能区的物质量和价值量进行科学评估。

3.2.1 风蚀主导型生态功能区生态效益

3.2.1.1 物质量

北方沙化土地退耕还林工程风蚀主导型生态功能区生态系统服务功能物质量评估结果见表3-5。风蚀主导型生态功能区退耕还林工程发挥的森林防护功能最强，防风固沙物质量达到47490.28万吨/年，占防风固沙总物质量的51.67%。

表3-5 北方沙化土地退耕还林工程风蚀主导型生态功能区物质量评估结果

生态功能区	森林防护	净化大气环境					固碳释氧		涵养水源	保育土壤					林木积累营养物质		
	防风固沙 (×10⁴吨/年)	提供负离子 (×10²⁰个/年)	吸收污染物 (×10²吨/年)	滞纳TSP (×10⁴吨/年)	滞纳PM_{10} (×10²吨/年)	滞纳$PM_{2.5}$ (×10²吨/年)	固碳 (×10⁴吨/年)	释氧 (×10⁴吨/年)	(×10⁴立方米/年)	固土 (×10⁴吨/年)	固氮 (×10²吨/年)	固磷 (×10²吨/年)	固钾 (×10²吨/年)	固有机质 (×10²吨/年)	氮 (×10²吨/年)	磷 (×10²吨/年)	钾 (×10²吨/年)
IA-1	185.12	855.16	11.94	15.20	0.72	0.16	0.77	1.66	181.98	22.10	3.90	0.84	38.55	61.82	0.88	0.11	1.10
IIA-1	286.32	1335.01	18.79	23.83	1.15	0.18	1.15	2.46	304.89	34.42	5.86	1.27	59.95	95.20	1.23	0.16	1.36
IIB-3	509.39	1761.68	23.99	24.42	2.00	0.55	2.23	4.34	831.77	77.57	12.37	3.83	88.48	167.24	6.41	0.16	0.71
IIB-6	1239.98	4742.11	79.70	95.40	4.61	1.08	5.55	12.00	1548.24	162.96	26.80	5.60	284.11	420.42	4.71	0.71	4.99
IIB-8	135.41	692.46	9.32	9.48	0.80	0.19	0.86	1.68	327.85	30.10	4.81	1.50	34.31	64.46	2.48	0.06	0.26
IIC-3	5330.85	5746.47	262.53	267.64	12.95	3.62	11.52	23.28	2246.96	920.12	82.85	42.43	1809.50	594.21	39.32	3.00	38.71
IIC-4	799.72	539.41	35.10	28.66	1.47	0.46	2.63	5.23	672.66	–	2.30	1.31	246.42	64.53	5.15	0.35	5.08
IIC-8	313.32	712.17	19.29	20.49	0.94	0.24	1.50	3.23	484.05	46.84	7.46	1.52	80.24	111.81	0.82	0.18	0.57
IIC-9	11562.04	7224.52	524.77	466.71	25.76	7.90	38.94	78.40	12126.55	1456.52	152.92	145.53	3397.99	1526.13	72.18	5.21	70.94
IID-1	2410.83	2638.83	67.92	79.89	3.53	1.01	6.46	14.30	1213.82	373.67	29.66	21.58	401.21	412.62	13.21	2.33	10.48
IID-2	7629.86	7762.45	291.81	263.07	12.84	3.88	23.34	48.19	3146.87	–	43.95	22.84	1977.63	770.91	52.93	4.75	52.67
IID-4	2953.54	872.78	127.47	102.80	5.19	1.66	4.84	9.46	1474.48	527.87	44.88	22.20	1037.13	290.31	27.05	1.83	27.07
IID-6	6960.34	6196.02	185.56	204.03	7.20	2.16	16.76	36.90	3238.25	1353.77	52.86	67.36	1360.79	1139.82	36.92	6.39	25.92
IID-8	1539.51	423.45	68.78	54.67	2.71	0.88	5.19	10.35	1592.58	236.23	20.93	9.95	475.82	160.49	10.43	0.70	10.43
IIIB-2	1816.76	2985.09	120.61	142.60	6.09	1.44	5.31	12.89	2814.02	364.10	14.25	6.97	726.70	242.15	5.43	0.79	5.83
IIID-1	820.66	1229.74	30.36	33.49	1.49	0.43	2.51	5.63	503.32	–	33.36	8.84	160.34	202.68	6.17	0.60	6.24
IIID-2	2683.49	3510.21	75.28	88.97	2.82	0.92	5.92	13.22	850.55	–	37.99	14.39	430.58	392.24	11.21	2.72	3.41
HID-1	98.59	175.38	1.23	2.56	0.13	0.03	0.23	0.52	24.11	–	3.03	0.54	3.53	1.63	0.26	0.06	0.19
HIIC-1	44.47	78.42	2.44	2.50	0.11	0.03	0.20	0.44	26.09	7.57	0.90	0.32	11.10	17.89	0.43	0.03	0.44
HIID-1	21.56	15.09	0.19	0.73	0.02	0.01	0.09	0.18	9.10	4.00	0.37	0.13	0.58	3.74	0.06	0.05	<0.01
HIID-2	25.38	42.54	1.51	1.55	0.06	0.02	0.10	0.22	28.67	–	2.06	0.53	6.65	12.78	0.27	0.02	0.27
HIID-3	123.14	218.12	3.36	10.72	0.19	0.05	0.36	0.79	38.15	–	1.45	0.58	22.76	20.86	0.39	0.07	0.30
合计	47490.28	49757.11	1961.95	1939.41	92.78	26.90	136.46	285.37	33684.96	5617.84	584.96	380.06	12654.37	6773.94	297.94	30.28	266.97

注：（1）代码所代表各生态功能区详见表1-1；（2）防风固沙物质量为防止风力侵蚀所固定的沙量；（3）固土物质量为防止水力侵蚀所固定的土壤物质量[根据刘斌涛等（2013），界定降雨侵蚀力小于100且风力侵蚀等级为极强度以上的生态功能区由于其受到水力侵蚀极小，其固土物质量可忽略不计]；（4）固碳为植物固碳与土壤固碳的物质量总和；（5）吸收污染物是森林吸收二氧化硫、氟化物和氮氧化物的物质量总和。

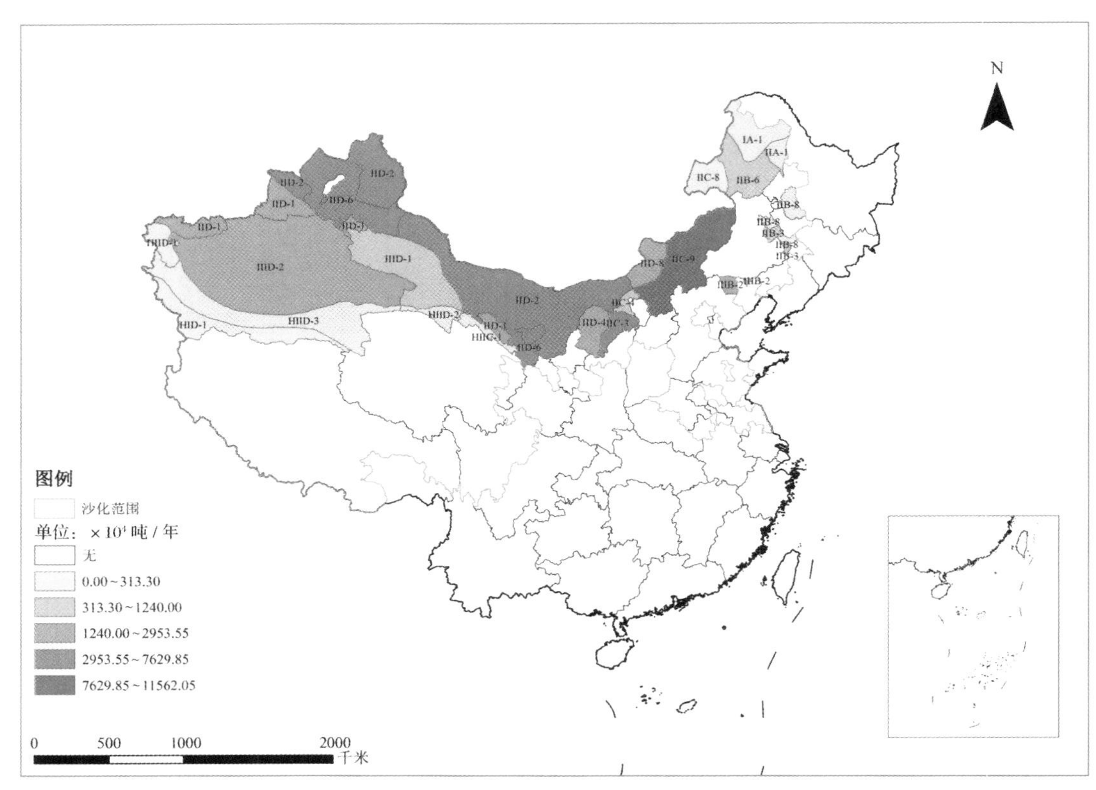

图3-15 北方沙化土地退耕还林工程风蚀主导型生态功能区防风固沙物质量空间分布

（1）**森林防护功能** 退耕还林工程防风固沙物质量较高的区主要有中温带轻度风蚀半干旱区、中温带剧烈风蚀干旱区、中温带极强度风蚀干旱区和中温带强度风蚀半干旱区，4个生态功能区的防风固沙物质量均在5000万吨/年以上，其防风固沙总物质量为31483.09万吨/年，占风蚀主导型生态功能区退耕还林工程防风固沙总物质量的66.29%。各生态功能区退耕还林工程防风固沙物质量空间分布如图3-15所示。

（2）**净化大气环境功能** 退耕还林工程风蚀主导型生态功能区提供负离子物质量较高的区主要有中温带剧烈风蚀干旱区、中温带轻度风蚀半干旱区、中温带极强度风蚀干旱区和中温带强度风蚀半干旱区。4个生态功能区提供负离子物质量均大于5000×10^{20}个/年，其提供负离子总物质量为26929.46×10^{20}个/年，占风蚀主导型生态功能区退耕还林工程提供负离子总物质量的54.12%。各生态功能区退耕还林工程提供负离子物质量空间分布如图3-16所示。

退耕还林工程风蚀主导型生态功能区吸收污染物的物质量较高的区主要有中温带轻度风蚀半干旱区、中温带剧烈风蚀干旱区和中温带强度风蚀半干旱区。3个生态功能区吸收污染物的物质量均在2万吨/年以上，其吸收污染物的物质量之和达到10.79万吨/年，约占退耕还林工程风蚀主导型生态功能区吸收污染物总物质量的54.99%。各生态功能区退耕还林工程吸收污染物的物质量空间分布如图3-17所示。

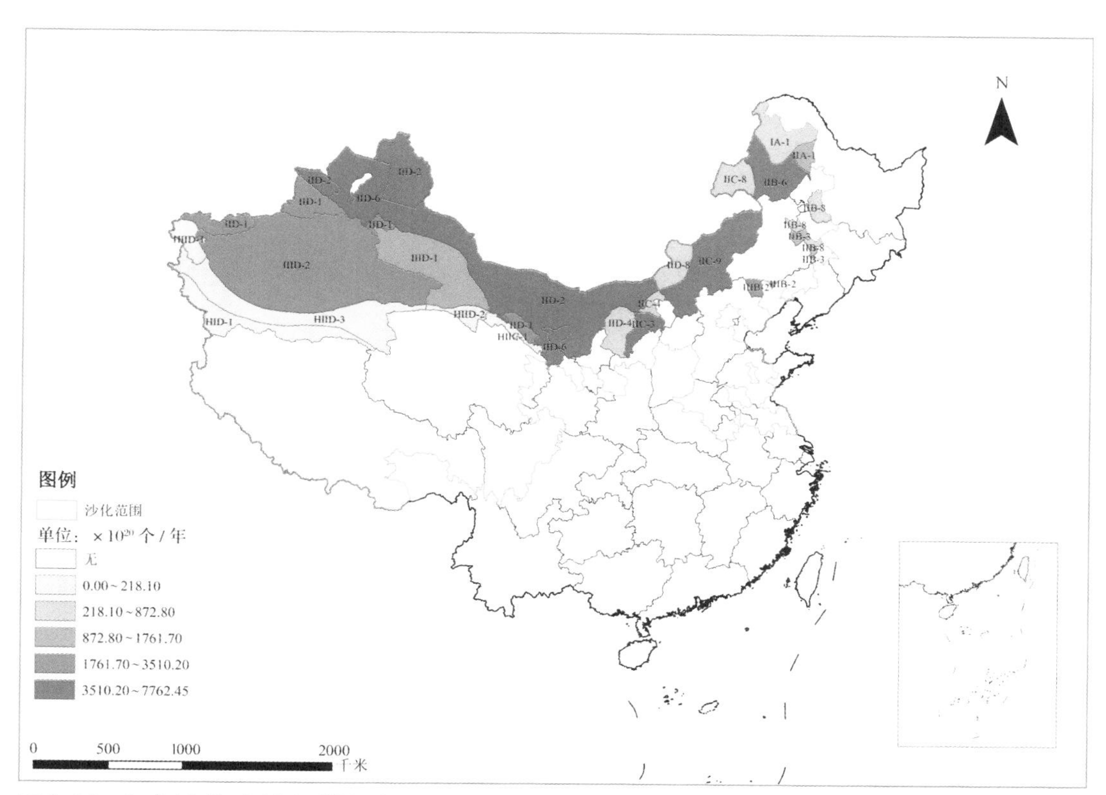

图3-16 北方沙化土地退耕还林工程风蚀主导型生态功能区提供负离子物质量空间分布

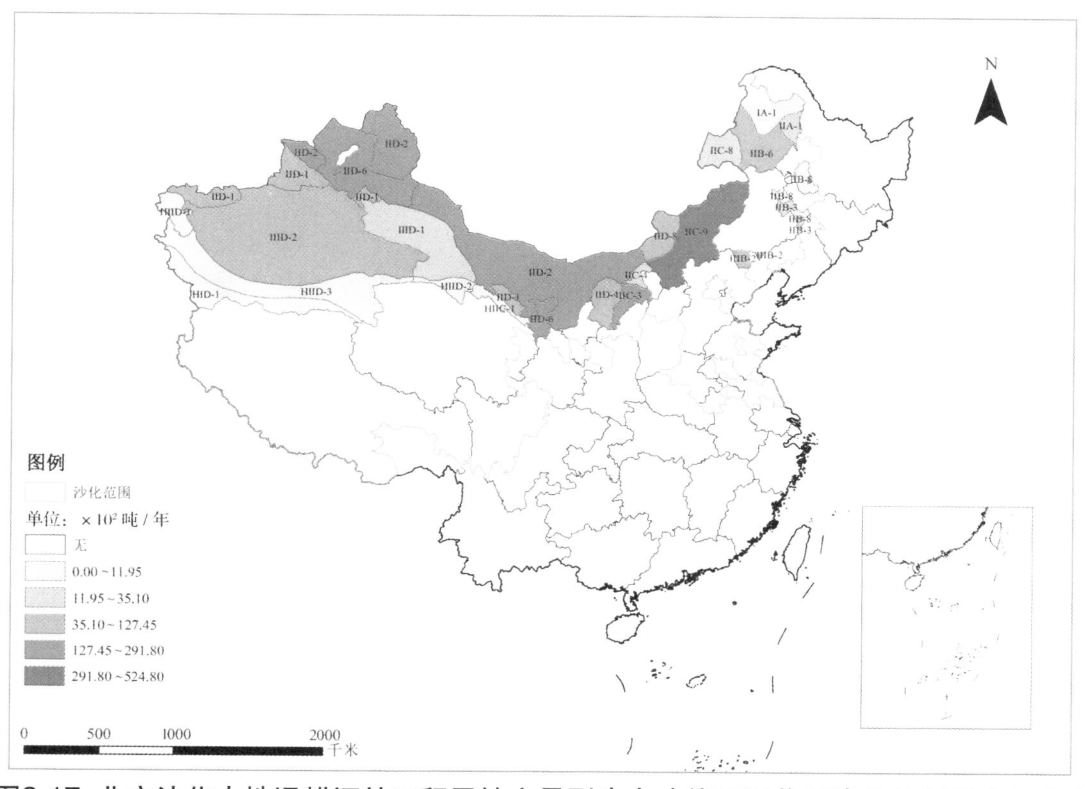

图3-17 北方沙化土地退耕还林工程风蚀主导型生态功能区吸收污染物物质量空间分布

退耕还林工程风蚀主导型生态功能区滞纳TSP、PM_{10}和$PM_{2.5}$物质量较高的区主要有中温带轻度风蚀半干旱区、中温带强度风蚀半干旱区、中温带剧烈风蚀干旱区和中温带极强度风蚀干旱区。4个生态功能区滞纳TSP物质量均大于200万吨/年，其滞纳TSP总物质量为1201.45万吨/年，占退耕还林工程风蚀主导型生态功能区滞纳TSP总物质量的61.95%。其中滞纳PM_{10}和$PM_{2.5}$的物质量分别为0.59万吨/年、0.18万吨/年。各生态功能区退耕还林工程滞纳TSP、PM_{10}和$PM_{2.5}$物质量的空间分布如图3-18至图3-20所示。

（3）固碳释氧功能 风蚀主导型生态功能区退耕还林工程固碳和释氧物质量较高的区主要有中温带轻度风蚀半干旱区、中温带剧烈风蚀干旱区、中温带极强度风蚀干旱区和中温带强度风蚀半干旱区。4个生态功能区的固碳物质量为90.56万吨/年，占风蚀主导型生态功能区退耕还林工程固碳总物质量的66.36%；4个生态功能区的释氧物质量为186.77万吨/年，占风蚀主导型生态功能区退耕还林工程释氧总物质量的65.45%。各生态功能区退耕还林工程固碳物质量和释氧物质量空间分布如图3-21、图3-22所示。

（4）涵养水源功能 风蚀主导型生态功能区退耕还林工程涵养水源物质量较高的区主要有中温带轻度风蚀半干旱区、中温带极强度风蚀干旱区和中温带剧烈风蚀干旱区。3个生态功能区涵养水源物质量均在3000万立方米/年以上，其涵养水源总物质量为18511.67万立方米/年，占风蚀主导型生态功能区退耕还林工程涵养水源总物质量的54.96%。各生态功能区退耕还林工程涵养水源物质量空间分布，见图3-23。

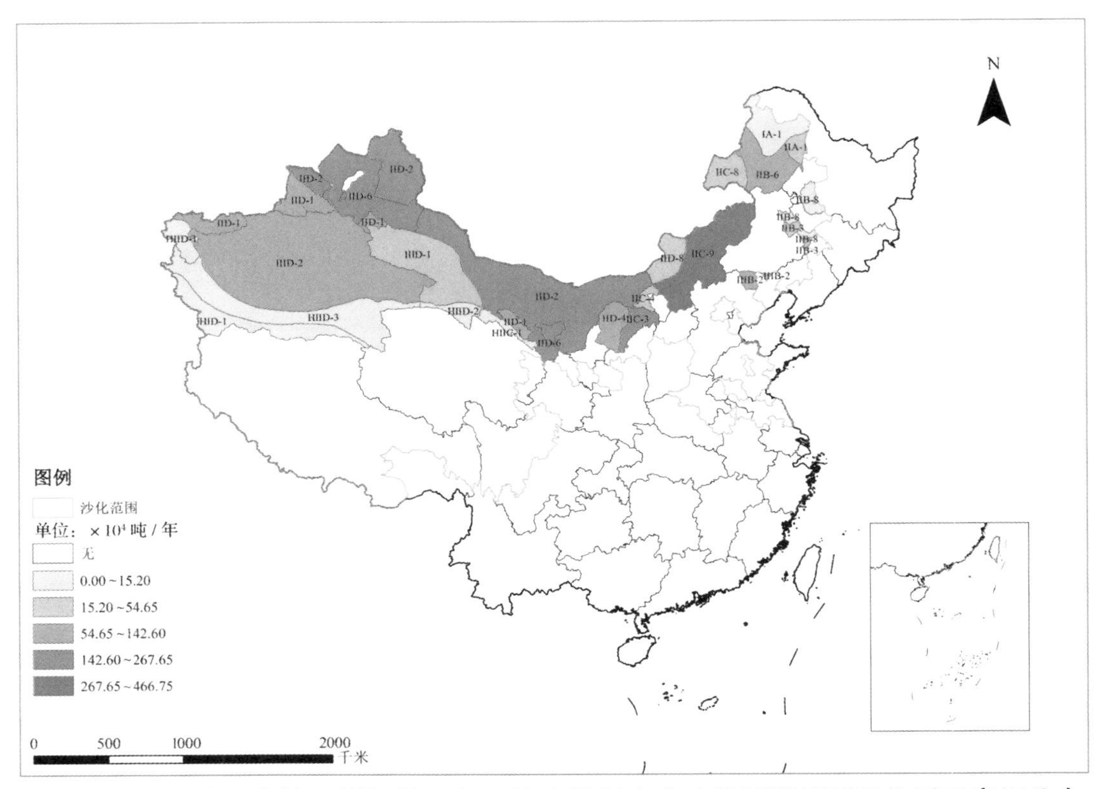

图3-18 北方沙化土地退耕还林工程风蚀主导型生态功能区滞纳TSP物质量空间分布

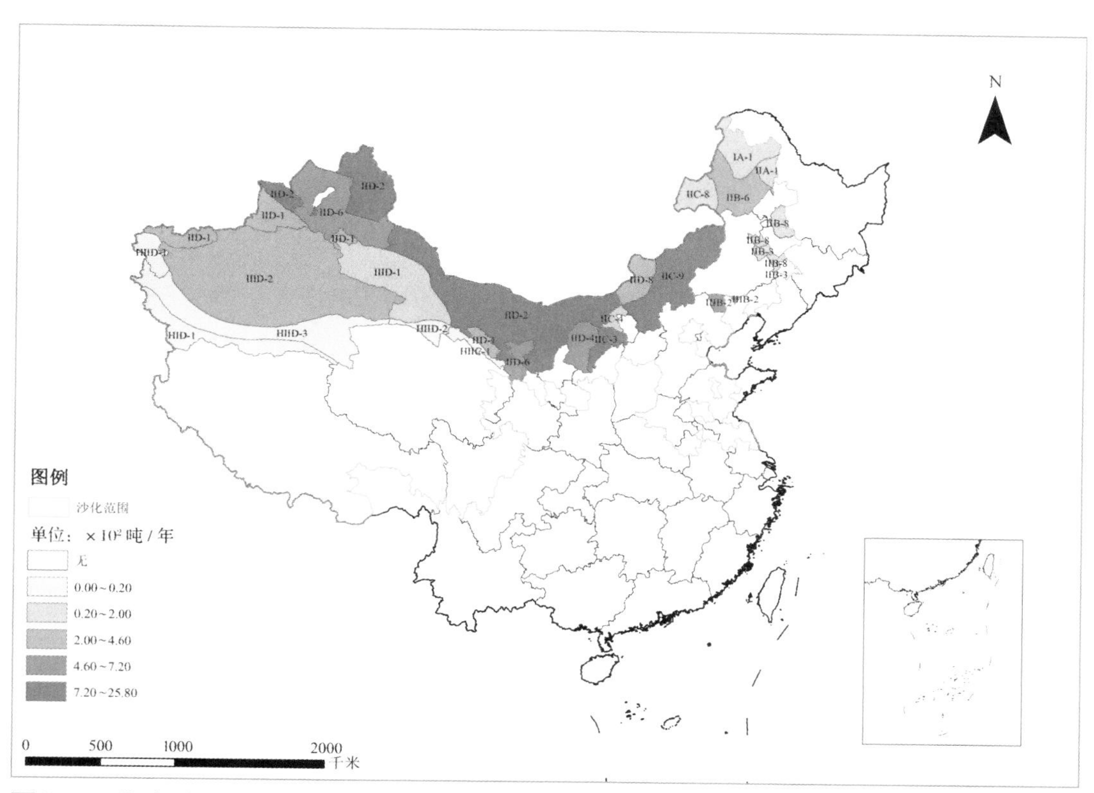

图3-19　北方沙化土地退耕还林工程风蚀主导型生态功能区滞纳PM_{10}物质量空间分布

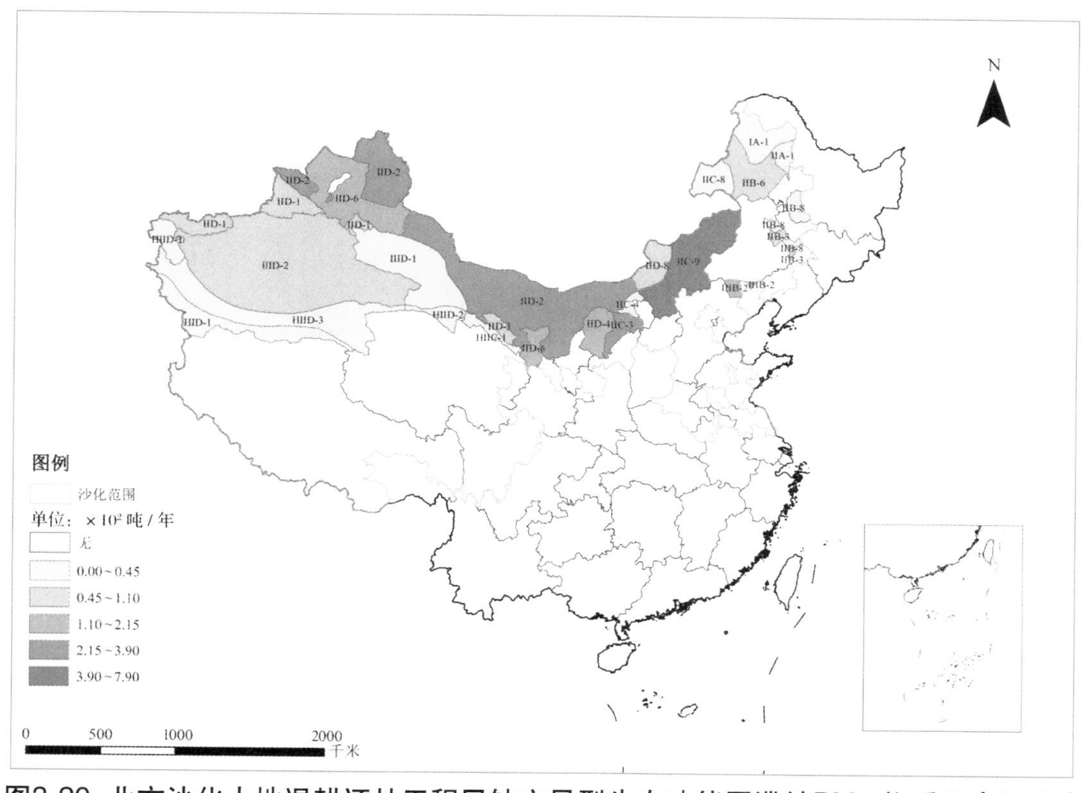

图3-20　北方沙化土地退耕还林工程风蚀主导型生态功能区滞纳$PM_{2.5}$物质量空间分布

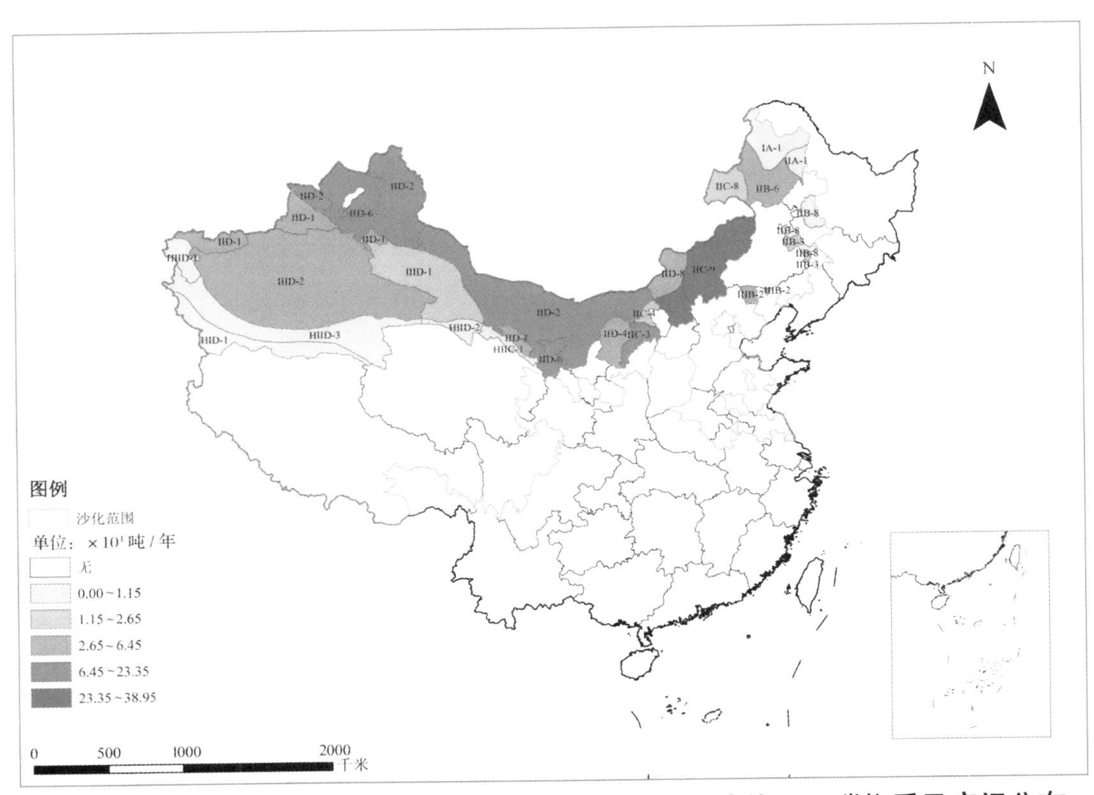

图3-21 北方沙化土地退耕还林工程风蚀主导型生态功能区固碳物质量空间分布

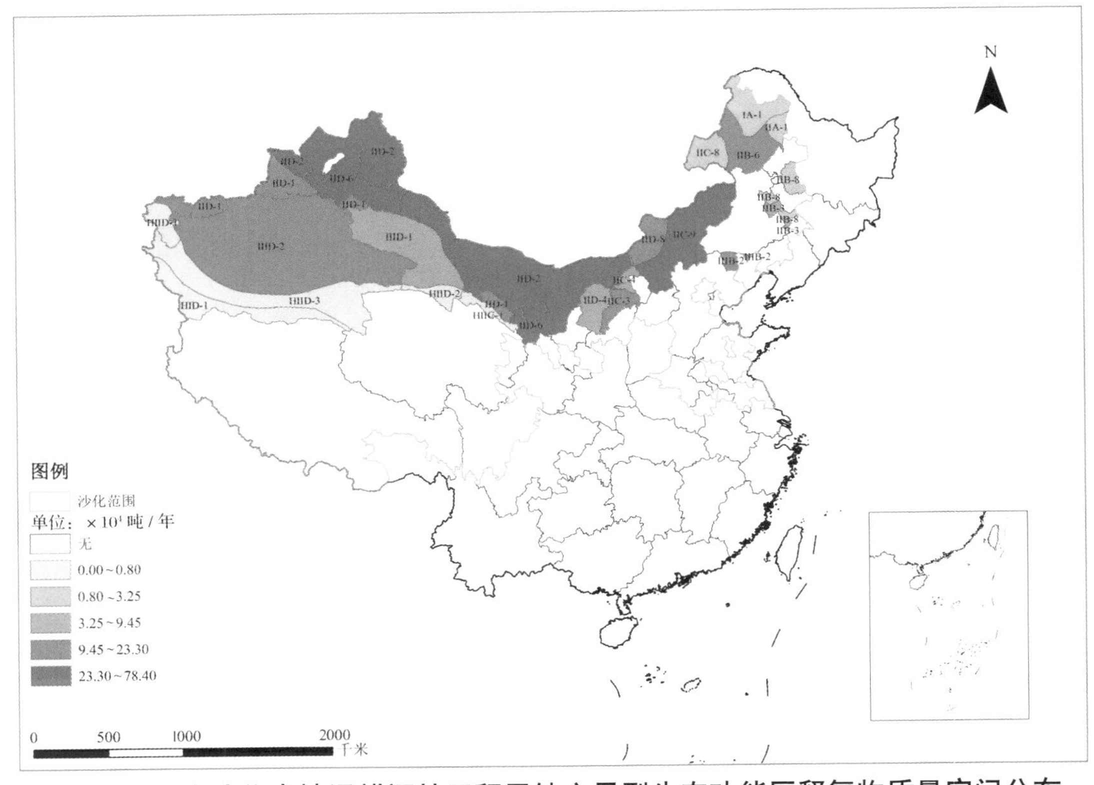

图3-22 北方沙化土地退耕还林工程风蚀主导型生态功能区释氧物质量空间分布

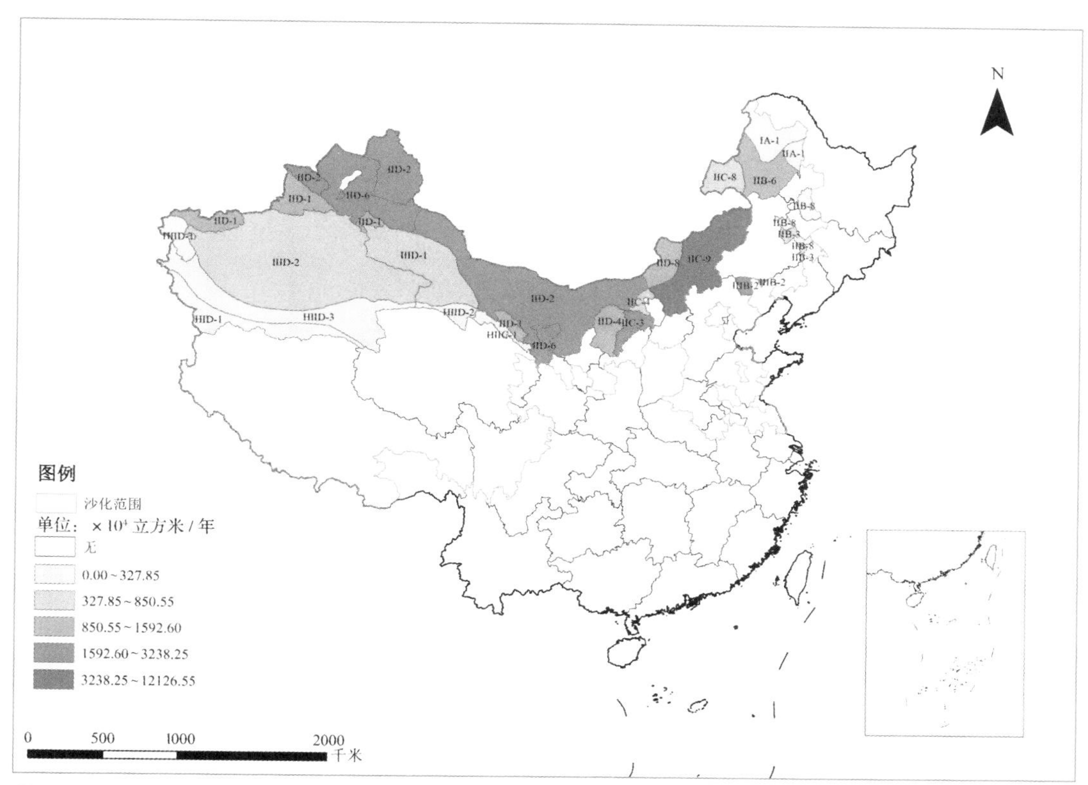

图3-23 北方沙化土地退耕还林工程风蚀主导型生态功能区涵养水源物质量空间分布

（5）保育土壤功能　风蚀主导型生态功能区退耕还林工程固土物质量较高的区主要有中温带轻度风蚀半干旱区、中温带极强度风蚀干旱区和中温带强度风蚀半干旱区。3个生态功能区固土物质量均超过900万吨/年，其固土物质量总和为3730.40万吨/年，占风蚀主导型生态功能区退耕还林工程固土总物质量的66.40%。各生态功能区退耕还林工程固土物质量空间分布如图3-24所示。

保肥物质量较高的区主要有中温带轻度风蚀半干旱区、中温带剧烈风蚀干旱区和中温带极强度风蚀干旱区。3个生态功能区保肥物质量均超过30万吨/年，其保肥物质量之和为106.59万吨/年，占风蚀主导型生态功能区退耕还林工程保肥总物质量的52.27%。各生态功能区退耕还林工程保肥物质量空间分布如图3-25所示。

（6）林木积累营养物质功能　风蚀主导型生态功能区退耕还林工程林木积累营养物质量较高的主要有中温带轻度风蚀半干旱区、中温带剧烈风蚀干旱区和中温带强度风蚀半干旱区。3个生态功能区的林木积累营养物质量均在0.8万吨/年以上，其林木积累营养物质量总和为3.40万吨/年，约占风蚀主导型生态功能区退耕还林工程林木积累营养物质量的57.14%；3个生态功能区林木积累氮素为1.64万吨/年，林木积累磷素为0.13万吨/年，林木积累钾素为1.63万吨/年。各生态功能区退耕还林工程林木积累营养物质功能的物质量空间分布如图3-26所示。

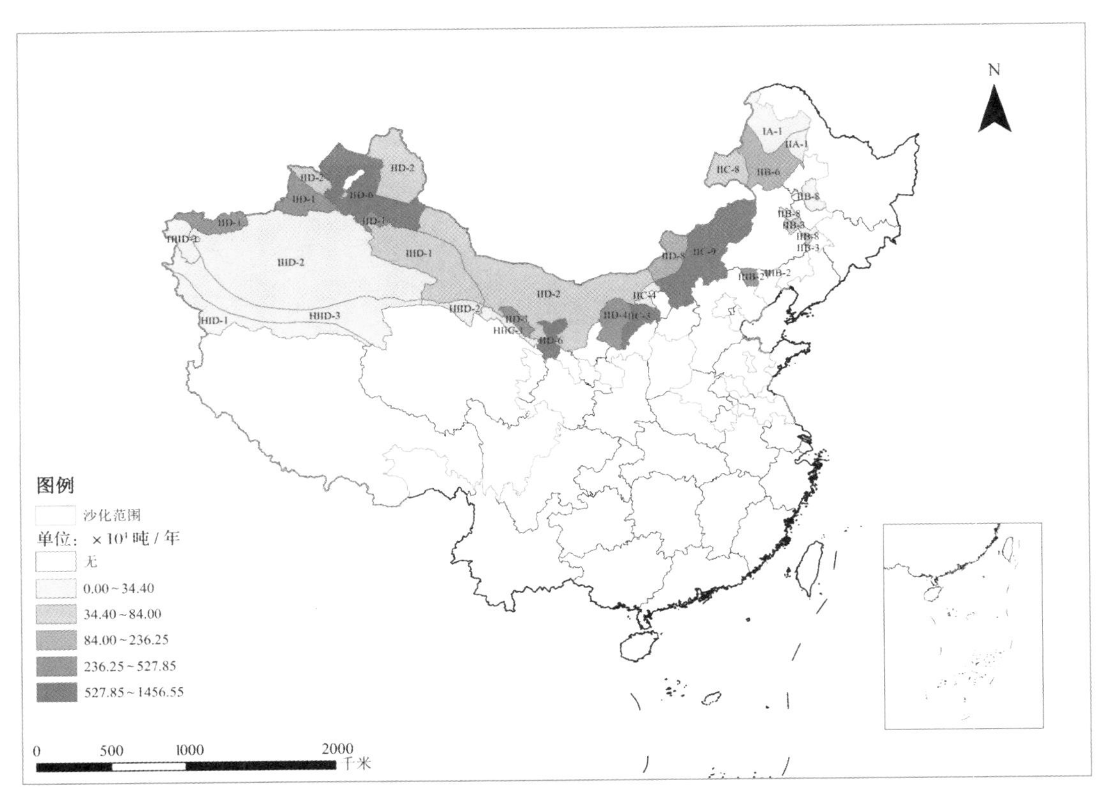

图3-24 北方沙化土地退耕还林工程风蚀主导型生态功能区固土物质量空间分布

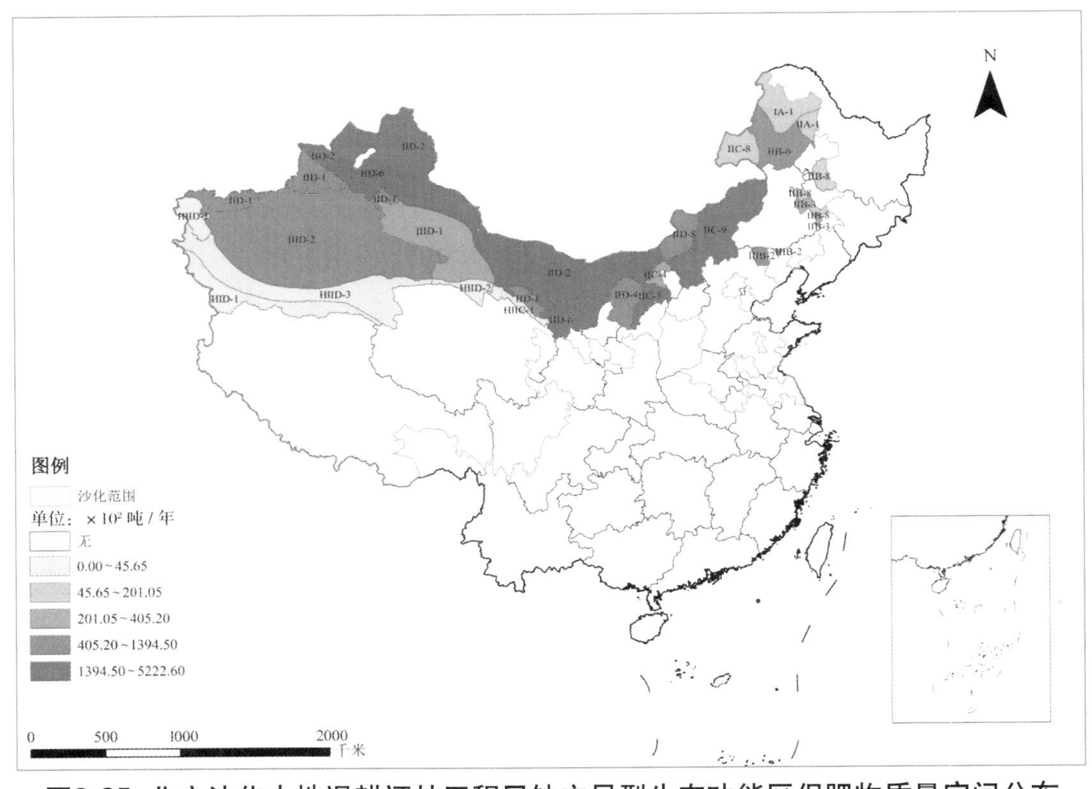

图3-25 北方沙化土地退耕还林工程风蚀主导型生态功能区保肥物质量空间分布

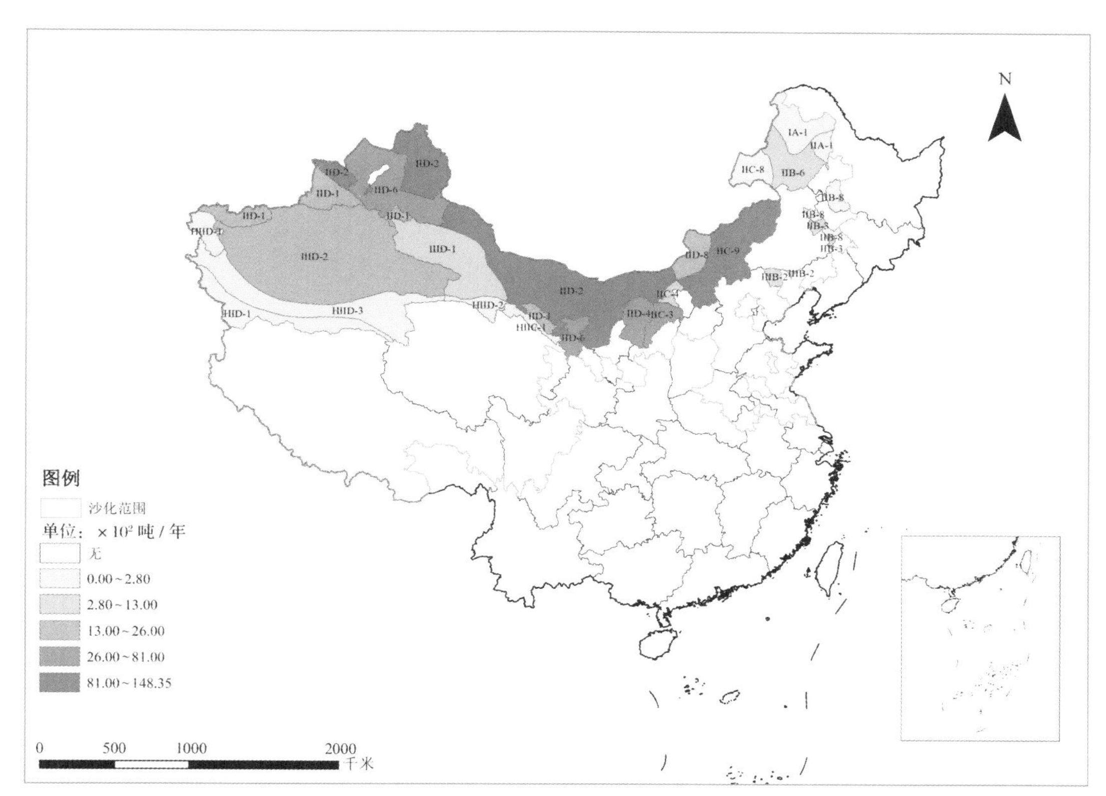

图3-26 北方沙化土地退耕还林工程风蚀主导型生态功能区林木积累营养物质量空间分布

3.2.1.2 价值量

风蚀主导型生态功能区退耕还林工程生态系统服务功能价值量以及空间分布如表3-6和图3-27所示。风蚀主导型生态功能区退耕还林工程产生的生态系统服务功能价值量为572.70亿元/年，占北方沙化土地退耕还林工程总价值量的45.34%。

表3-6 北方沙化土地退耕还林工程风蚀主导型生态功能区价值量评估结果　单位：$\times 10^8$元/年

生态功能区	森林防护	净化大气环境			固碳释氧	生物多样性保护	涵养水源	保育土壤	林木积累营养物质	总价值
		总计	滞纳 PM_{10}	滞纳 $PM_{2.5}$						
IA-1	0.88	1.00	0.02	0.73	0.30	0.33	0.18	0.13	0.03	2.85
IIA-1	1.37	1.64	0.03	1.22	0.45	0.50	0.31	0.20	0.04	4.51
IIB-3	2.50	3.04	0.06	2.58	0.81	1.08	0.84	0.42	0.17	8.86
IIB-6	6.12	6.75	0.14	5.05	2.18	2.20	1.55	0.92	0.17	19.89
IIB-8	0.82	1.06	0.02	0.88	0.31	0.38	0.33	0.16	0.07	3.13
IIC-3	25.13	21.65	0.39	16.91	4.30	7.00	2.26	3.79	1.30	65.43
IIC-4	3.90	2.68	0.04	2.16	0.97	1.13	0.68	0.58	0.17	10.11
IIC-8	1.61	1.48	0.03	1.12	0.59	0.55	0.49	0.26	0.03	5.01
IIC-9	56.13	45.25	0.78	36.84	14.49	16.55	12.18	8.67	2.37	155.64

（续）

生态功能区	森林防护	净化大气环境			固碳释氧	生物多样性保护	涵养水源	保育土壤	林木积累营养物质	总价值
		总计	滞纳PM_{10}	滞纳$PM_{2.5}$						
IID-1	11.19	6.13	0.11	4.72	2.59	2.68	1.21	1.54	0.45	25.79
IID-2	35.26	22.81	0.39	18.08	8.86	9.52	3.16	4.81	1.77	86.19
IID-4	14.27	9.58	0.16	7.73	1.76	4.08	1.48	2.13	0.89	34.19
IID-6	28.62	13.66	0.17	10.02	6.62	6.99	3.20	4.62	1.11	64.82
IID-8	7.59	5.08	0.08	4.10	1.92	2.21	1.60	0.82	0.34	19.56
IIIB-2	9.12	9.21	0.18	6.73	1.86	3.33	2.83	1.44	0.19	27.98
IIID-1	4.22	2.60	0.05	2.01	1.02	1.03	0.50	0.89	0.27	10.53
IIID-2	10.99	5.86	0.09	4.28	2.38	2.59	0.85	1.57	0.37	24.61
HID-1	0.39	0.20	<0.01	0.16	0.09	0.09	0.02	0.05	0.01	0.85
HIIC-1	0.29	0.20	<0.01	0.16	0.08	0.08	0.03	0.04	0.01	0.73
HIID-1	0.10	0.05	<0.01	0.04	0.03	0.03	0.01	0.01	<0.01	0.23
HIID-2	0.17	0.12	<0.01	0.10	0.04	0.05	0.03	0.04	0.01	0.46
HIID-3	0.53	0.39	0.01	0.22	0.14	0.14	0.04	0.08	0.01	1.33
合计	221.20	160.44	2.75	125.84	51.79	62.54	33.78	33.17	9.78	572.70

注：表中代码所代表各生态功能区详见表1-1。

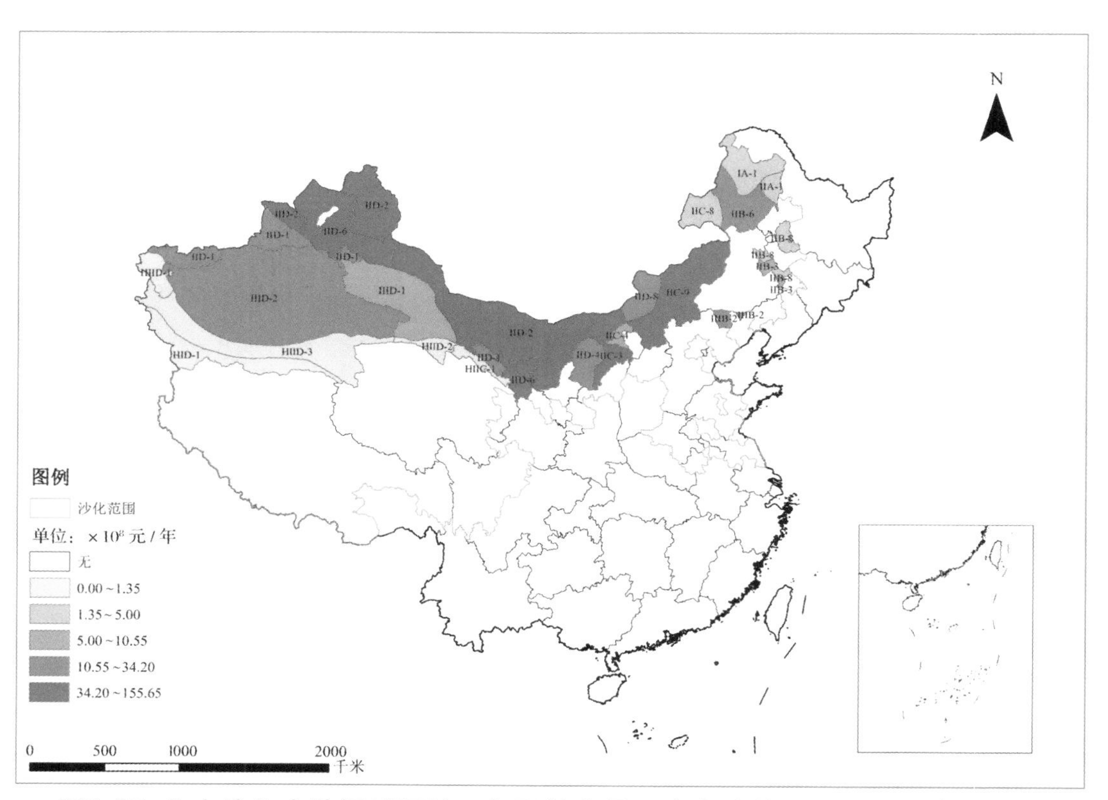

图3-27 北方沙化土地退耕还林工程风蚀主导型生态功能区总价值量空间分布

退耕还林工程风蚀主导型生态功能区森林防护价值量占该区退耕还林工程总价值量的相对比例最高，达到38.62%，该区退耕还林工程发挥的防风固沙和农田防护功能最显著（图3-28）。

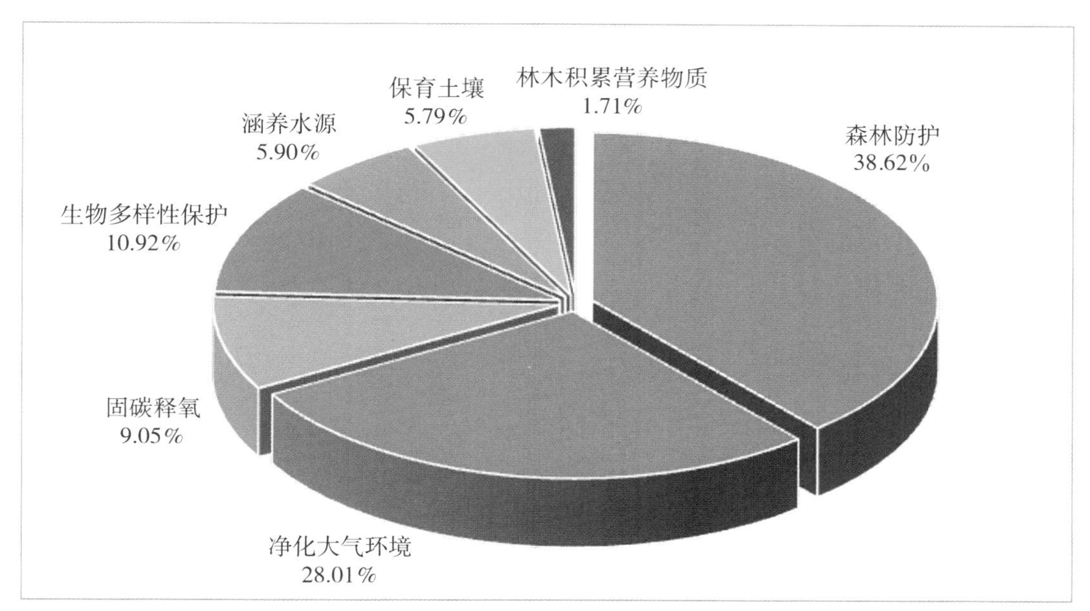

图3-28　北方沙化土地退耕还林工程风蚀主导型生态功能区各项功能价值量相对比例

3.2.2 风蚀与水蚀共同主导型生态功能区生态效益

3.2.2.1 物质量

退耕还林工程风蚀与水蚀共同主导型生态功能区生态系统服务功能物质量评估结果如表3-7所示。

（1）森林防护功能　风蚀与水蚀共同主导型生态功能区中，防风固沙物质量在2000万吨/年以上的区主要有中温带强度风蚀中度水蚀半干旱区、中温带强度风蚀中度水蚀半湿润区、中温带极强度风蚀极强度水蚀干旱区以及中温带轻度风蚀强度水蚀半干旱区。4个生态功能区的防风固沙总物质量达20235.65万吨/年，占风蚀与水蚀共同主导型生态功能区退耕还林工程防风固沙总物质量的84.96%（图3-29）。

（2）净化大气环境功能　提供负离子的物质量超过9000×10^{20}个/年的区主要有中温带强度风蚀中度水蚀半干旱区、中温带强度风蚀中度水蚀半湿润区和中温带轻度风蚀强度水蚀半干旱区。3个生态功能区提供负离子总物质量为36843.12×10^{20}个/年，占风蚀与水蚀共同主导型生态功能区退耕还林工程提供负离子总物质量的83.80%（图3-30）。

吸收污染物量超过2万吨/年的区主要有中温带强度风蚀中度水蚀半干旱区和中温带轻度风蚀强度水蚀半干旱区。2个生态功能区吸收污染物量之和为7.24万吨/年，约占风蚀与水蚀共同主导型生态功能区退耕还林工程吸收污染物总物质量的58.06%（图3-31）。

表3-7 北方沙化土地退耕还林工程风蚀与水蚀共同主导型生态功能区物质量评估结果

生态功能区	森林防护	净化大气环境					固碳释氧		涵养水源	保育土壤					林木积累营养物质		
	防风固沙 ($\times10^4$吨/年)	提供负离子 ($\times10^{20}$个/年)	吸收污染物 ($\times10^2$吨/年)	滞纳TSP ($\times10^4$吨/年)	滞纳PM_{10} ($\times10^2$吨/年)	滞纳$PM_{2.5}$ ($\times10^2$吨/年)	固碳 ($\times10^4$吨/年)	释氧 ($\times10^4$吨/年)	($\times10^4$立方米/年)	固土 ($\times10^4$吨/年)	固氮 ($\times10^2$吨/年)	固磷 ($\times10^2$吨/年)	固钾 ($\times10^2$吨/年)	固有机质 ($\times10^2$吨/年)	氮 ($\times10^2$吨/年)	磷 ($\times10^2$吨/年)	钾 ($\times10^2$吨/年)
IIB-1	4548.34	11993.90	192.11	186.66	9.71	2.41	19.77	43.30	4879.58	639.67	130.47	19.22	1101.92	2264.78	24.39	2.83	38.64
IIB-5	1839.64	2804.25	104.74	95.23	6.40	1.78	10.72	22.76	3168.11	345.46	64.69	10.54	586.38	745.53	8.42	1.32	11.10
IIC-1	9881.84	15470.22	490.44	473.56	24.27	6.53	34.67	76.03	10458.17	1763.10	147.84	31.00	3408.16	2677.33	34.85	4.84	48.76
IIC-5	1.51	1.42	0.20	0.08	0.01	<0.01	0.01	0.03	1.01	0.15	0.02	0.01	0.24	0.38	0.02	<0.01	0.01
IIC-6	2883.89	9379.00	233.70	308.07	10.00	2.05	11.97	24.11	3660.56	306.00	30.63	14.47	603.47	207.42	15.99	1.55	14.23
IIC-7	1309.90	1563.26	76.23	65.01	4.10	1.21	8.01	16.83	2410.11	259.57	47.07	7.79	439.60	607.08	5.22	0.95	6.30
IID-3	6.36	9.41	20.04	0.34	0.01	<0.01	0.02	0.05	4.13	5.27	0.53	0.26	7.59	12.43	0.20	0.01	0.20
IID-5	2921.58	2368.03	112.87	109.76	4.03	1.30	8.83	19.25	1156.43	356.68	124.68	32.07	403.48	774.53	26.28	1.98	19.73
IIIC-2	58.91	98.28	3.37	3.58	0.15	0.05	0.23	0.52	43.08	17.13	1.71	0.86	24.67	40.43	0.66	0.04	0.66
IIIC-4	359.68	272.65	13.23	15.27	0.70	0.23	1.18	2.43	131.80	41.94	14.68	3.77	47.39	91.00	3.08	0.28	0.85
IIIC-5	5.91	3.41	0.47	0.18	0.01	<0.01	0.02	0.04	6.15	0.59	0.12	0.05	1.17	1.63	0.02	<0.01	0.01
合计	23817.56	43963.83	1247.40	1257.74	59.39	15.56	95.43	205.35	25919.13	3735.56	562.44	120.04	6624.07	7422.54	119.13	13.80	140.49

注：（1）代码所代表各生态功能区详见表1-1；（2）防风固沙物质量为防止风力侵蚀所固定的沙量；（3）固土物质量为防止水力侵蚀所固定的土壤物质量；（4）固碳为植物固碳与土壤固碳的物质量总和；（5）吸收污染物是森林吸收二氧化硫、氟化物和氮氧化物的物质量总和。

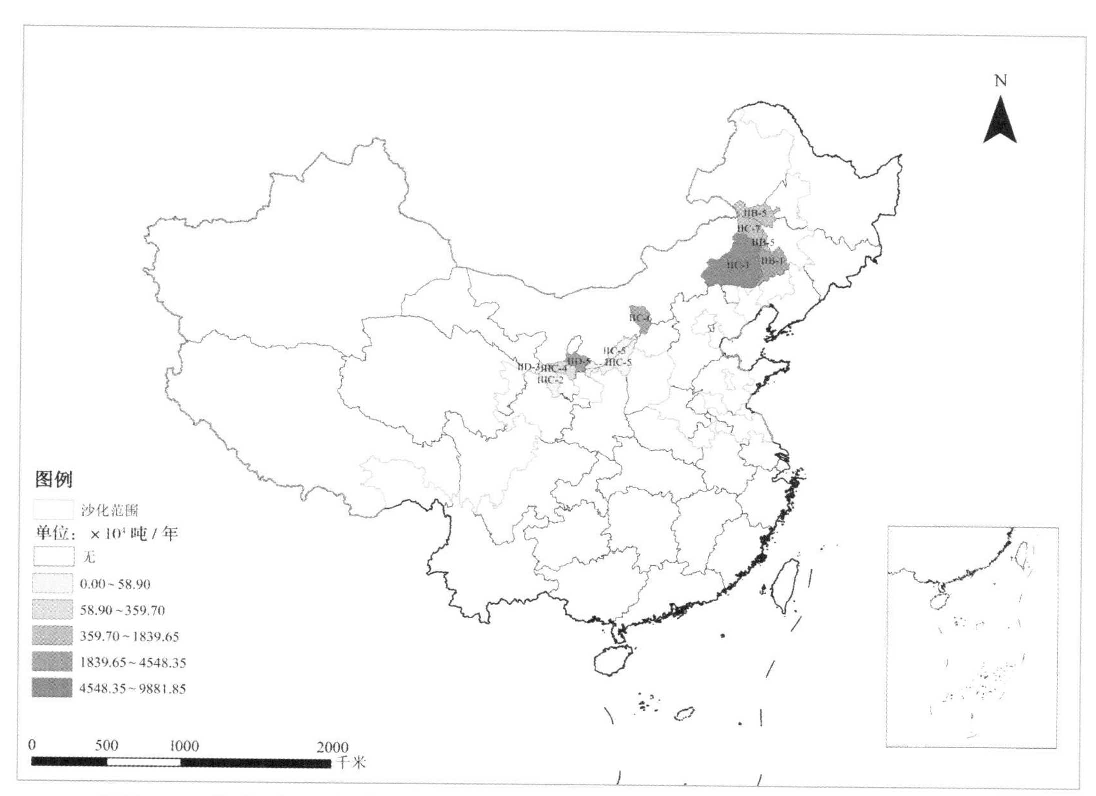

图3-29 北方沙化土地退耕还林工程风蚀与水蚀共同主导型生态功能区防风固沙物质量空间分布

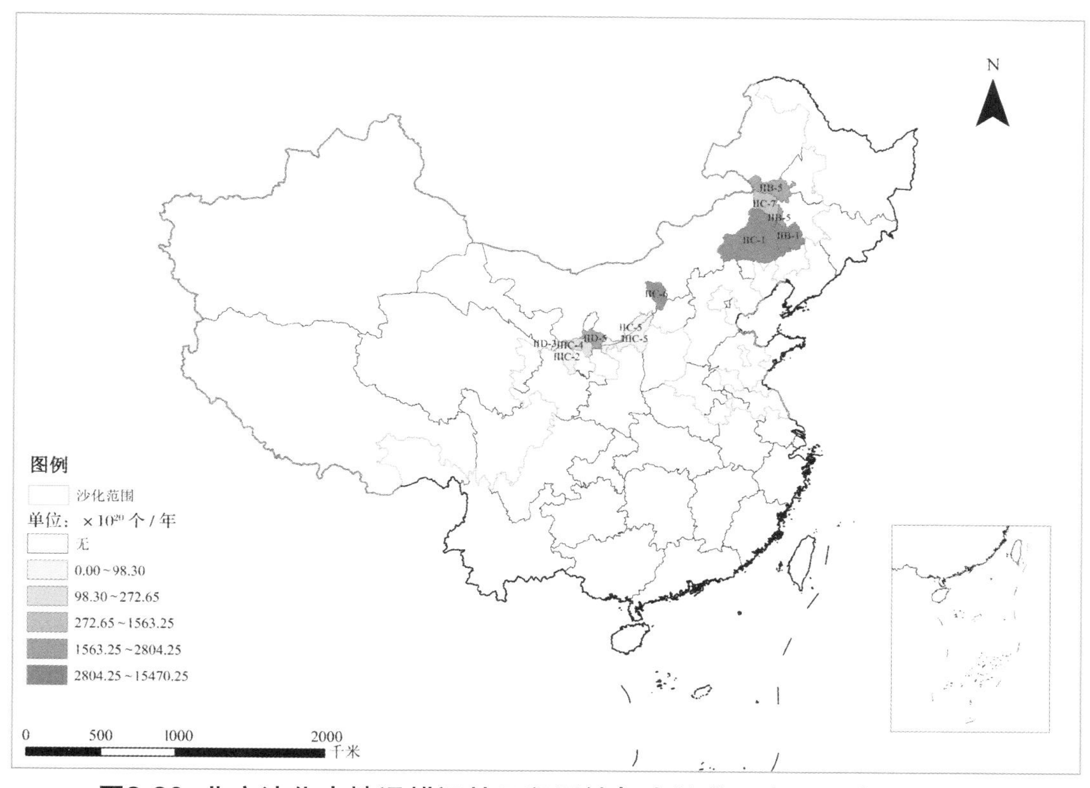

图3-30 北方沙化土地退耕还林工程风蚀与水蚀共同主导型生态功能区提供负离子物质量空间分布

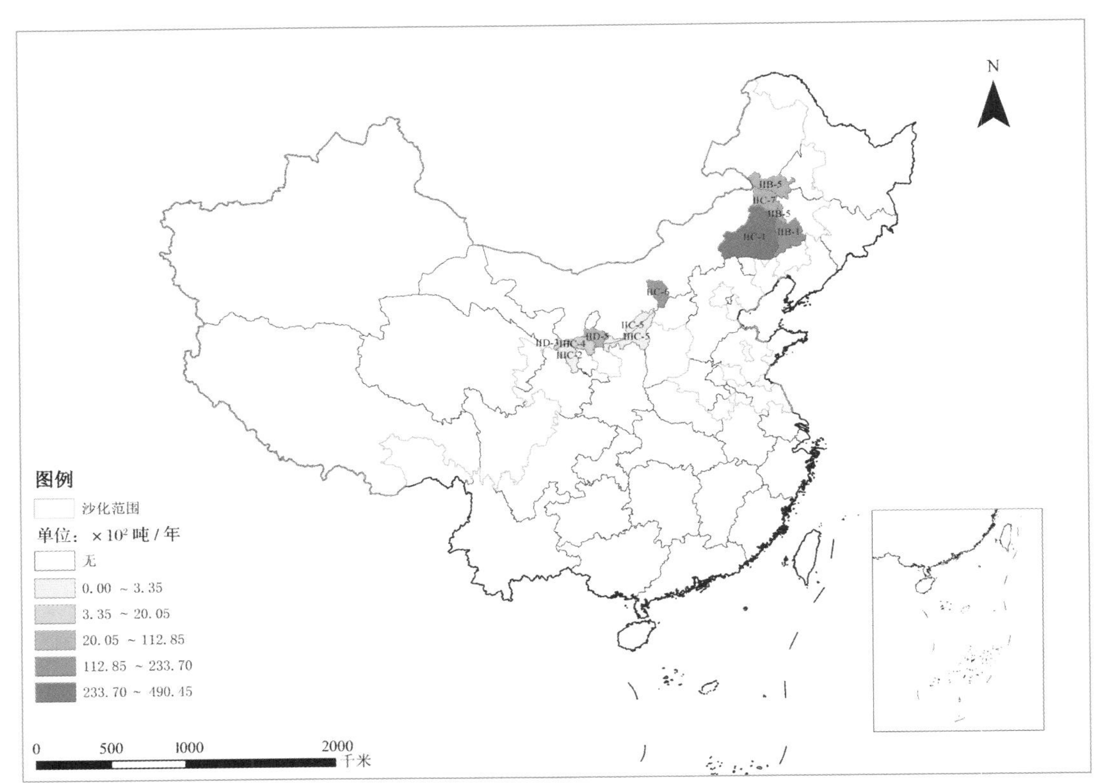

图3-31 北方沙化土地退耕还林工程风蚀与水蚀共同主导型生态功能区吸收污染物量空间分布

滞纳TSP物质量高于200万吨/年的区主要有中温带强度风蚀中度水蚀半干旱区和中温带轻度风蚀强度水蚀半干旱区。2个生态功能区滞纳TSP总物质量为781.63万吨/年，占风蚀与水蚀共同主导型生态功能区退耕还林工程滞纳TSP总物质量的62.15%，其中滞纳PM_{10}物质量为0.34万吨/年，滞纳$PM_{2.5}$物质量为0.09万吨/年（图3-32至图3-34）。

（3）固碳释氧功能 固碳物质量高于15万吨/年的区主要有中温带强度风蚀中度水蚀半干旱区和中温带强度风蚀中度水蚀半湿润区。2个生态功能区的固碳物质量之和为54.44万吨/年，占风蚀与水蚀共同主导型生态功能区退耕还林工程固碳总物质量的57.05%；释氧物质量之和为119.33万吨/年，占风蚀与水蚀共同主导型退耕还林工程生态功能区释氧总物质量的58.11%（图3-35和图3-36）。

（4）涵养水源功能 涵养水源物质量高于4000万立方米/年的区有中温带强度风蚀中度水蚀半干旱区和中温带强度风蚀中度水蚀半湿润区。2个生态功能区涵养水源物质量之和为15337.75万立方米/年，占风蚀与水蚀共同主导型生态功能区退耕还林工程涵养水源总物质量的59.18%（图3-37）。

（5）保育土壤功能 固土物质量超过600万吨/年的区主要有中温带强度风蚀中度水蚀半干旱区和中温带强度风蚀中度水蚀半湿润区。2个生态功能区的固土物质量

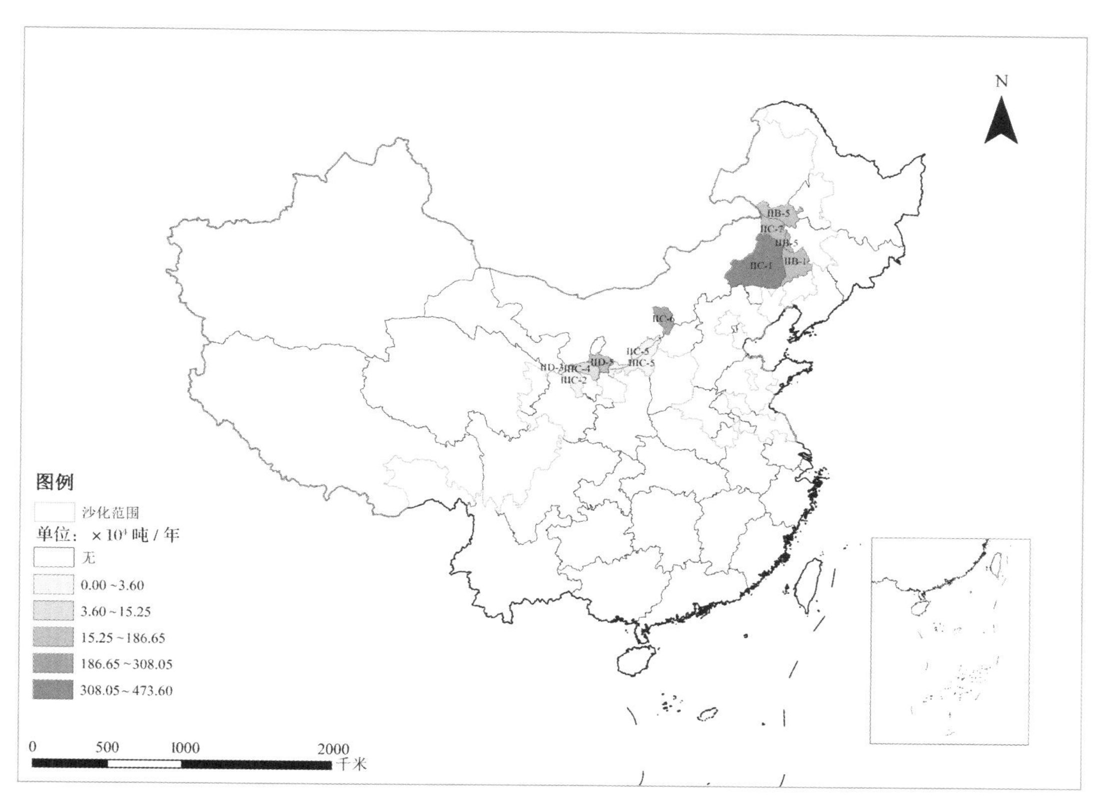

图3-32　北方沙化土地退耕还林工程风蚀与水蚀共同主导型生态功能区滞纳TSP物质量空间分布

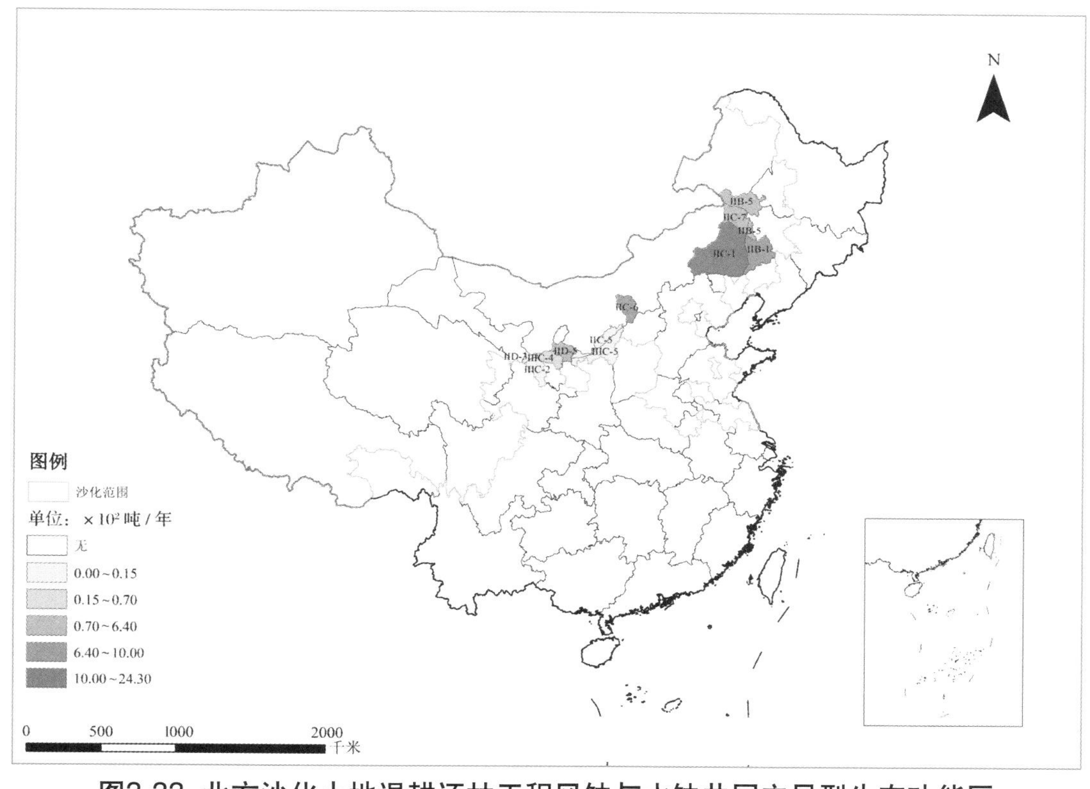

图3-33　北方沙化土地退耕还林工程风蚀与水蚀共同主导型生态功能区滞纳PM_{10}物质量空间分布

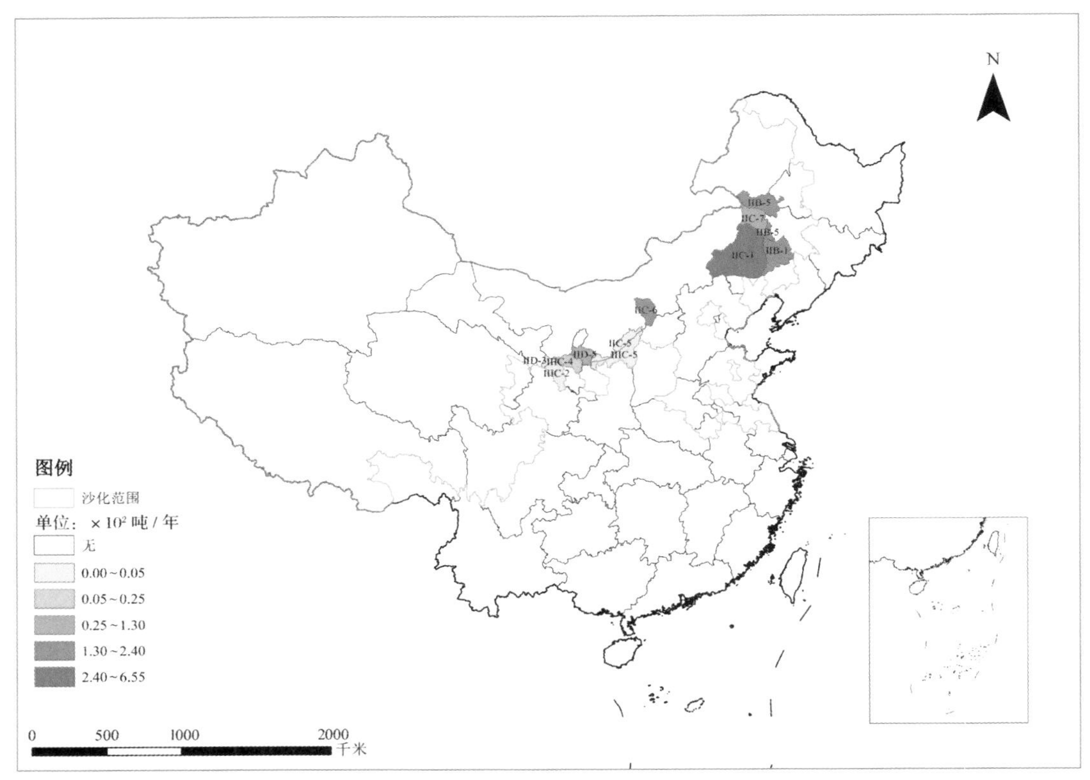

图3-34 北方沙化土地退耕还林工程风蚀与水蚀共同主导型生态功能区滞纳$PM_{2.5}$物质量空间分布

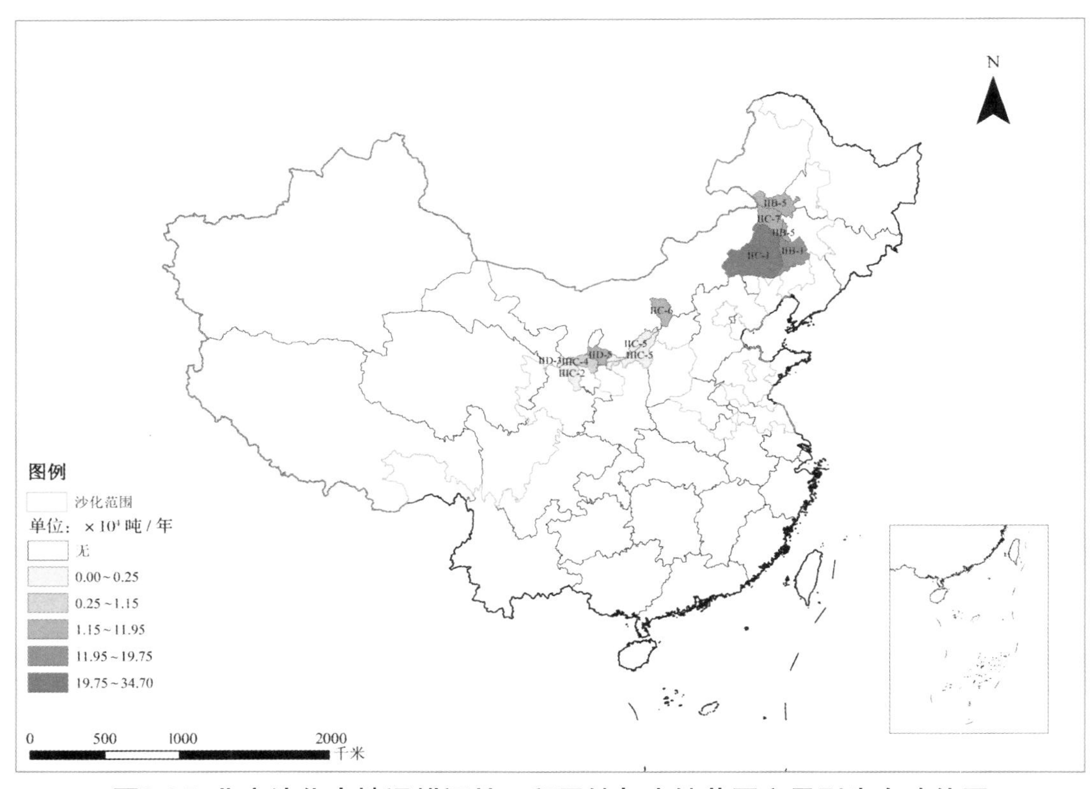

图3-35 北方沙化土地退耕还林工程风蚀与水蚀共同主导型生态功能区固碳物质量空间分布

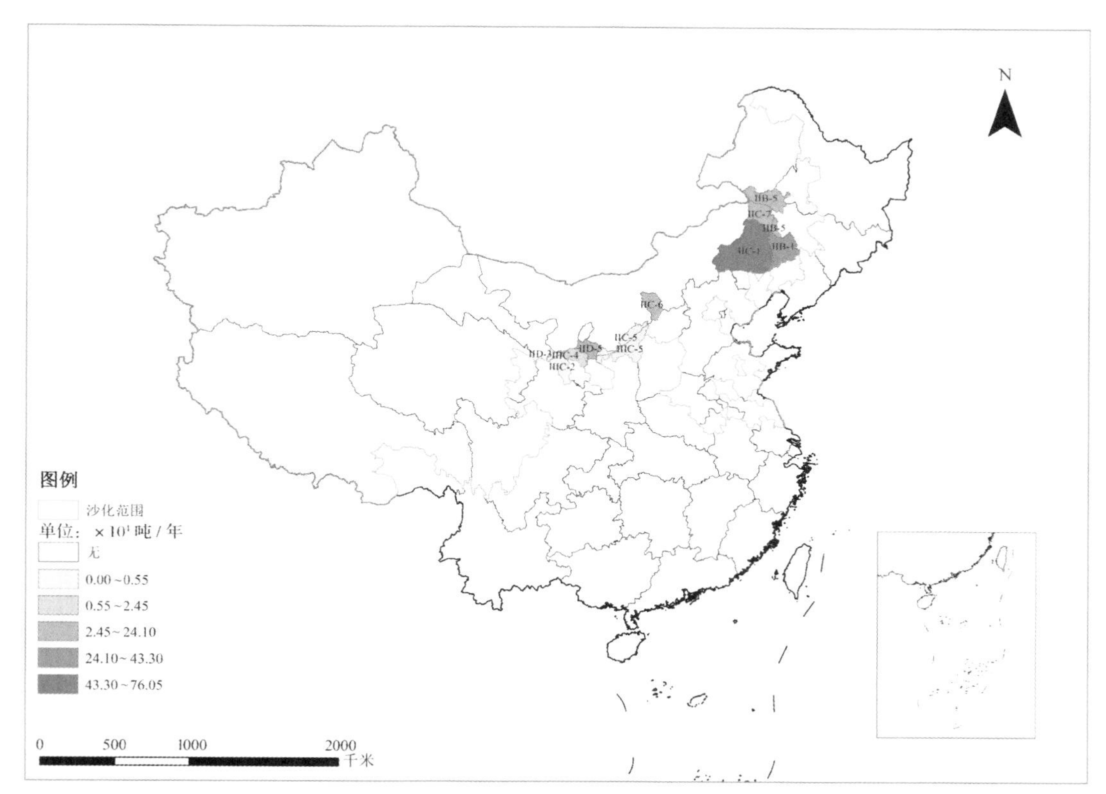

图3-36 北方沙化土地退耕还林工程风蚀与水蚀共同主导型生态功能区释氧物质量空间分布

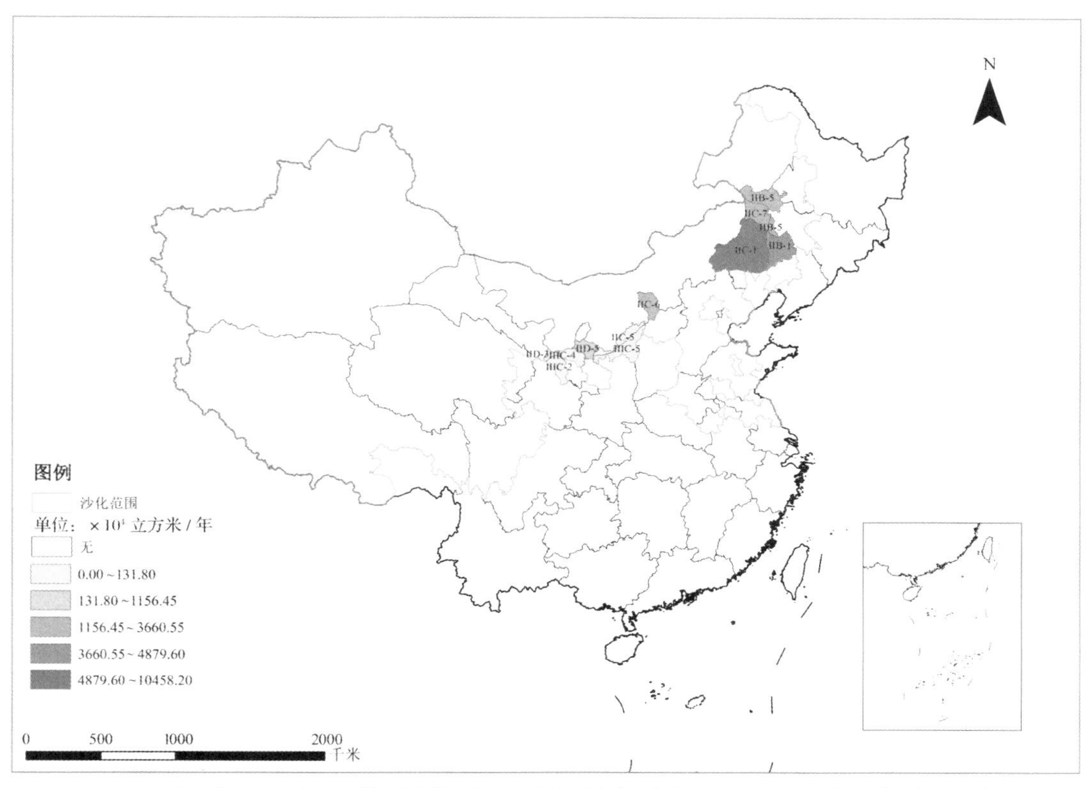

图3-37 北方沙化土地退耕还林工程风蚀与水蚀共同主导型生态功能区涵养水源物质量空间分布

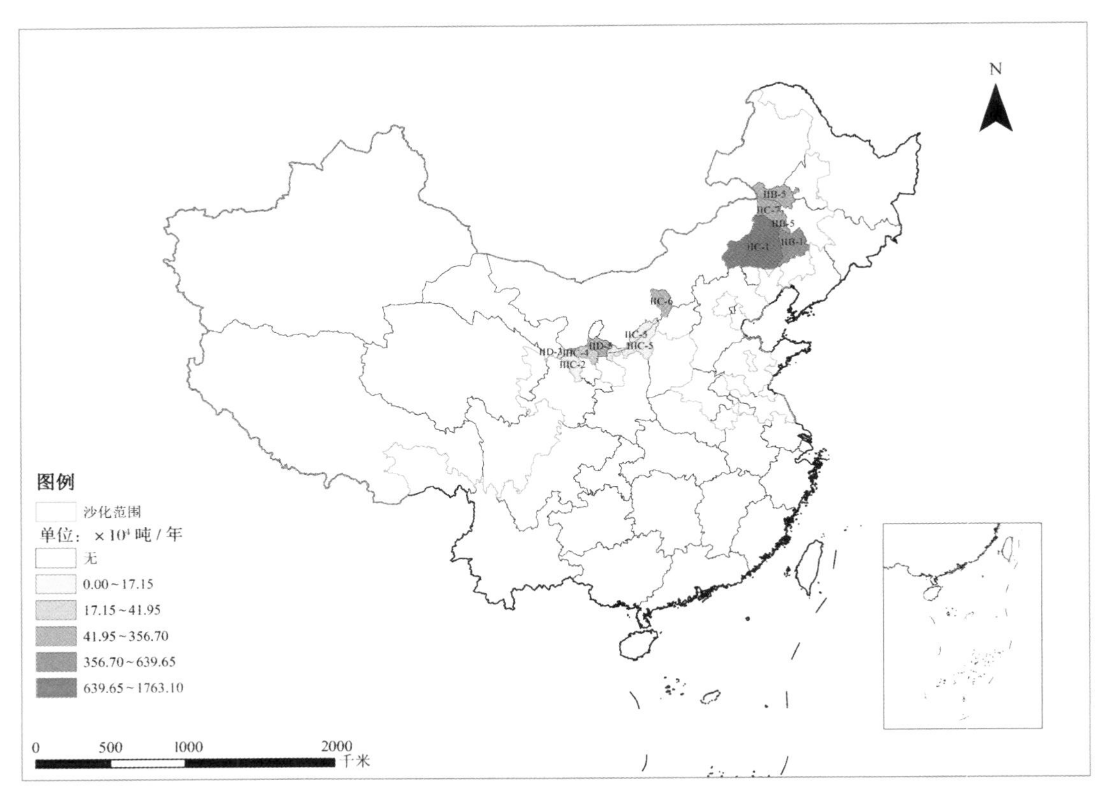

图3-38 北方沙化土地退耕还林工程风蚀与水蚀共同主导型生态功能区固土物质量空间分布

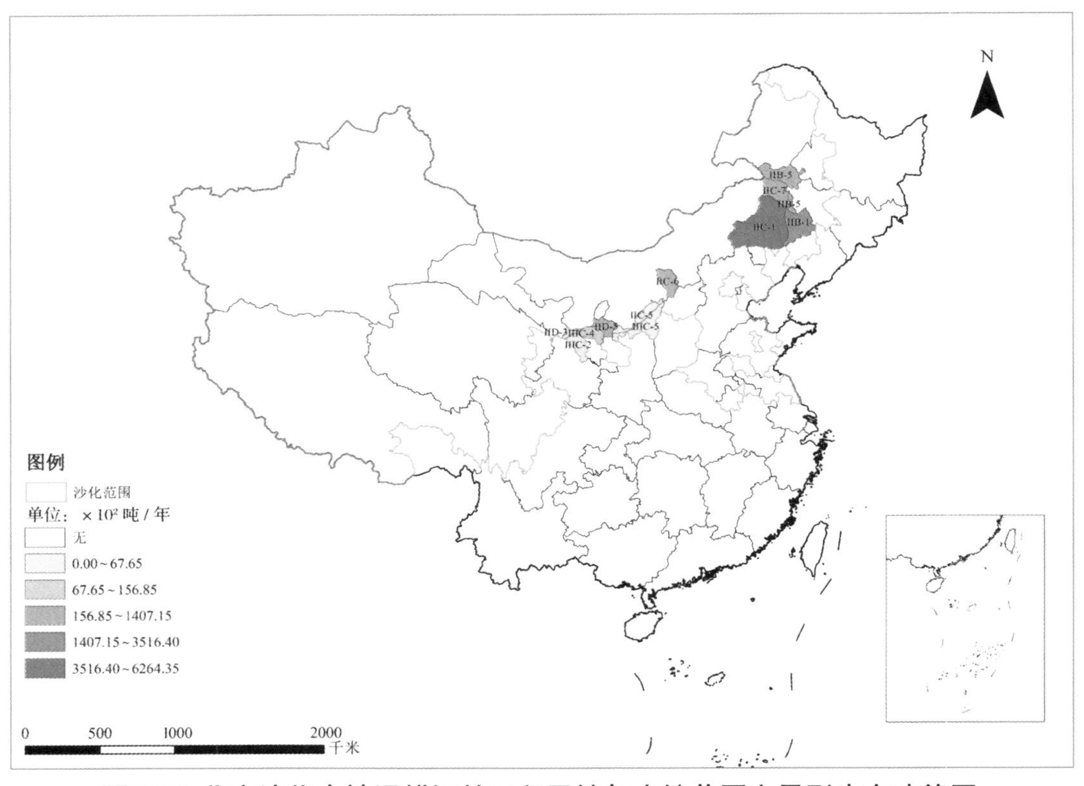

图3-39 北方沙化土地退耕还林工程风蚀与水蚀共同主导型生态功能区保肥物质量空间分布

合计为2402.77万吨/年，占风蚀与水蚀共同主导型生态功能区退耕还林工程固土总物质量的64.32%；保肥物质量高于30万吨/年的区主要有温带强度风蚀中度水蚀半干旱区和中温带强度风蚀中度水蚀半湿润区。2个生态功能区的保肥物质量合计为97.81万吨/年，占风蚀与水蚀共同主导型生态功能区退耕还林工程保肥总物质量的66.41%（图3-38和图3-39）。

（6）林木积累营养物质功能 林木积累营养物质量超过0.40万吨/年的区主要有中温带强度风蚀中度水蚀半干旱区和中温带强度风蚀中度水蚀半湿润区。2个生态功能区的林木积累营养物质量为1.36万吨/年，约占风蚀与水蚀共同主导型生态功能区退耕还林工程林木积累营养物质总物质量的49.82%；其中，林木积累氮素为0.59万吨/年，林木积累磷素为0.08万吨/年，林木积累钾素为0.09万吨/年（图3-40）。

3.2.2.2 价值量

退耕还林工程风蚀与水蚀主导型生态功能区生态系统服务功能的价值量以及空间分布如表3-8和图3-41所示。风蚀与水蚀共同主导型生态功能区退耕还林工程产生的生态效益为331.42亿元/年，占北方沙化土地退耕还林工程总价值量的26.24%（表3-8）。

与风蚀主导型生态功能区相同，退耕还林工程风蚀与水蚀共同主导型生态功能区森林防护价值量占该区退耕还林工程总价值量的相对比例最高，达到35.76%（图3-42）。

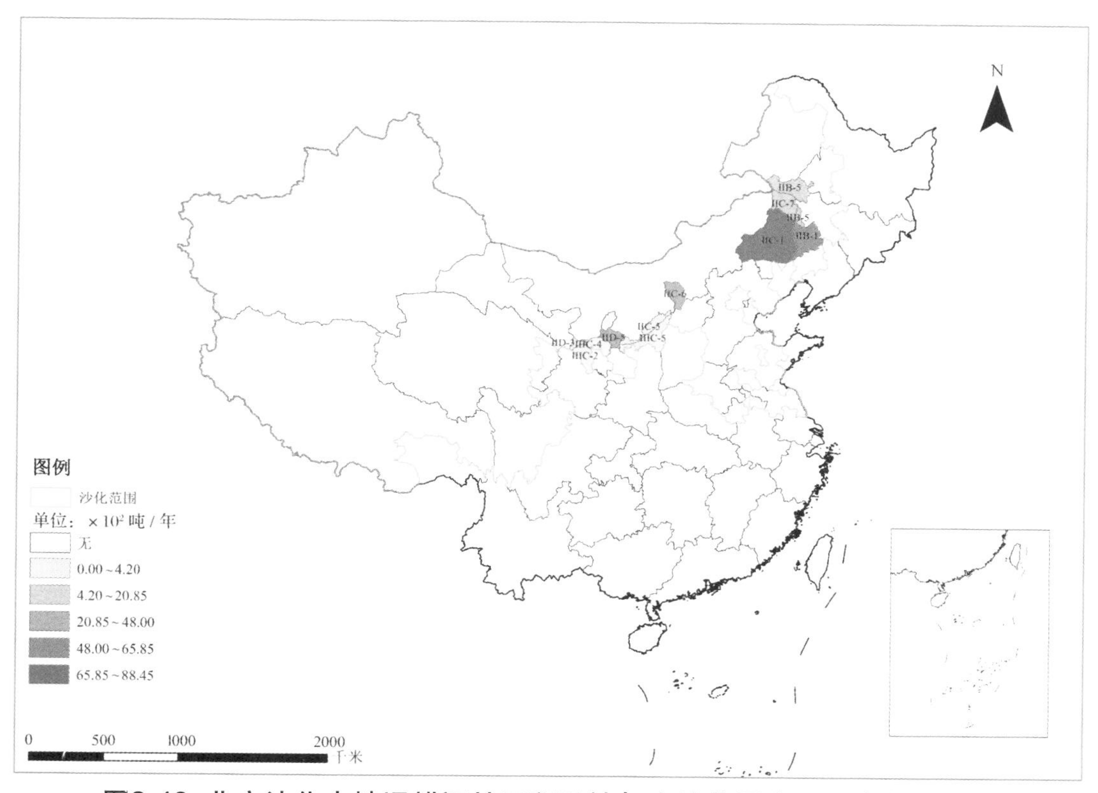

图3-40 北方沙化土地退耕还林工程风蚀与水蚀共同主导型生态功能区林木积累营养物质量空间分布

表3-8 北方沙化土地退耕还林工程风蚀与水蚀主导型生态功能区价值量评估结果 单位：$\times 10^8$元/年

生态功能区	森林防护	净化大气环境			固碳释氧	生物多样性保护	涵养水源	保育土壤	林木积累营养物质	总价值
		总计	滞纳PM_{10}	滞纳$PM_{2.5}$						
IIB-1	21.48	14.60	0.29	11.24	7.85	6.00	4.90	4.11	0.92	59.86
IIB-5	10.17	10.05	0.19	8.30	2.39	4.08	3.18	1.86	0.31	32.04
IIC-1	49.06	38.94	0.74	30.46	11.04	15.08	10.50	8.27	1.29	134.18
IIC-5	0.01	0.01	<0.01	0.01	<0.01	<0.01	<0.01	<0.01	<0.01	0.02
IIC-6	14.43	14.84	0.30	9.58	5.28	4.26	3.68	1.28	0.53	44.30
IIC-7	7.44	6.82	0.12	5.63	1.32	2.88	2.42	1.43	0.19	22.50
IID-3	0.04	0.03	<0.01	0.02	0.01	0.02	<0.01	0.03	0.01	0.14
IID-5	13.81	7.98	0.12	6.07	3.49	3.86	1.16	1.83	0.83	32.96
IIIC-2	0.40	0.29	<0.01	0.22	0.09	0.10	0.04	0.07	0.02	1.01
IIIC-4	1.66	1.32	0.02	1.05	0.45	0.45	0.13	0.22	0.09	4.32
IIIC-5	0.03	0.03	<0.01	0.02	0.01	0.01	0.01	<0.01	<0.01	0.09
合计	118.53	94.91	1.78	72.60	31.93	36.74	26.02	19.10	4.19	331.42

注：表中代码所代表各生态功能区详见表1-1。

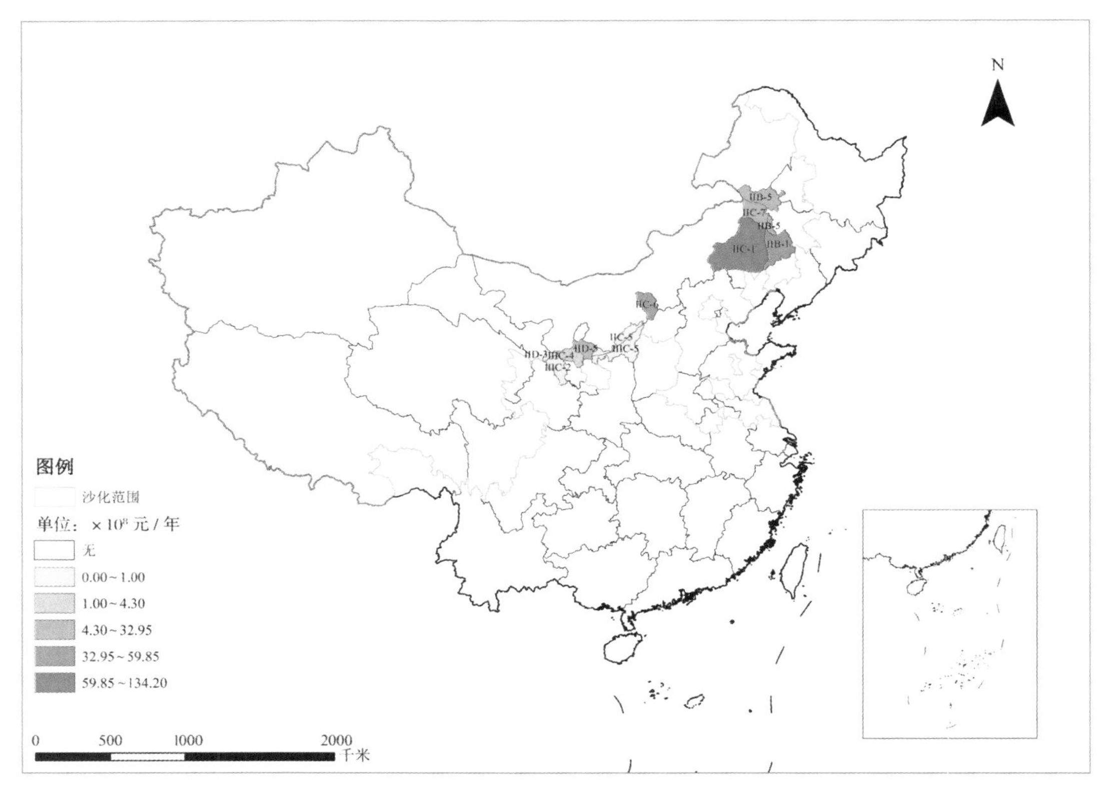

图3-41 北方沙化土地退耕还林工程风蚀与水蚀共同主导型生态功能区总价值量空间分布

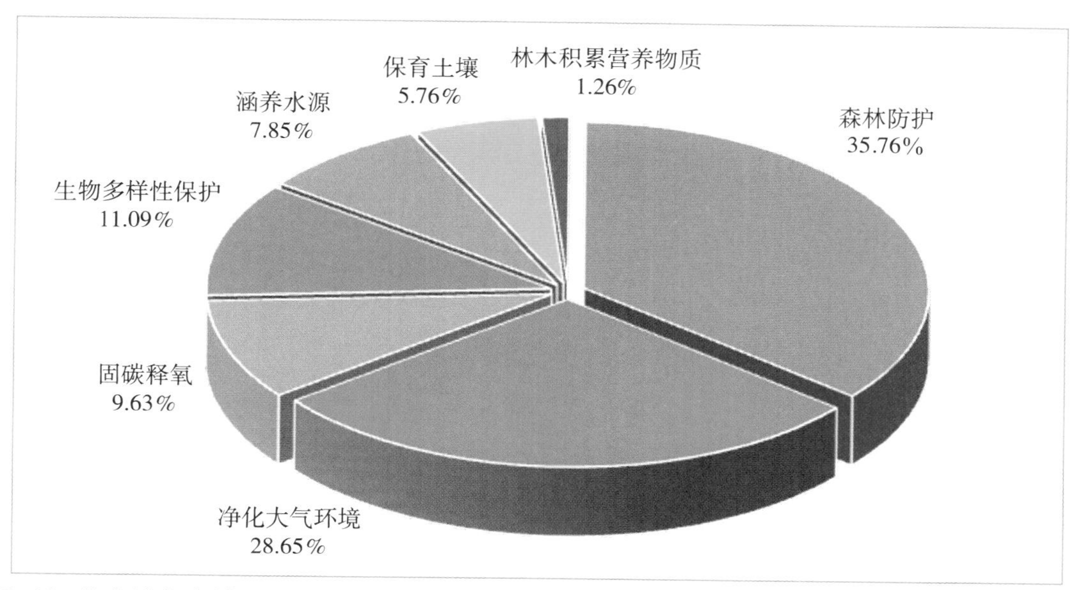

图3-42 北方沙化土地退耕还林工程风蚀与水蚀共同主导型生态功能区各项功能价值量相对比例

3.2.3 水蚀主导型生态功能区生态效益

3.2.3.1 物质量

水蚀主导型生态功能区退耕还林工程生态系统服务功能物质量评估结果如表3-9所示。水蚀主导型生态功能区退耕还林工程的净化大气环境功能占优势，其中滞纳TSP物质量达1053.56万吨/年，滞纳PM_{10}和$PM_{2.5}$物质量之和达1.07万吨/年。由此可知退耕还

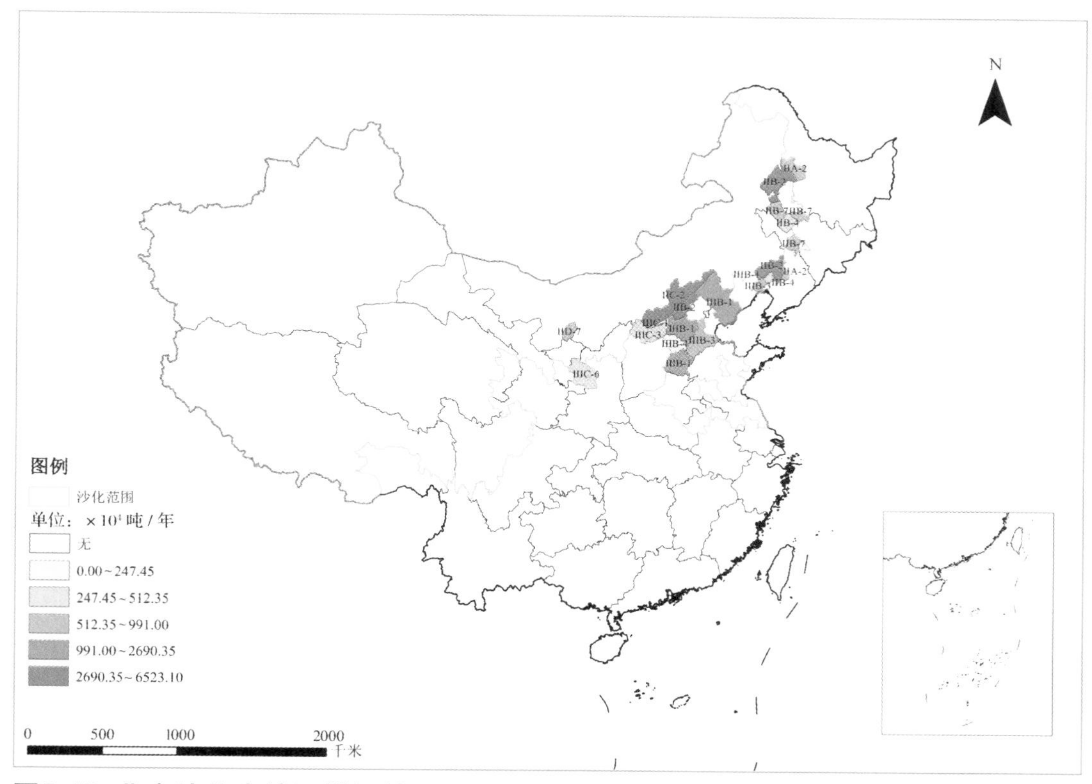

图3-43 北方沙化土地退耕还林工程水蚀主导型生态功能区防风固沙物质量空间分布

表3-9 北方沙化土地退耕还林工程水蚀主导型生态功能区物质量评估结果

生态功能区	森林防护	净化大气环境					固碳释氧		涵养水源	保育土壤					林木积累营养物质		
	防风固沙 ($\times10^4$吨/年)	提供负离子 ($\times10^{20}$个/年)	吸收污染物 ($\times10^2$吨/年)	滞纳TSP ($\times10^4$吨/年)	滞纳PM_{10} ($\times10^2$吨/年)	滞纳$PM_{2.5}$ ($\times10^2$吨/年)	固碳 ($\times10^4$吨/年)	释氧 ($\times10^4$吨/年)	($\times10^4$立方米/年)	固土 ($\times10^4$吨/年)	固氮 ($\times10^2$吨/年)	固磷 ($\times10^2$吨/年)	固钾 ($\times10^2$吨/年)	固有机质 ($\times10^2$吨/年)	氮 ($\times10^2$吨/年)	磷 ($\times10^2$吨/年)	钾 ($\times10^2$吨/年)
IIA-2	792.42	3029.20	46.05	47.09	4.98	1.43	3.88	7.63	1532.69	132.03	21.41	6.57	153.81	293.43	11.25	0.74	1.66
IIB-2	6400.72	18660.73	303.72	327.85	28.77	7.37	31.99	66.36	10995.41	829.69	126.09	32.15	1025.00	1978.58	83.35	2.51	20.36
IIB-4	512.37	2004.04	27.83	28.33	2.41	0.66	2.74	5.47	983.42	83.55	12.04	3.62	99.30	183.97	7.40	0.19	0.81
IIB-7	737.51	2606.74	36.79	37.49	3.19	0.86	3.31	6.44	1257.99	116.18	18.51	5.68	134.40	253.91	9.50	0.41	1.14
IIC-2	6523.09	7556.45	283.03	367.68	25.36	6.37	34.52	78.61	10993.74	631.53	149.17	21.69	893.12	1674.50	89.71	3.57	49.45
IID-7	990.99	1051.54	34.60	20.13	1.94	0.56	2.76	6.10	349.26	107.22	35.84	9.18	123.47	236.52	5.29	0.48	2.21
IIIB-1	2690.33	5344.92	113.56	139.44	12.20	2.96	17.93	42.45	3554.69	213.55	56.20	10.74	298.83	714.09	24.69	2.09	13.91
IIIB-3	882.54	1522.16	34.13	31.99	3.08	0.91	5.99	14.20	1258.58	71.10	16.03	2.59	84.24	227.07	3.65	0.53	1.77
IIIB-4	106.05	149.63	4.26	3.68	0.37	0.12	0.45	0.99	153.18	8.20	2.04	0.33	9.16	26.85	0.15	0.02	0.24
IIIC-1	247.46	299.68	13.04	15.02	1.27	0.31	0.96	2.00	211.37	24.75	7.49	1.05	48.19	26.33	2.99	0.10	0.41
IIIC-3	366.06	230.92	17.95	19.72	1.26	0.36	1.48	3.08	442.86	36.61	11.52	1.67	73.06	41.19	5.29	0.20	0.67
IIIC-6	361.28	270.56	14.74	15.14	0.48	0.16	1.25	2.73	217.36	59.26	6.38	2.28	113.71	151.64	3.39	0.32	2.56
合计	20610.82	42726.57	929.70	1053.56	85.31	22.07	107.26	236.06	31950.55	2313.67	462.72	97.55	3056.29	5808.08	246.66	11.16	95.19

注：（1）代码所代表各生态功能区详见表1-1；（2）防风固沙物质量为防止风力侵蚀所固定的沙量；（3）固土物质量为防止水力侵蚀所固定的土壤物质量；（4）固碳为植物固碳与土壤固碳的物质量总和；（5）吸收污染物是森林吸收二氧化硫、氟化物和氮氧化物的物质量总和。

林工程对区域环境保护起着重要作用。

（1）森林防护功能 退耕还林工程防风固沙物质量较高的区主要有中温带中度水蚀半干旱区、中温带中度水蚀半湿润区和暖温带中度水蚀半湿润区。3个生态功能区的防风固沙物质量均超过了2000万吨/年，其防风固沙物质量为15614.14万吨/年，占水蚀主导型生态功能区退耕还林工程防风固沙总物质量的75.76%（图3-43）。

（2）净化大气环境功能 退耕还林工程提供负离子物质量较高的区主要有中温带中度水蚀半湿润区、中温带中度水蚀半干旱区和暖温带中度水蚀半湿润区。3个生态功能区提供负离子物质量均大于5000×10^{20}个/年，其提供负离子物质量之和为31562.10×10^{20}个/年，占水蚀主导型生态功能区退耕还林工程提供负离子总物质量的73.87%（图3-44）。

吸收污染物的物质量较高的区主要有中温带中度水蚀半湿润区和中温带中度水蚀半干旱区。2个生态功能区吸收污染物的物质量均在2万吨/年以上，其吸收污染物的物质量之和达到5.87万吨/年，约占水蚀主导型生态功能区退耕还林工程吸收污染物总物质量的63.12%（图3-45）。

滞纳TSP、PM_{10}和$PM_{2.5}$物质量较高的区主要有中温带中度水蚀半干旱区和中温带中度水蚀半湿润区。2个生态功能滞纳TSP物质量均大于200万吨/年，总物质量为695.53万吨/年，占水蚀主导型生态功能区退耕还林工程滞纳TSP总物质量的66.02%，其中，滞纳PM_{10}和$PM_{2.5}$的物质量分别为0.54万吨/年、0.14万吨/年（图3-46至图3-48）。

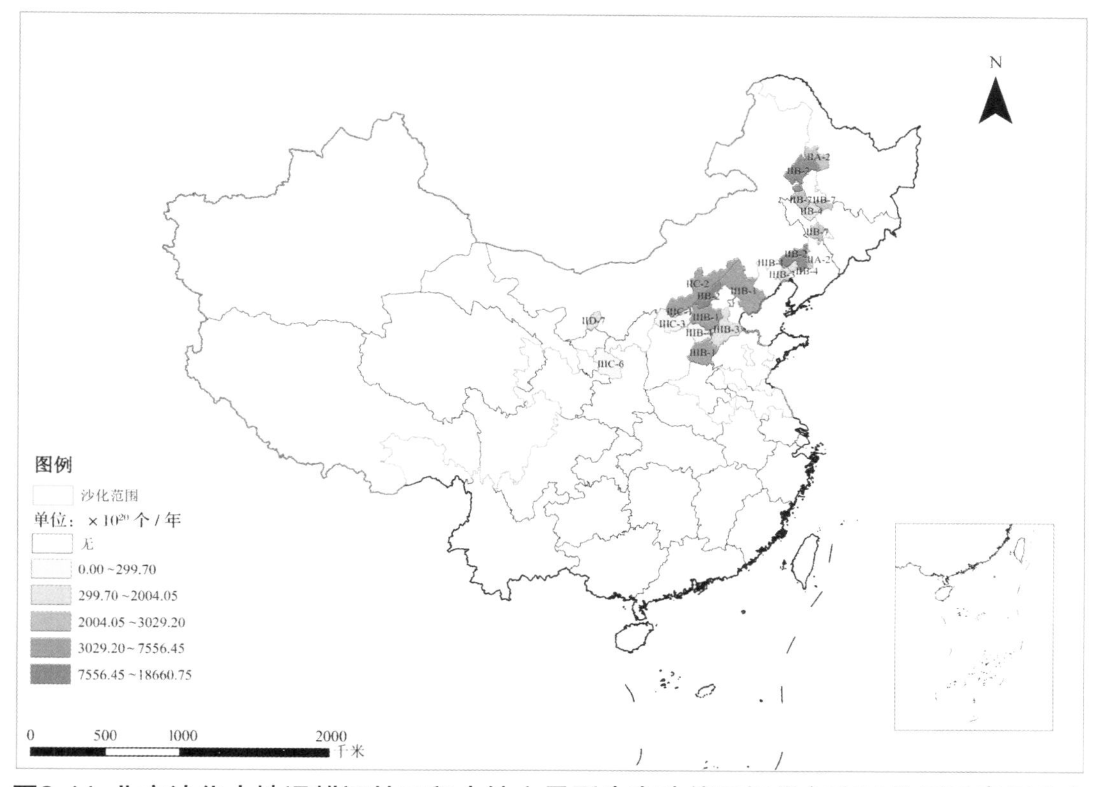

图3-44 北方沙化土地退耕还林工程水蚀主导型生态功能区提供负离子物质量空间分布

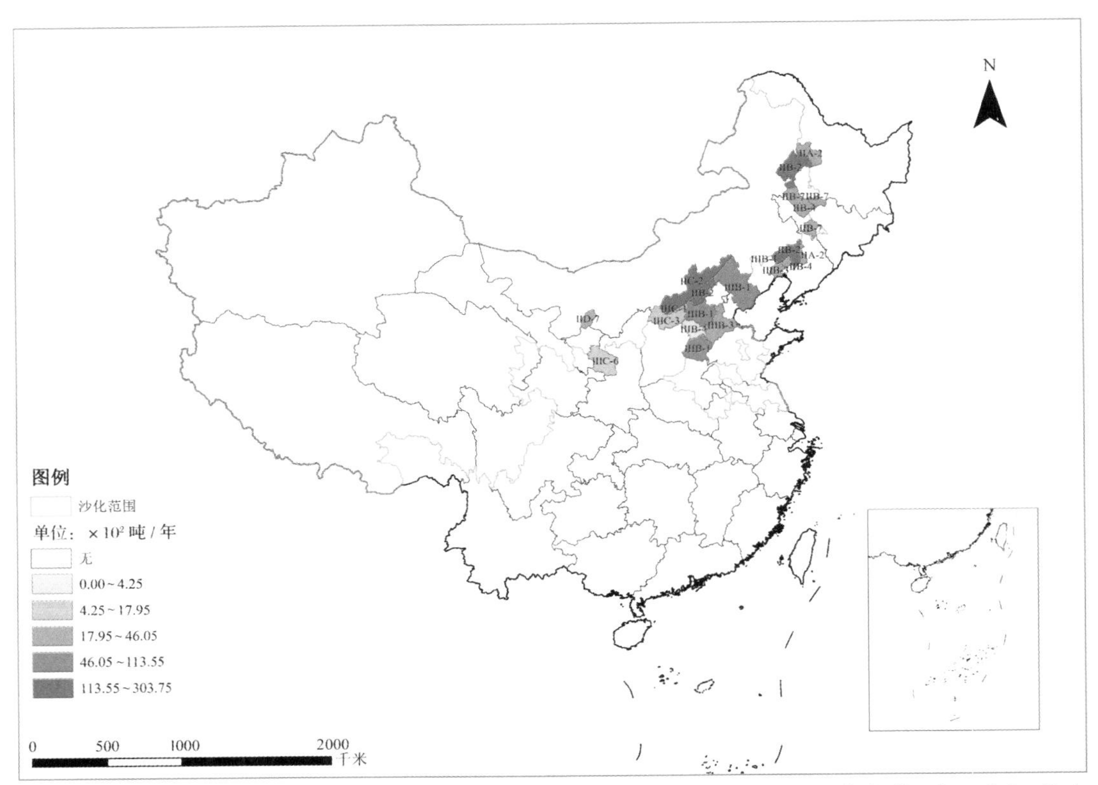

图3-45 北方沙化土地退耕还林工程水蚀主导型生态功能区吸收污染物物质量空间分布

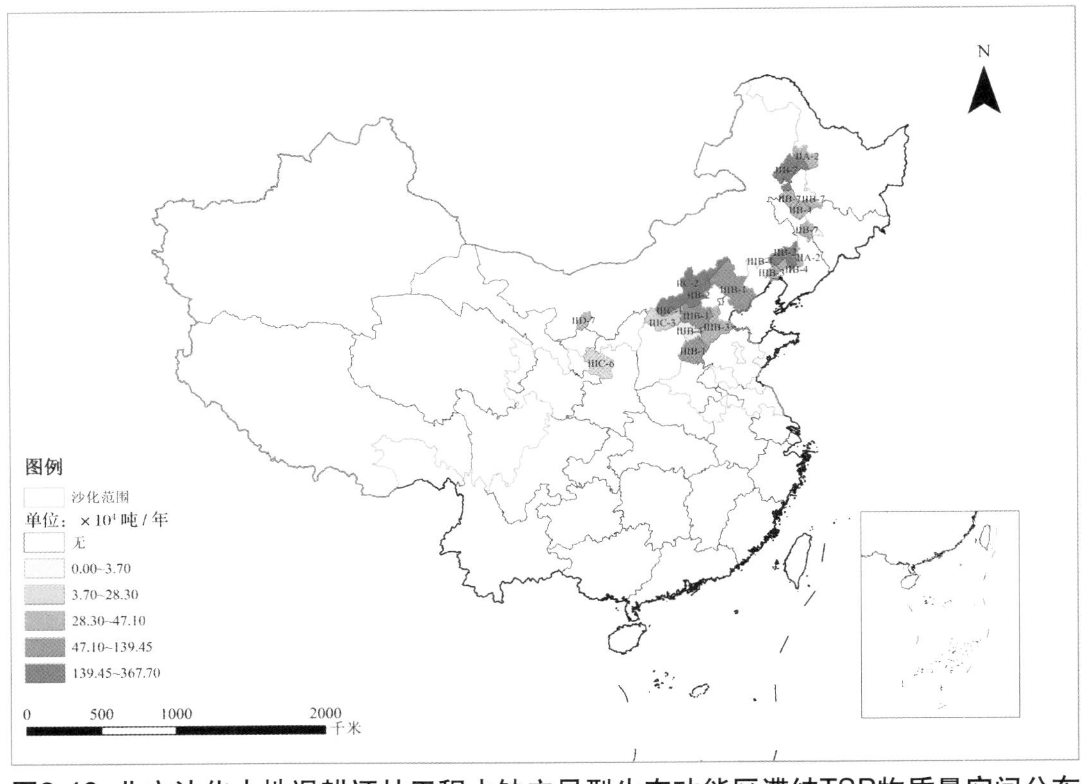

图3-46 北方沙化土地退耕还林工程水蚀主导型生态功能区滞纳TSP物质量空间分布

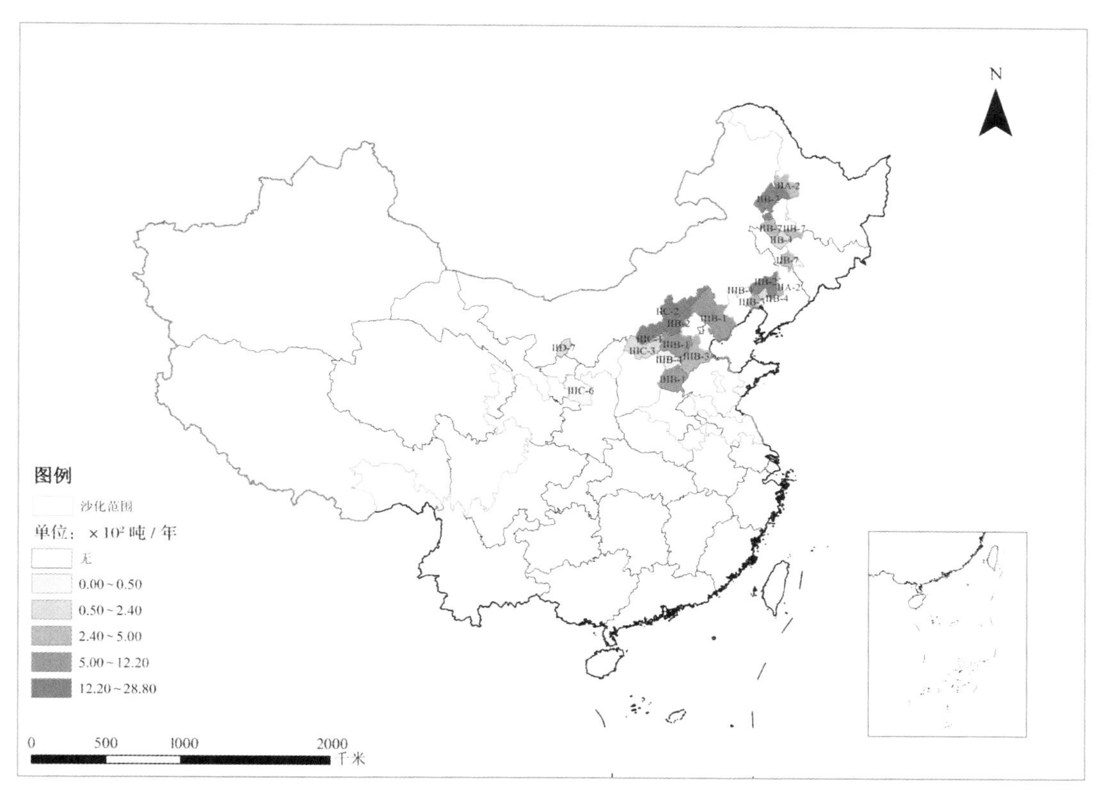

图3-47 北方沙化土地退耕还林工程水蚀主导型生态功能区滞纳PM_{10}物质量空间分布

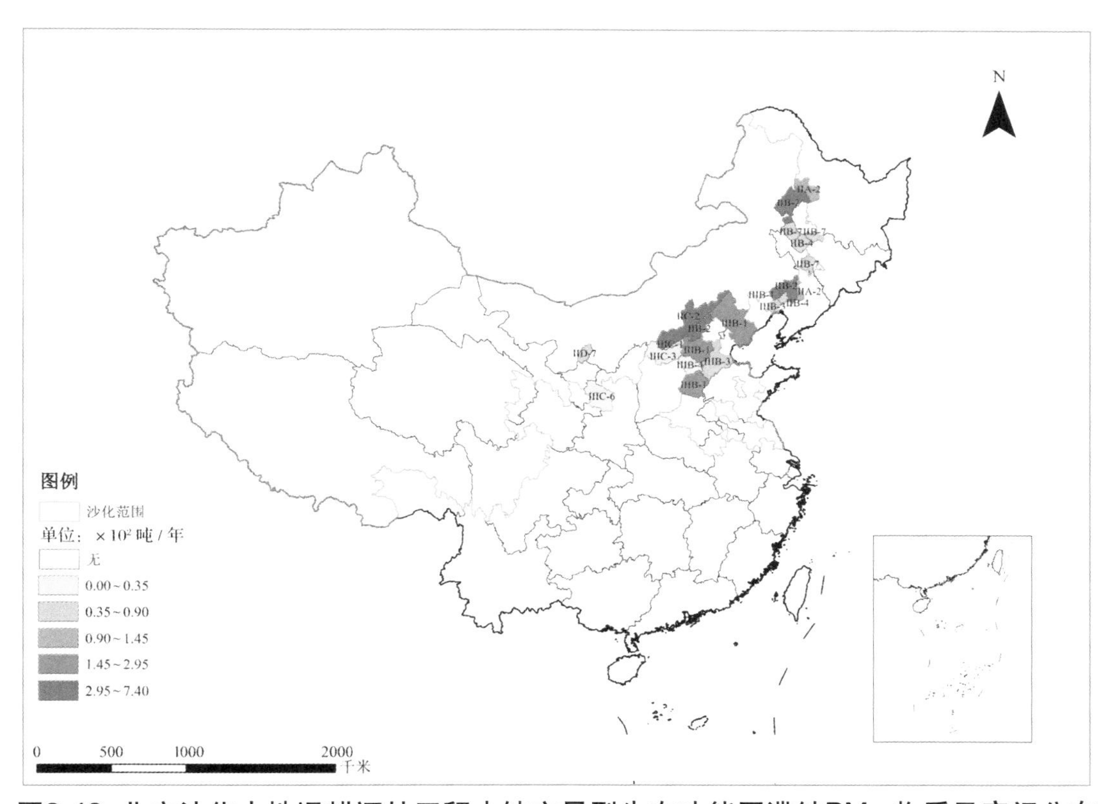

图3-48 北方沙化土地退耕还林工程水蚀主导型生态功能区滞纳$PM_{2.5}$物质量空间分布

（3）固碳释氧功能 退耕还林工程固碳物质量和释氧物质量较高的区主要有中温带中度水蚀半干旱区和中温带中度水蚀半湿润区。2个生态功能区固碳物质量均大于30万吨/年，其固碳物质量为66.51万吨/年，占水蚀主导型生态功能区退耕还林工程固碳总物质量的62.01%；释氧物质量均大于60万吨/年，其释氧物质量为144.97万吨/年，占水蚀主导型生态功能区退耕还林工程释氧总物质量的61.41%（图3-49和图3-50）。

（4）涵养水源功能 退耕还林工程涵养水源物质量较高的区主要有中温带中度水蚀半湿润区和中温带中度水蚀半干旱区。2个生态功能区域涵养水源物质量均在10000万立方米/年以上，其涵养水源总物质量21989.15万立方米/年，占水蚀主导型生态功能区退耕还林工程涵养水源总物质量的68.82%（图3-51）。

（5）保育土壤功能 退耕还林工程固土物质量较高的区主要有中温带中度水蚀半湿润区和中温带中度水蚀半干旱区。2个生态功能区固土物质量均超过500万吨/年，其固土物质量为1461.22万吨/年，占退耕还林工程水蚀主导型生态功能区固土总物质量的63.16%；保肥物质量较高的主要有中温带中度水蚀半湿润区和中温带中度水蚀半干旱区。2个生态功能区的保肥物质量均超过25万吨/年，其保肥物质量为59.00万吨/年，占水蚀主导型生态功能区退耕还林工程保肥总物质量的62.60%（图3-52和图3-53）。

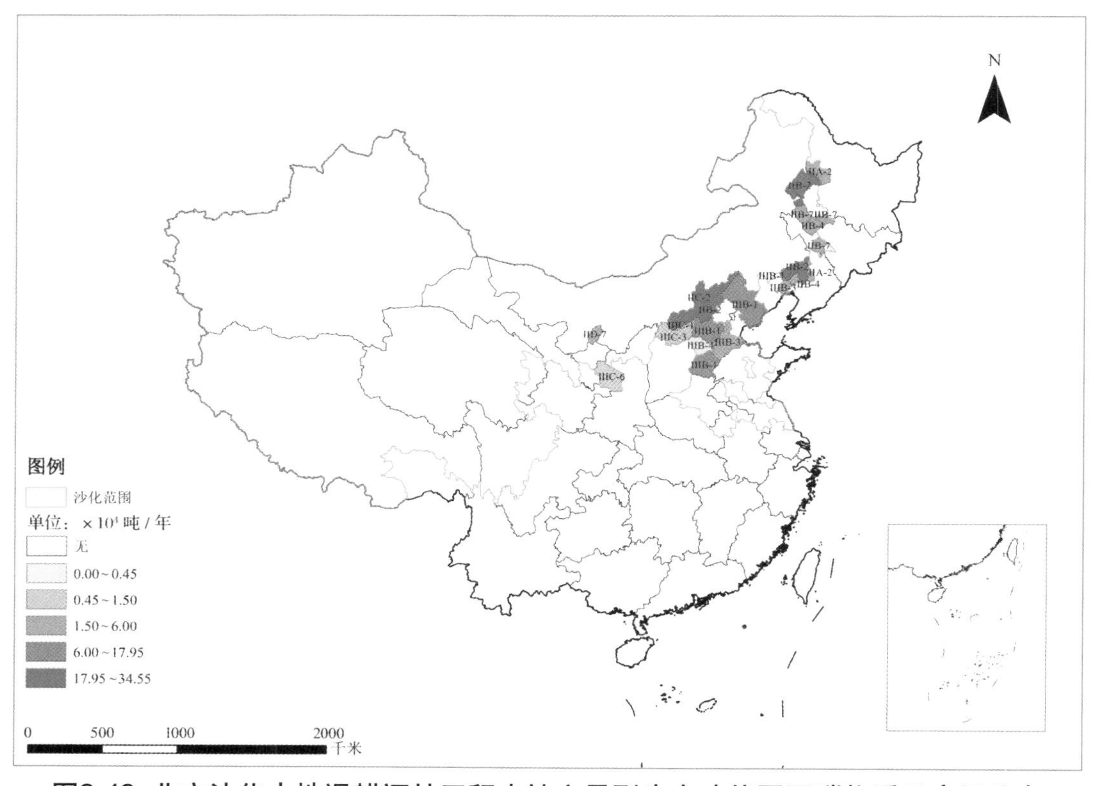

图3-49 北方沙化土地退耕还林工程水蚀主导型生态功能区固碳物质量空间分布

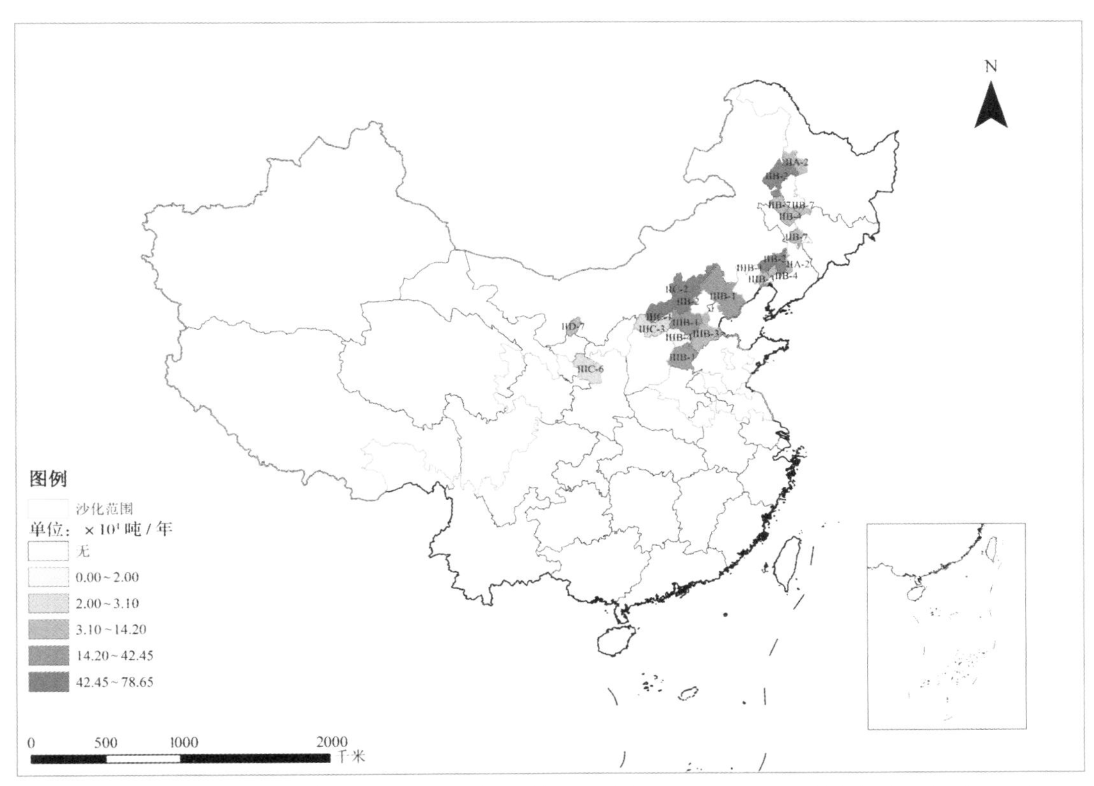

图3-50 北方沙化土地退耕还林工程水蚀主导型生态功能区释氧物质量空间分布

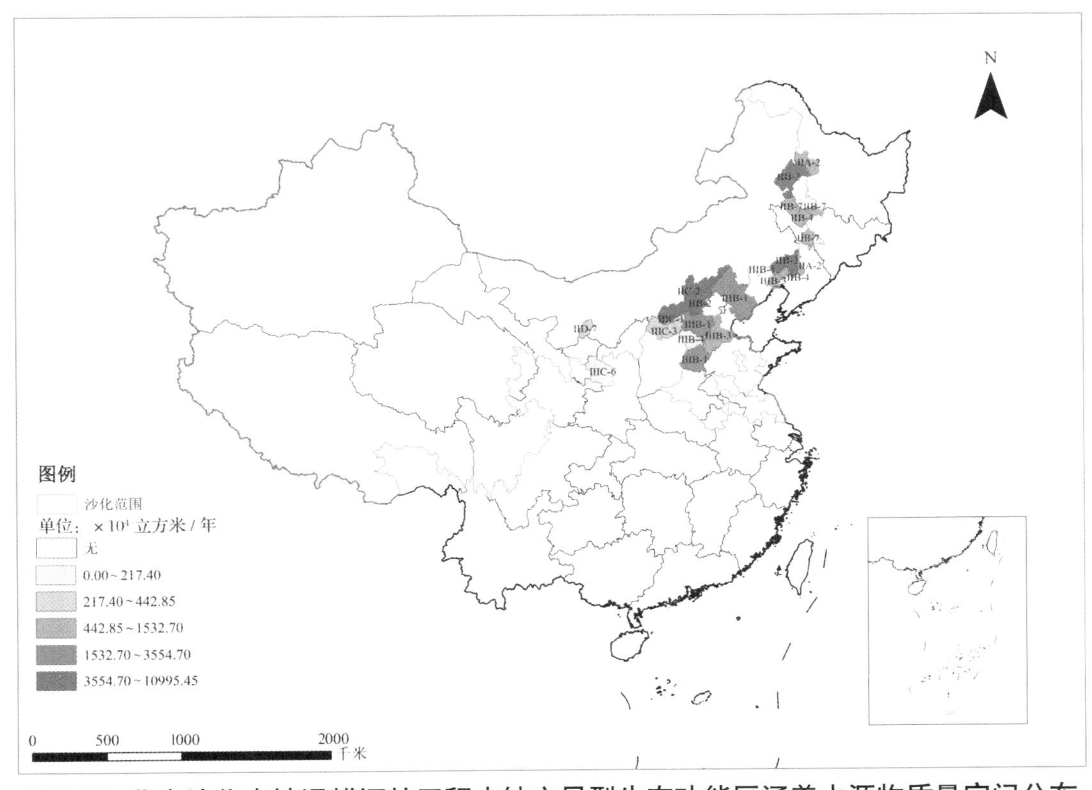

图3-51 北方沙化土地退耕还林工程水蚀主导型生态功能区涵养水源物质量空间分布

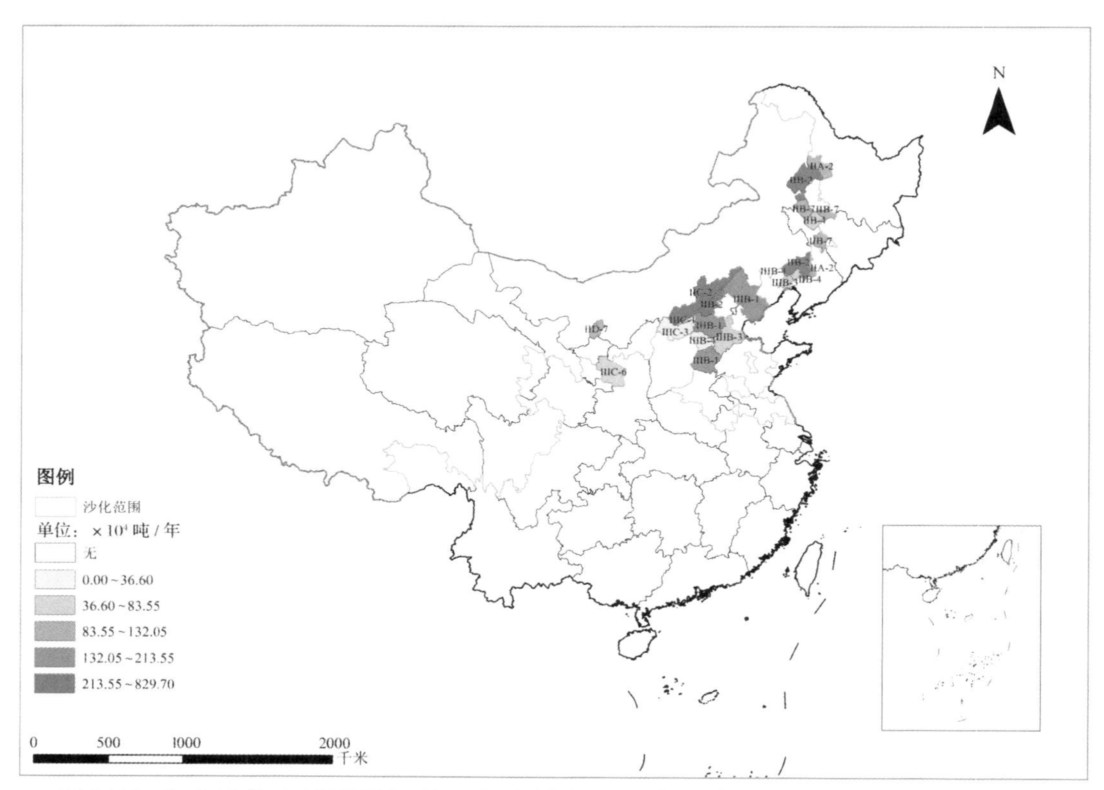

图3-52 北方沙化土地退耕还林工程水蚀主导型生态功能区固土物质量空间分布

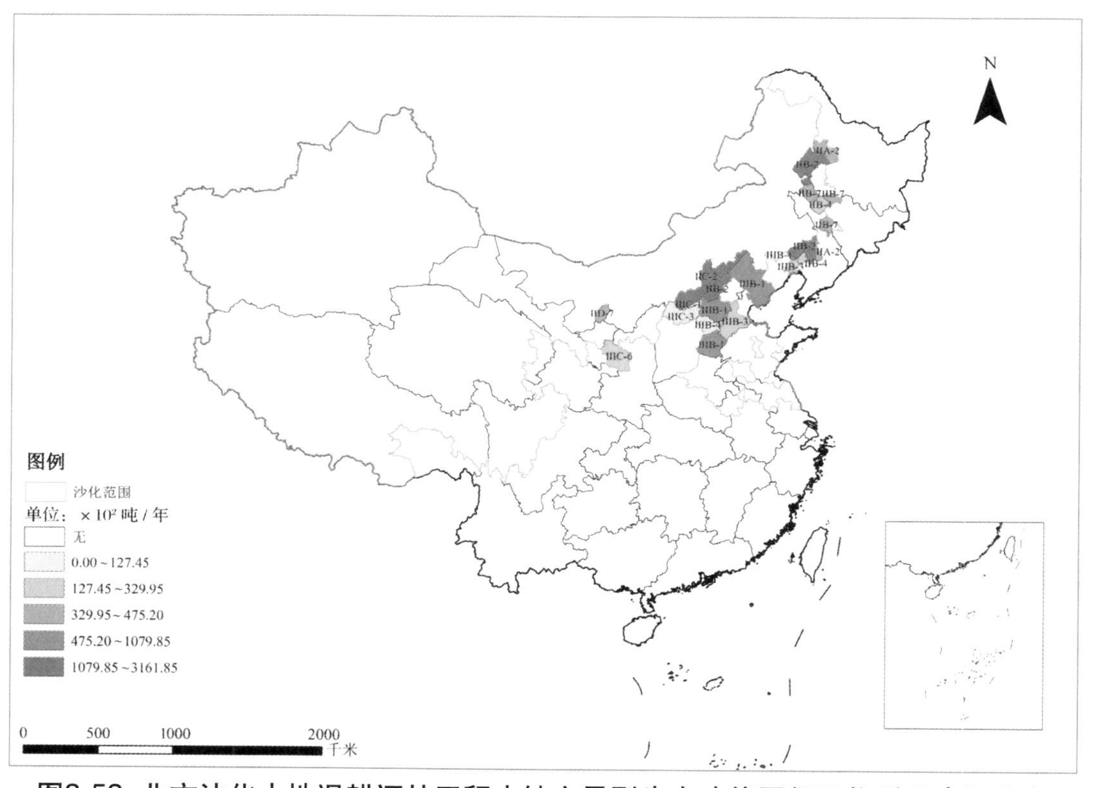

图3-53 北方沙化土地退耕还林工程水蚀主导型生态功能区保肥物质量空间分布

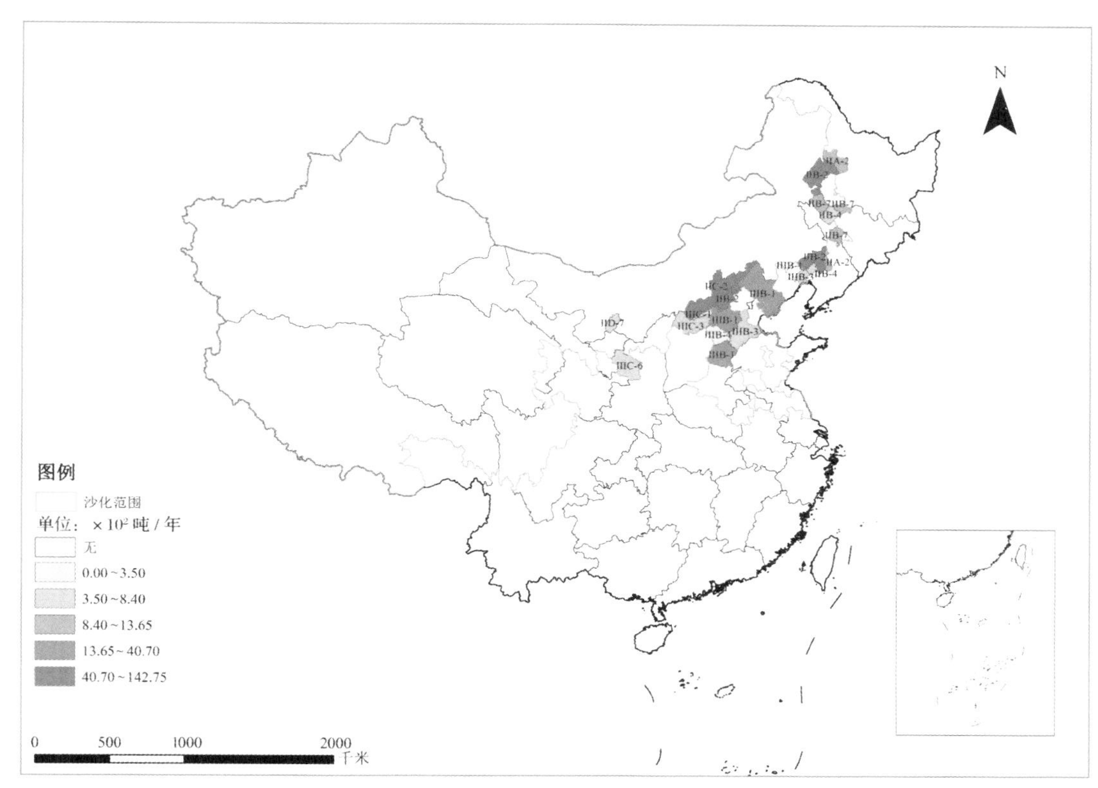

图3-54 北方沙化土地退耕还林工程水蚀主导型生态功能区
林木积累营养物质量空间分布

（6）林木积累营养物质功能 退耕还林工程林木积累营养物质量较高的区主要有中温带中度水蚀半干旱区和中温带中度水蚀半湿润区。2个生态功能区的林木积累营养物质量均在1万吨/年以上，其林木积累营养物质量为2.49万吨/年，约占水蚀主导型生态功能区退耕还林工程林木积累营养物质总物质量的70.54%；其中，林木积累氮素为1.73万吨/年，林木积累磷素为0.06万吨/年，林木积累钾素为0.70万吨/年（图3-54）。

3.2.3.2 价值量

退耕还林工程水蚀主导型生态功能区的价值量以及空间分布如表3-10和图3-55。水蚀主导型生态功能区退耕还林工程产生的生态系统服务功能价值量为358.95亿元/年，占北方沙化土地退耕还林工程总价值量的28.42%（表3-10）。

表3-10 北方沙化土地退耕还林工程水蚀主导型生态功能区价值量评估结果 单位：×10⁸元/年

生态功能区	森林防护	净化大气环境			固碳释氧	生物多样性保护	涵养水源	保育土壤	林木积累营养物质	总价值
		总计	滞纳PM_{10}	滞纳$PM_{2.5}$						
IIA-2	4.09	7.57	0.15	6.65	1.42	2.06	1.54	0.72	0.31	17.71
IIB-2	31.79	40.66	0.87	34.39	12.18	14.46	11.04	4.44	2.29	116.86

(续)

生态功能区	森林防护	净化大气环境			固碳释氧	生物多样性保护	涵养水源	保育土壤	林木积累营养物质	总价值
		总计	滞纳PM_{10}	滞纳$PM_{2.5}$						
IIB-4	2.72	3.60	0.07	3.06	1.01	1.28	0.99	0.45	0.20	10.25
IIB-7	3.69	4.74	0.10	4.03	1.20	1.61	1.26	0.56	0.26	13.32
IIC-2	31.64	36.38	0.77	29.74	14.12	11.01	11.04	3.84	2.65	110.68
IID-7	4.42	3.00	0.06	2.59	1.10	1.17	0.35	0.56	0.16	10.76
IIIB-1	12.67	16.41	0.37	13.79	7.56	5.62	3.57	1.49	0.76	48.08
IIIB-3	4.14	4.86	0.09	4.24	2.53	1.85	1.26	0.48	0.12	15.24
IIIB-4	0.50	0.63	0.01	0.56	0.18	0.22	0.15	0.06	0.01	1.75
IIIC-1	1.19	1.72	0.04	1.44	0.37	0.34	0.21	0.11	0.08	4.02
IIIC-3	1.80	2.02	0.04	1.67	0.57	0.52	0.45	0.16	0.14	5.66
IIIC-6	1.95	1.01	0.01	0.75	0.50	0.46	0.22	0.37	0.11	4.62
合计	100.60	122.60	2.58	102.91	42.74	40.60	32.08	13.24	7.09	358.95

注：表中代码所代表各生态功能区详见表1-1。

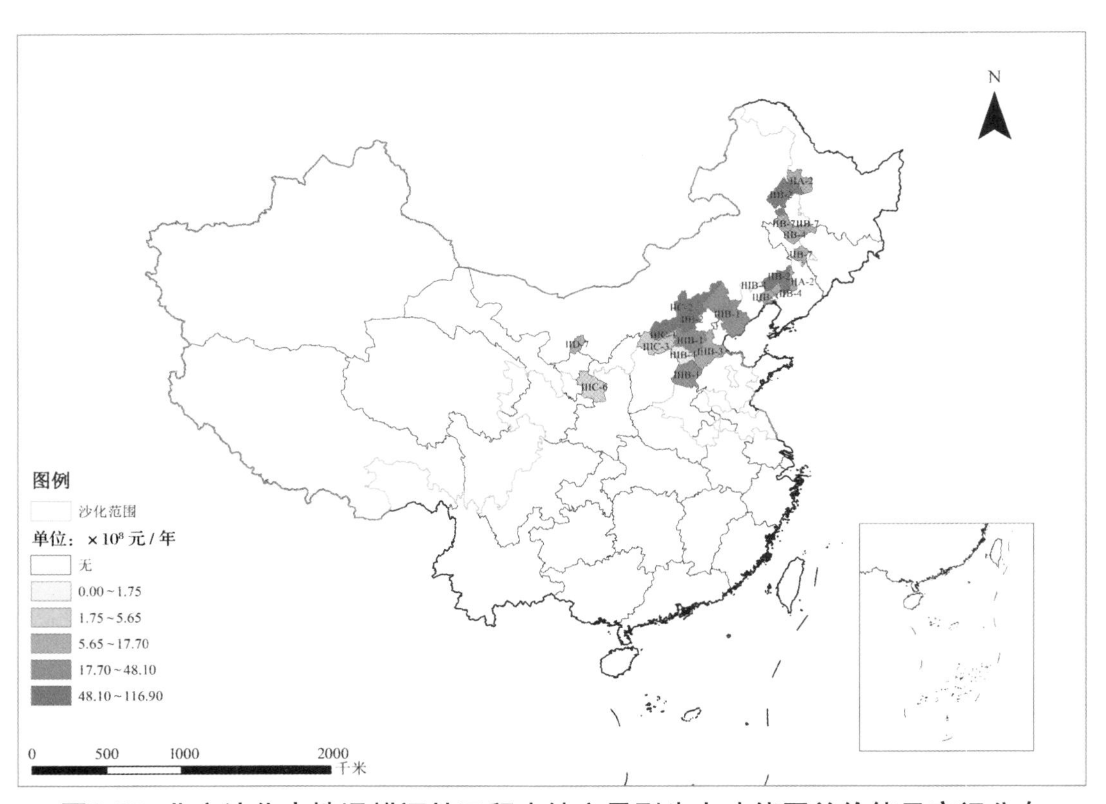

图3-55 北方沙化土地退耕还林工程水蚀主导型生态功能区总价值量空间分布

退耕还林工程水蚀主导型生态功能区的净化大气环境价值量所占相对比例较高，为34.15%，该区退耕还林工程在吸收污染物和滞纳颗粒物方面的成效显著，结果见图3-56。

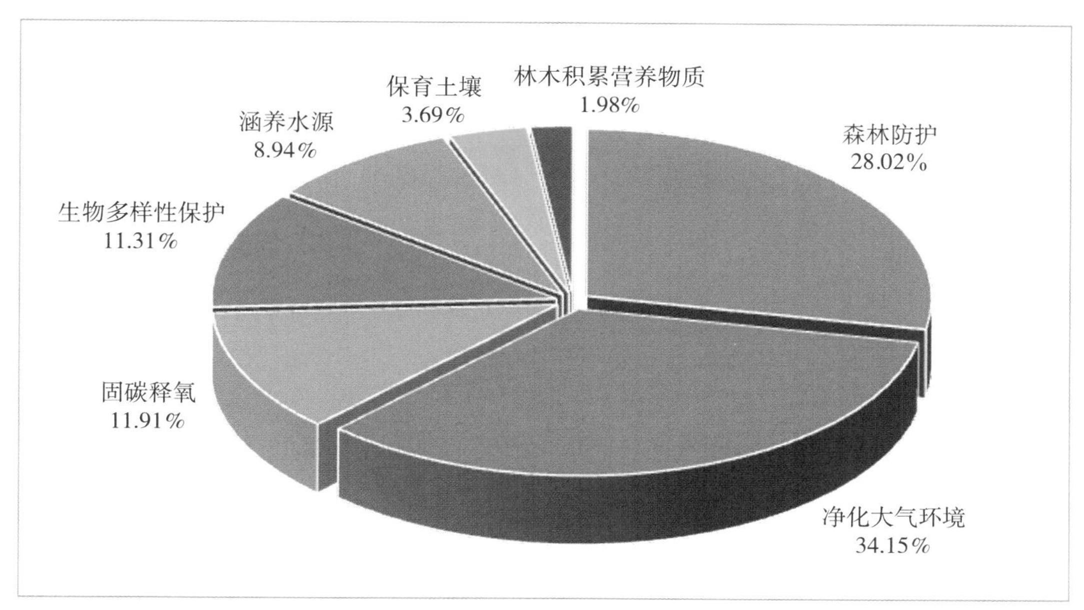

图3-56　北方沙化土地退耕还林工程水蚀主导型生态功能区各项功能价值量相对比例

3.3 北方沙化土地退耕还林工程三个林种类型生态效益

本报告中林种类型依据《国家森林资源连续清查技术规定》，结合退耕还林工程实际情况分为生态林、经济林和灌木林三个林种类型。三个林种类型中，生态林和经济林的划定以国家林业局《退耕还林工程生态林与经济林认定标准》(林退发[2001]550号）为依据。

3.3.1 生态林生态效益

生态林是指在退耕还林工程中，营造以减少水土流失和风沙危害等生态效益为主要目的的林木，主要包括水土保持林、水源涵养林、防风固沙林等（国家林业局，2001）。

3.3.1.1 物质量

北方沙化土地退耕还林工程生态林物质量评估结果如表3-11所示。由于森林防护和净化大气环境功能突出，以这两项功能为例，分析北方沙化土地退耕还林工程生态林生态效益特征。

(1) 森林防护功能　北方沙化土地退耕还林工程生态林防风固沙总物质量为38069.60万吨/年；其中内蒙古自治区防风固沙物质量最高，为19312.21万吨/年，占北方沙化土地退耕还林工程生态林防风固沙总物质量的50.73%；河北省次之，为6158.96万吨/年，占16.18%；其余的省（自治区）和新疆生产建设兵团所占的比例均低于10%（图3-57）。

（2）净化大气环境功能 北方沙化土地退耕还林工程生态林滞纳TSP总物质量为2280.72万吨/年，其中，滞纳PM_{10}和$PM_{2.5}$的物质量分别为1.44万吨/年和0.34万吨/年；其中内蒙古自治区滞纳TSP物质量最高，为1339.46万吨/年，占北方沙化土地退耕还林工程生态林滞纳TSP总物质量的58.73%，其中，滞纳PM_{10}物质量为0.65万吨/年，滞纳$PM_{2.5}$物质量为0.15万吨/年；河北省滞纳TSP物质量次之，为365.58万吨/年，占16.03%，其中，滞纳PM_{10}物质量为0.33万吨/年，滞纳$PM_{2.5}$物质量为0.08万吨/年；其余的省（自治区）和新疆生产建设兵团所占的比例均低于10%（图3-58和图3-59）。

3.3.1.2 **价值量**

北方沙化土地退耕还林工程生态林价值量评估结果见表3-12。北方沙化土地退耕还林工程生态林生态系统服务功能价值量分布状况见图3-60。

内蒙古自治区北方沙化土地退耕还林生态林生态系统服务功能价值量最高，为289.47亿元/年，占退耕还林工程生态林总价值量48.39%；河北省（116.49亿元/年）和黑龙江省（67.34亿元/年）次之；总价值量在20.00亿~40.00亿元/年之间的为吉林省、辽宁省和新疆生产建设兵团；其余省（自治区）生态林总价值量均低于20.00亿元/年（表3-12和图3-60）。

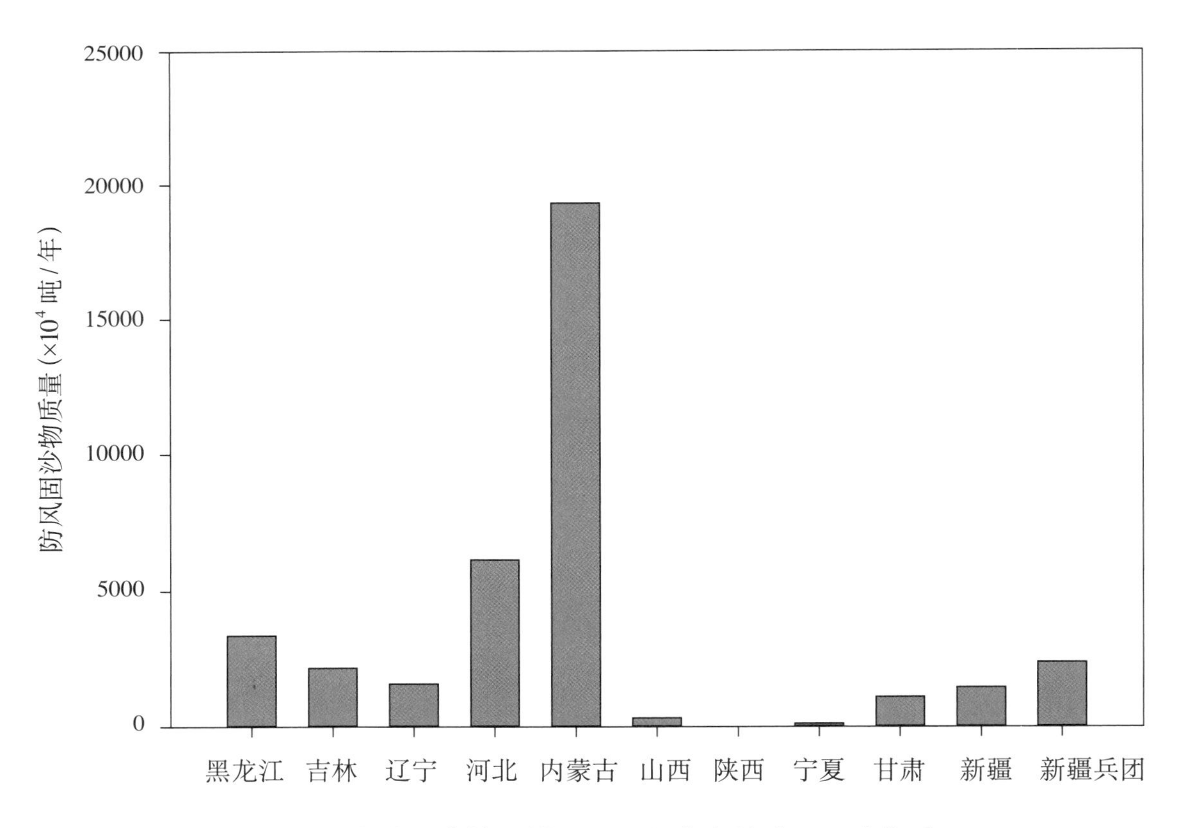

图3-57 北方沙化土地退耕还林工程生态林防风固沙物质量

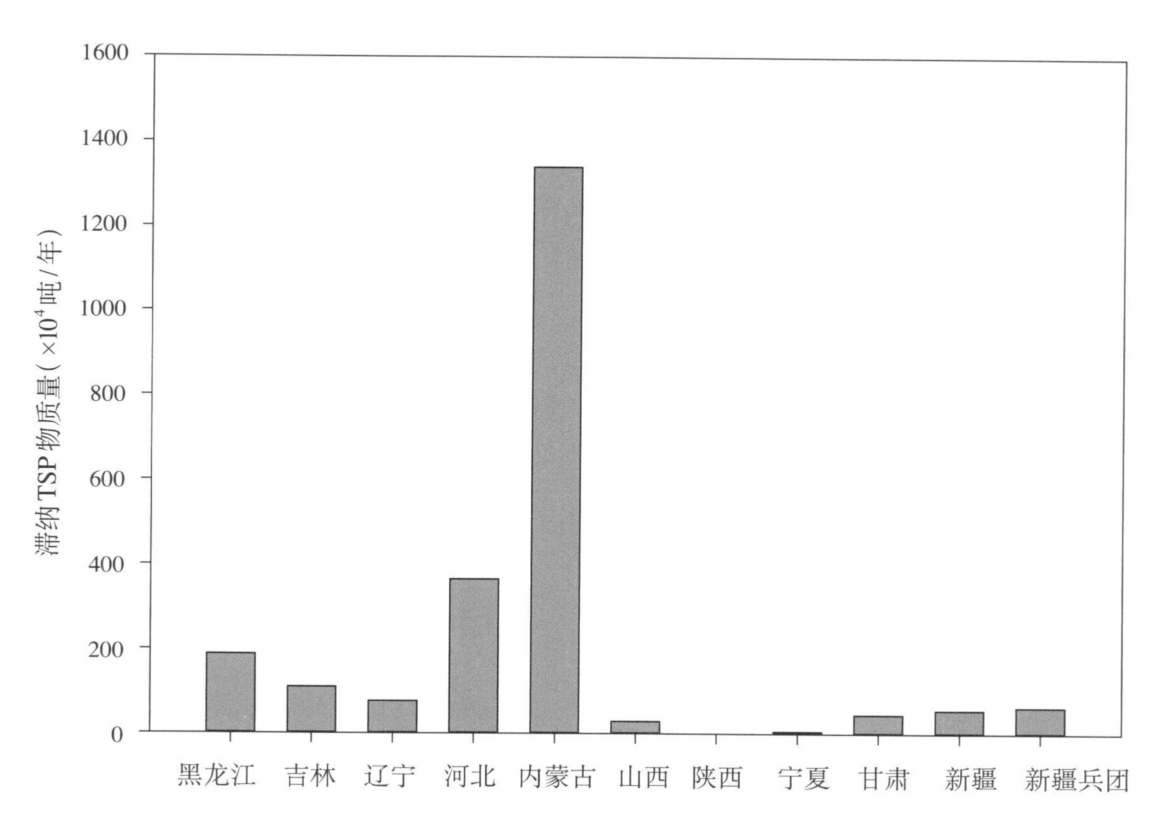

图3-58 北方沙化土地退耕还林工程生态林滞纳TSP物质量

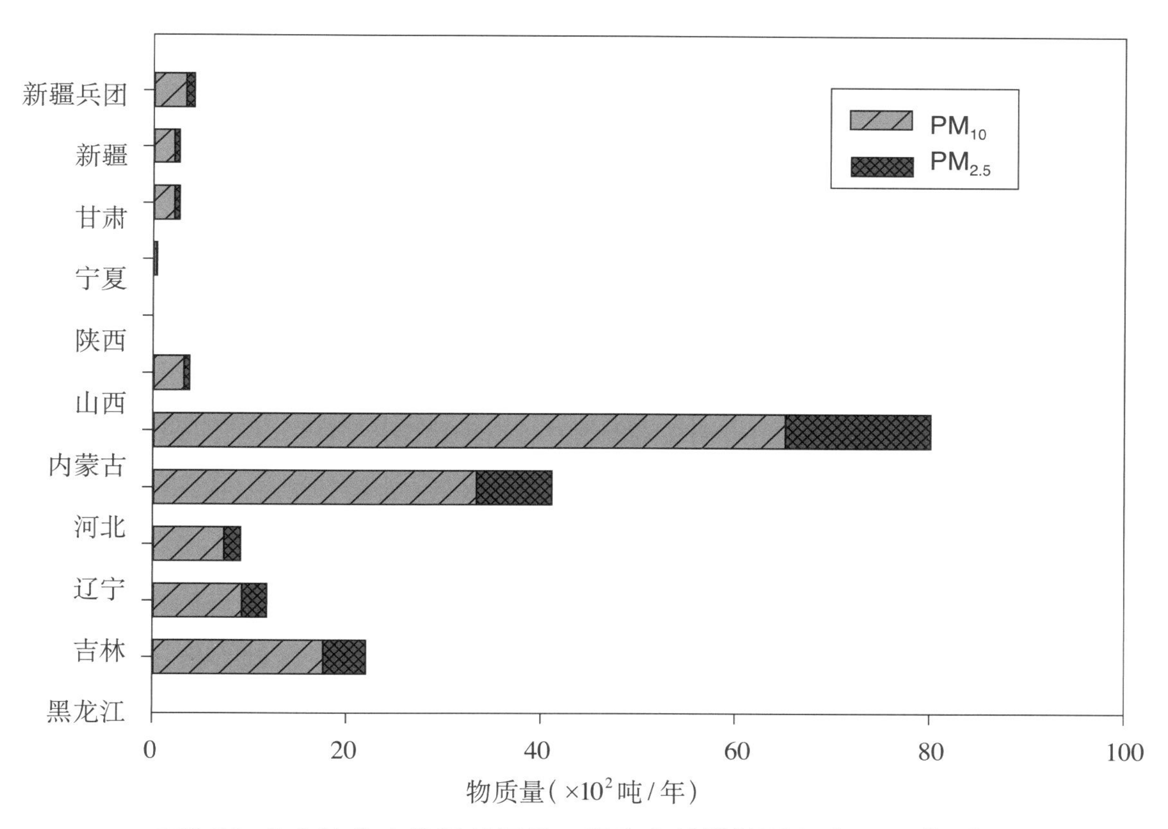

图3-59 北方沙化土地退耕还林工程生态林滞纳PM_{10}和$PM_{2.5}$物质量

表3-11 北方沙化土地退耕还林工程生态林生态系统服务功能物质量评估结果

省级区域	森林防护	净化大气环境					固碳释氧		涵养水源	保育土壤					林木积累营养物质		
	防风固沙 ($\times 10^4$吨/年)	提供负离子 ($\times 10^{20}$个/年)	吸收污染物 ($\times 10^2$吨/年)	滞纳TSP ($\times 10^4$吨/年)	滞纳PM_{10} ($\times 10^2$吨/年)	滞纳$PM_{2.5}$ ($\times 10^2$吨/年)	固碳 ($\times 10^4$吨/年)	释氧 ($\times 10^4$吨/年)	($\times 10^4$立方米/年)	固土 ($\times 10^4$吨/年)	固氮 ($\times 10^2$吨/年)	固磷 ($\times 10^2$吨/年)	固钾 ($\times 10^2$吨/年)	固有机质 ($\times 10^2$吨/年)	氮 ($\times 10^2$吨/年)	磷 ($\times 10^2$吨/年)	钾 ($\times 10^2$吨/年)
黑龙江	3374.71	13067.84	184.47	188.03	17.64	4.40	16.50	32.33	6579.15	566.63	91.16	28.32	649.36	1229.90	47.72	1.77	5.82
吉林	2183.57	8026.87	108.72	110.60	9.25	2.56	10.00	19.50	3833.98	348.08	55.75	17.40	398.63	746.74	28.78	0.86	3.09
辽宁	1599.61	5113.24	73.32	76.85	7.40	1.72	8.83	18.62	2020.90	159.97	9.74	1.65	230.41	389.53	19.23	0.46	2.09
河北	6158.96	12198.79	253.61	365.58	33.38	7.74	39.75	94.31	8630.29	562.68	130.13	23.67	747.25	1777.38	65.96	4.66	38.52
内蒙古	19312.21	60506.95	1087.08	1339.46	65.12	14.95	84.46	185.37	23030.37	2492.04	369.93	167.74	4913.94	5306.39	99.96	11.28	136.61
山西	335.54	402.34	21.64	29.08	3.25	0.58	1.23	2.54	72.44	33.56	10.17	1.82	56.06	34.60	4.10	0.17	0.99
陕西	0.96	1.33	0.19	0.08	0.01	<0.01	0.01	0.03	0.22	0.10	0.01	0.01	0.11	0.21	0.03	<0.01	0.01
宁夏	123.46	382.69	5.14	5.78	0.38	0.09	0.52	1.19	53.24	13.34	3.36	0.85	17.18	32.21	0.74	0.08	0.59
甘肃	1115.11	1612.96	44.26	45.42	2.22	0.54	3.76	8.19	544.58	128.19	29.26	5.95	263.58	398.73	9.30	0.79	9.89
新疆	1471.05	3635.51	28.95	56.38	2.20	0.54	4.12	9.02	410.85	19.88	19.49	9.75	204.16	164.41	6.40	1.04	4.51
新疆兵团	2394.42	3608.53	48.96	63.46	3.41	0.85	6.29	13.60	815.47	241.59	18.65	23.69	469.71	297.08	10.47	2.08	7.06
合计	38069.60	108557.05	1856.34	2280.72	144.26	33.97	175.47	384.70	45991.49	4566.06	737.65	280.85	7950.39	10377.18	292.69	23.19	209.18

注：（1）防风固沙物质量为防止风力侵蚀所固定的沙量；（2）固土物质量为防止水力侵蚀所固定的土壤物质量；（3）固碳为植物固碳与土壤固碳的物质量总和；（4）吸收污染物是森林吸收二氧化硫、氟化物和氮氧化物的物质量总和。

表3-12 北方沙化土地退耕还林工程生态林价值量评估结果

单位：$\times 10^8$元/年

省级区域	森林防护	净化大气环境			固碳释氧	生物多样性保护	涵养水源	保育土壤	林木积累营养物质	总价值
		总计	滞纳PM_{10}	滞纳$PM_{2.5}$						
黑龙江	17.47	24.14	0.53	20.52	6.01	8.74	6.61	3.08	1.29	67.34
吉林	10.98	14.04	0.28	11.95	3.63	4.90	3.85	1.83	0.76	39.99
辽宁	7.79	9.59	0.22	8.05	3.41	3.73	2.03	0.79	0.50	27.84
河北	28.83	42.97	1.02	36.14	16.77	13.59	8.65	3.67	2.01	116.49
内蒙古	90.77	93.44	1.98	69.82	33.57	29.06	23.12	15.89	3.62	289.47
山西	1.58	3.27	0.09	2.70	0.46	0.44	0.07	0.16	0.11	6.09
陕西	<0.01	0.01	<0.01	<0.01	<0.01	<0.01	<0.01	<0.01	<0.01	0.01
宁夏	0.53	0.53	0.01	0.43	0.22	0.16	0.06	0.07	0.02	1.59
甘肃	5.91	3.32	0.06	2.53	1.49	1.36	0.54	0.98	0.31	13.91
新疆	6.18	3.48	0.05	2.50	1.63	1.50	0.40	0.80	0.21	14.20
新疆兵团	9.35	5.19	0.10	4.03	2.48	2.06	0.81	1.08	0.34	21.31
合计	179.39	199.98	4.34	158.67	69.67	65.54	46.14	28.35	9.17	598.24

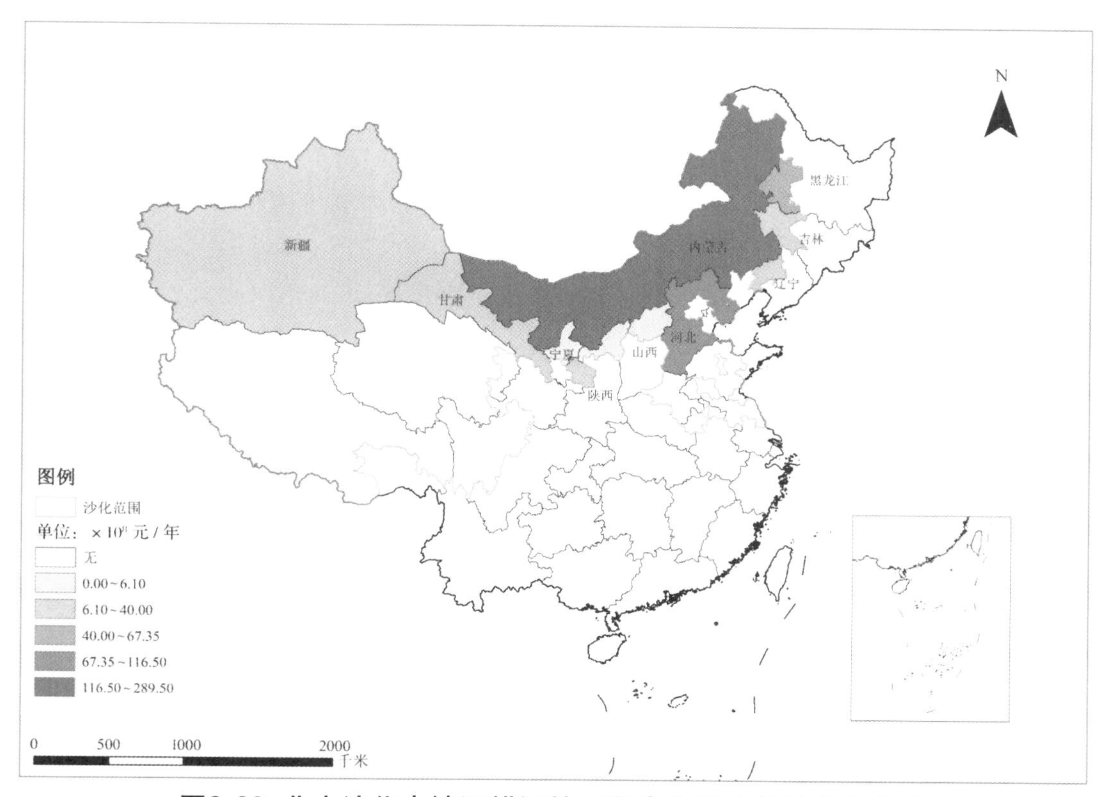

图3-60 北方沙化土地退耕还林工程生态林价值量空间分布

北方沙化土地退耕还林工程生态林各项功能生态系统服务功能价值量所占相对比例分布如图3-61所示。北方沙化土地退耕还林工程生态林生态系统服务功能的各分项价值量分配中，地区差异较为明显。除森林防护功能和净化大气环境功能外，其余评估指标价值量所占相对比例差异相对较小。森林防护功能和净化大气环境功能呈现出明显的空间分布特点，表现为西北省级区域（新疆生产建设兵团、新疆维吾尔自治区、甘肃省和宁夏回族自治区等）以森林防护为主，所占比例在33.33%~43.88%之间，而东部省级区域（黑龙江省、吉林省、辽宁省和河北省等）以净化大气环境为主，所占比例在34.45%~36.89%之间。

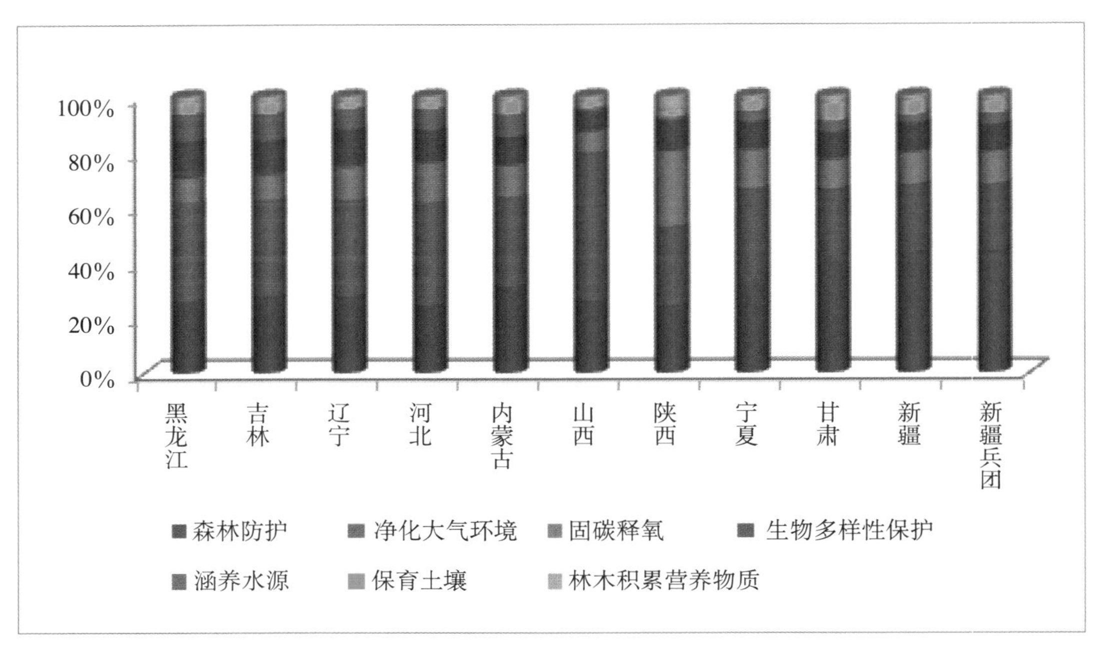

图3-61 北方沙化土地退耕还林工程生态林各项功能价值量相对比例

3.3.2 经济林生态效益

退耕还林工程经济林是指在退耕还林工程实施中，营造以生产果品、食用油料、饮料、调料、工业原料和药材等为主要目的的林木（国家林业局，2001）。

3.3.2.1 物质量

北方沙化土地退耕还林工程经济林生态系统服务功能物质量评估结果如表3-13所示。以森林防护和净化大气环境两项优势功能为例，分析北方沙化土地退耕还林工程经济林生态系统服务功能物质量特征。

（1）森林防护功能 北方沙化土地退耕还林工程经济林防风固沙总物质量为3123.61万吨/年；其中新疆生产建设兵团防风固沙物质量最高，为1673.68万吨/年，占北方沙化土地退耕还林工程经济林防风固沙总物质量的53.58%；新疆维吾尔自治区和内蒙古自治区

表3-13 北方沙化土地退耕还林工程经济林生态系统服务功能物质量评估结果

省级区域	森林防护	净化大气环境					固碳释氧		涵养水源	保育土壤					林木积累营养物质		
	防风固沙 (×10⁴吨/年)	提供负离子 (×10²⁰个/年)	吸收污染物 (×10²吨/年)	滞纳TSP (×10⁴吨/年)	滞纳PM_{10} (×10²吨/年)	滞纳$PM_{2.5}$ (×10²吨/年)	固碳 (×10⁴吨/年)	释氧 (×10⁴吨/年)	(×10⁴立方米/年)	固土 (×10⁴吨/年)	固氮 (×10²吨/年)	固磷 (×10²吨/年)	固钾 (×10²吨/年)	固有机质 (×10²吨/年)	氮 (×10²吨/年)	磷 (×10²吨/年)	钾 (×10²吨/年)
黑龙江	6.49	7.09	0.35	0.37	0.02	0.01	0.03	0.05	10.72	1.22	0.16	0.02	1.44	3.60	0.08	0.01	0.03
吉林	53.14	53.63	2.66	2.80	0.17	0.06	0.23	0.44	75.60	9.27	1.20	0.19	10.84	27.23	0.65	0.05	0.26
辽宁	306.84	430.61	14.27	15.51	0.99	0.39	1.64	3.38	494.67	30.68	2.95	0.61	60.45	90.21	3.49	0.09	0.26
河北	145.09	202.03	5.57	5.26	0.27	0.17	0.93	2.20	154.34	11.52	2.81	0.47	14.27	36.44	0.84	0.05	0.66
内蒙古	338.02	222.76	14.85	11.82	0.63	0.25	1.04	1.86	343.50	56.30	6.99	2.63	97.99	108.75	0.44	0.13	0.26
山西	170.69	307.00	7.00	7.58	0.37	0.14	0.65	1.34	54.27	17.07	5.10	0.66	25.60	20.67	4.82	0.03	0.54
宁夏	44.03	139.14	1.69	1.72	0.11	0.03	0.14	0.30	22.10	4.85	1.16	0.29	6.10	11.63	0.04	0.01	0.03
新疆	385.63	441.82	12.03	13.83	0.19	0.07	0.90	2.03	63.76	1.78	4.65	2.16	57.94	50.60	1.12	0.85	0.12
新疆兵团	1673.68	2270.35	41.02	46.95	1.75	0.65	3.22	7.32	626.00	99.87	13.47	11.75	253.96	205.18	9.57	2.46	3.11
合计	3123.61	4074.43	99.44	105.84	4.50	1.77	8.78	18.92	1844.96	232.56	38.49	18.78	528.59	554.31	21.05	3.68	5.27

注：（1）防风固沙物质量为防止风力侵蚀所固定的沙量；（2）固土物质量为防止水力侵蚀所固定的土壤物质量；（3）固碳为植物固碳与土壤固碳的物质量总和；（4）吸收污染物是森林吸收二氧化硫、氟化物和氮氧化物的物质量总和。

次之，分别为385.63万吨/年和338.02万吨/年，分别占12.35%和10.82%；其余的省（自治区）所占的比例均低于10%（图3-62）。

（2）净化大气环境功能 北方沙化土地退耕还林工程经济林滞纳TSP总物质量为105.84万吨/年，其中，滞纳PM_{10}和$PM_{2.5}$分别为0.05万吨/年、0.02万吨/年；新疆生产建设兵团滞纳TSP物质量最高，为46.95万吨/年，占北方沙化土地退耕还林工程经济林滞纳TSP总物质量的44.36%，其中，滞纳PM_{10}为0.02万吨/年，滞纳$PM_{2.5}$为0.01万吨/年；辽宁省、新疆维吾尔自治区和内蒙古自治区次之，滞纳TSP物质量分别为15.51万吨/年、13.83万吨/年和11.82万吨/年，所占比例在11.17%~14.65%之间；其余的省（自治区）所占的比例均低于10%（图3-63和图3-64）。

3.3.2.2 **价值量**

北方沙化土地退耕还林工程经济林生态系统服务功能价值量及其分布如表3-14和图3-65所示。

在8个省（自治区）和新疆生产建设兵团退耕还林工程经济林生态系统服务功能价值量中，新疆生产建设兵团退耕还林工程经济林的生态系统服务功能价值量较高，为15.45亿元/年，占退耕还林工程经济林总价值量的44.17%；辽宁省、内蒙古自治区和新疆维吾尔自治区其次，在3亿~6亿元/年之间；河北省和山西省分别为2.37亿元/年和2.35亿元/年；其余省（自治区）经济林总价值量均低于1.00亿元/年（表3-14和图3-65）。

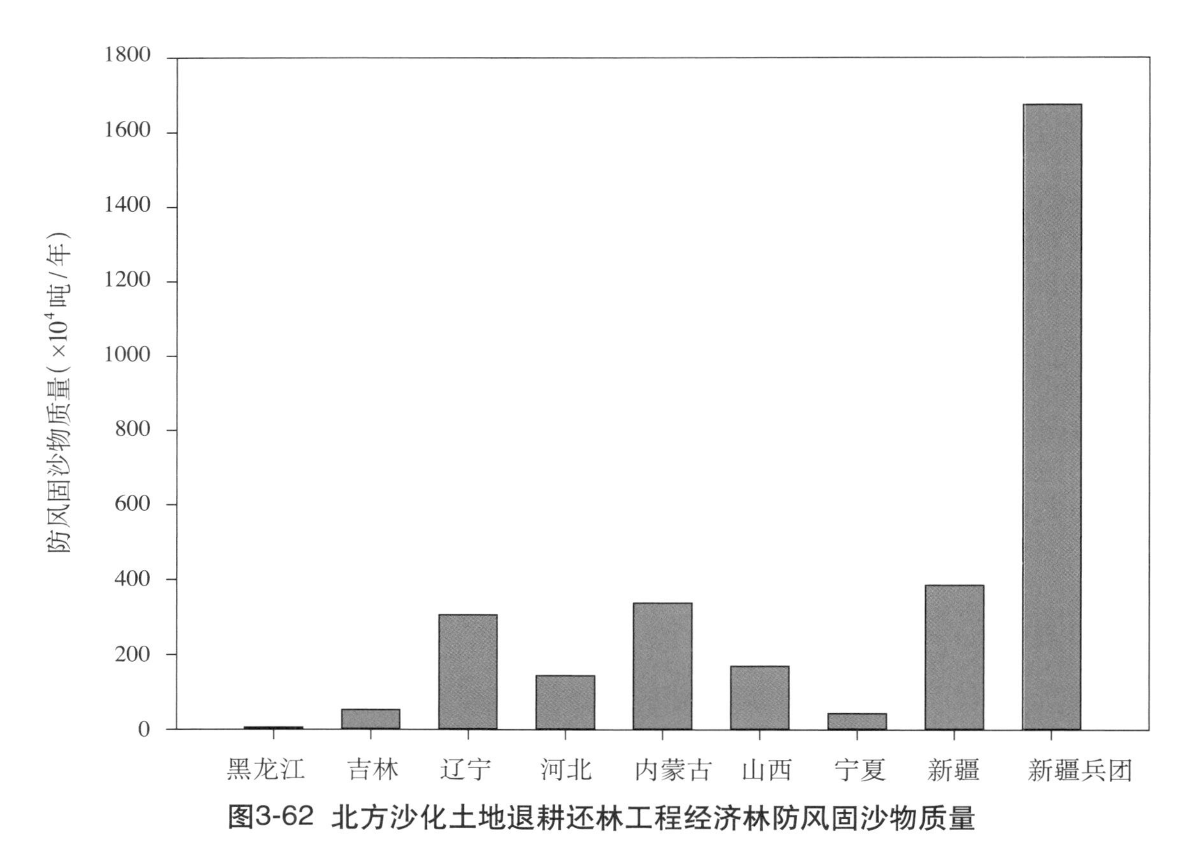

图3-62 北方沙化土地退耕还林工程经济林防风固沙物质量

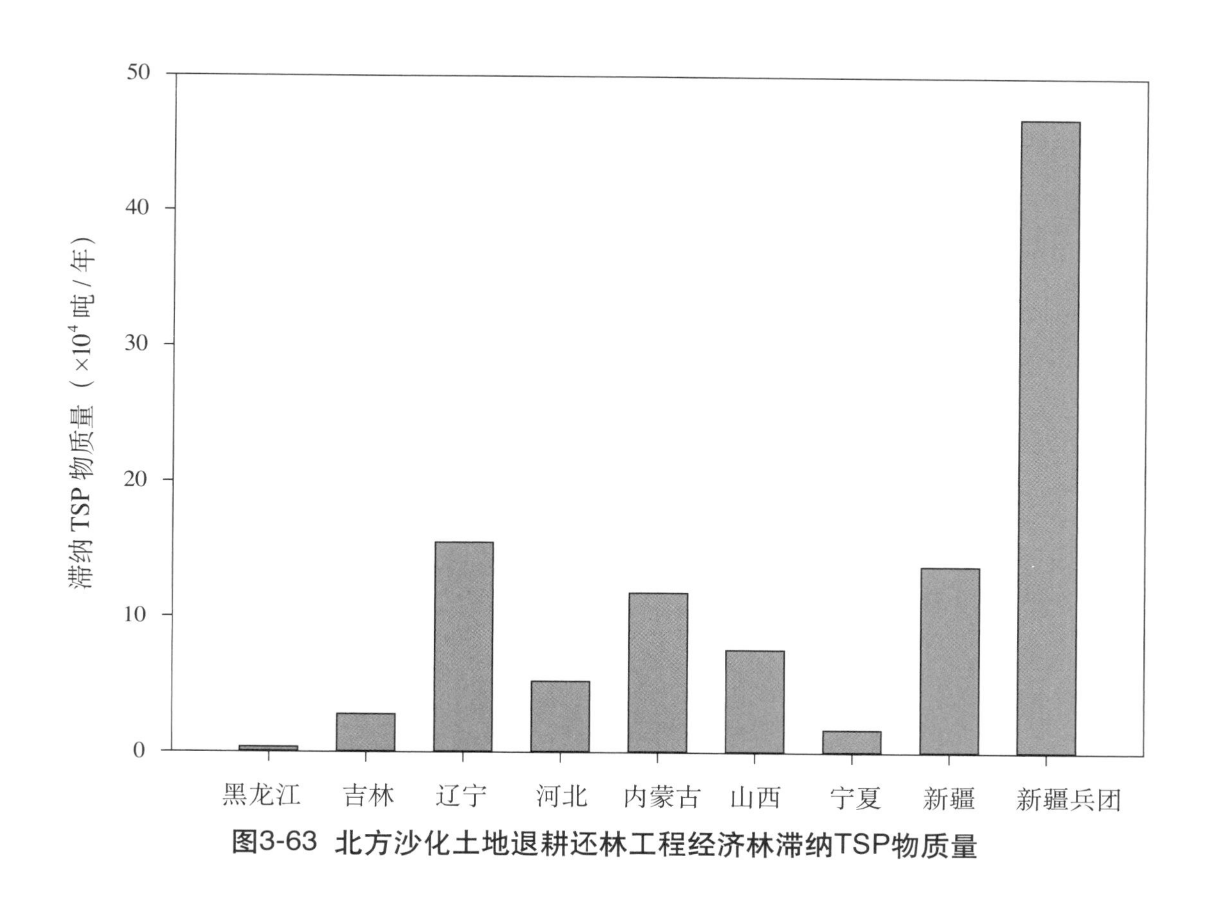

图3-63　北方沙化土地退耕还林工程经济林滞纳TSP物质量

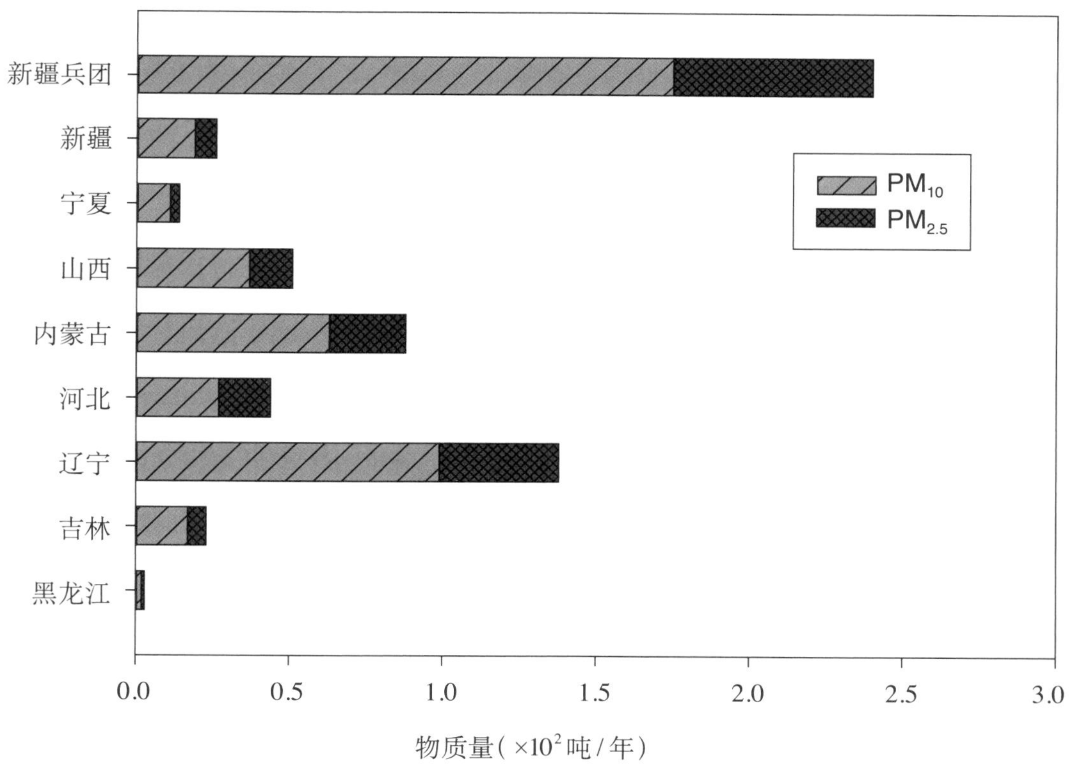

图3-64　北方沙化土地退耕还林工程经济林滞纳PM_{10}和$PM_{2.5}$物质量

表3-14 北方沙化土地退耕还林工程经济林价值量评估结果

单位：×10⁸元/年

省级区域	森林防护	净化大气环境			固碳释氧	生物多样性保护	涵养水源	保育土壤	林木积累营养物质	总价值
		总计	滞纳PM_{10}	滞纳$PM_{2.5}$						
黑龙江	0.03	0.04	<0.01	0.04	0.01	0.01	0.01	0.01	<0.01	0.11
吉林	0.27	0.35	<0.01	0.30	0.08	0.08	0.08	0.05	0.01	0.92
辽宁	1.54	2.08	0.03	1.79	0.62	0.46	0.50	0.16	0.09	5.45
河北	0.68	0.86	<0.01	0.78	0.39	0.19	0.15	0.07	0.03	2.37
内蒙古	1.66	1.34	0.02	1.12	0.35	0.47	0.35	0.27	0.01	4.45
山西	0.80	0.81	0.01	0.66	0.24	0.23	0.06	0.09	0.12	2.35
宁夏	0.20	0.16	<0.01	0.13	0.06	0.05	0.02	0.03	<0.01	0.52
新疆	1.66	0.58	<0.01	0.35	0.35	0.42	0.05	0.26	0.04	3.36
新疆兵团	6.66	3.92	0.05	3.06	1.31	1.50	0.63	1.12	0.31	15.45
合计	13.50	10.14	0.11	8.23	3.41	3.41	1.85	2.06	0.61	34.98

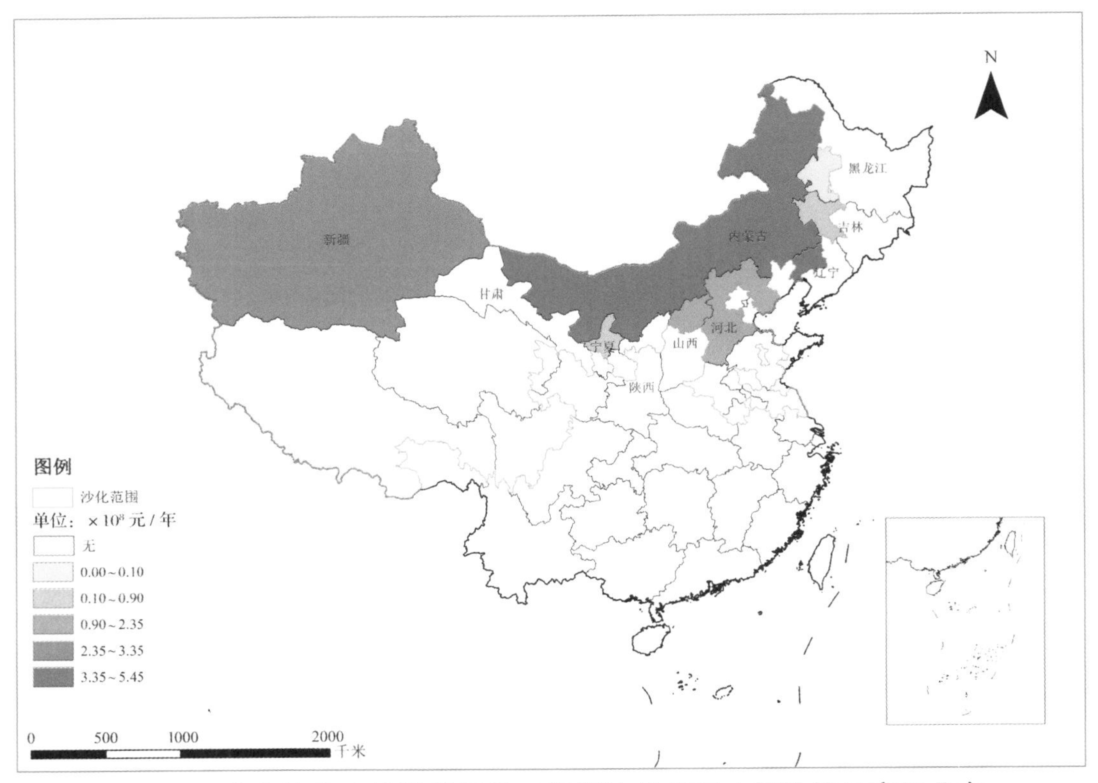

图3-65 北方沙化土地退耕还林工程经济林各项功能价值量空间分布

北方沙化土地退耕还林工程经济林生态系统服务功能价值量所占相对比例分布如图3-66所示。各分项价值量分配中，地区差异较为明显。各省（自治区）和新疆生产建设兵团经济林仍然以森林防护和净化大气环境两项生态系统服务功能价值量占据优势，两项生态系统服务功能价值量的贡献率在63.64%~69.23%之间，且这两项功能价值量的分配比例各省（自治区）之间存在一定的差异。森林防护价值量在27.27%~43.11%之间，净化大气环境价值量在17.26%~38.04%之间。其余省（自治区）和新疆生产建设兵团各项生态功能价值量的变化幅度比较小。

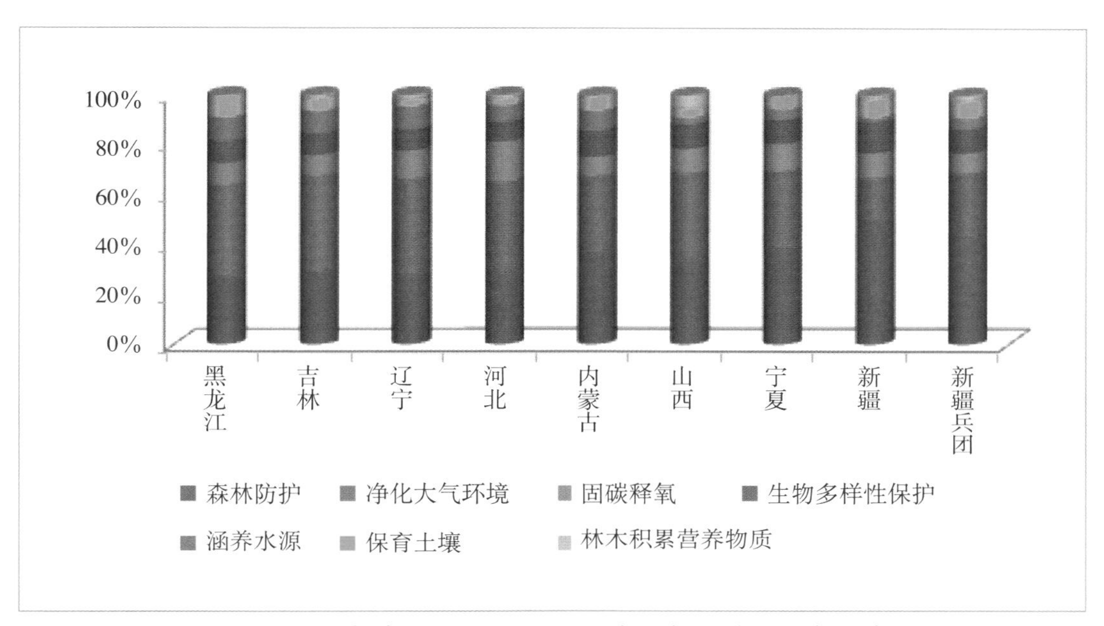

图3-66 北方沙化土地退耕还林工程经济林各项功能价值量相对比例

3.3.3 灌木林生态效益

灌木因具有耐干旱、耐瘠薄、抗风蚀、易成活成林等特性，成为干旱、半干旱地区的重要植被资源，在西北地区沙化土地的退耕还林工程中被大量使用。

3.3.3.1 物质量

北方沙化土地退耕还林工程灌木林生态系统服务功能总物质量如表3-15所示。以森林防护和净化大气环境两项优势功能为例，分析北方沙化土地退耕还林工程灌木林物质量特征。

（1）森林防护功能 北方沙化土地退耕还林工程灌木林防风固沙总物质量为50725.45万吨/年；其中内蒙古自治区防风固沙物质量最高，为32694.91万吨/年，占北方沙化土地退耕还林工程灌木林防风固沙总物质量的64.45%；新疆生产建设兵团次之，为6603.52万吨/年，占13.02%；其余的省（自治区）所占的比例均低于10%（图3-67）。

表3-15 北方沙化土地退耕还林工程灌木林物质量评估结果

省级区域	森林防护	净化大气环境					固碳释氧		涵养水源（$\times10^4$立方米/年）	保育土壤					林木积累营养物质		
	防风固沙（$\times10^4$吨/年）	提供负离子（$\times10^{20}$个/年）	吸收污染物（$\times10^2$吨/年）	滞纳TSP（$\times10^4$吨/年）	滞纳PM_{10}（$\times10^2$吨/年）	滞纳$PM_{2.5}$（$\times10^2$吨/年）	固碳（$\times10^4$吨/年）	释氧（$\times10^4$吨/年）		固土（$\times10^4$吨/年）	固氮（$\times10^2$吨/年）	固磷（$\times10^2$吨/年）	固钾（$\times10^2$吨/年）	固有机质（$\times10^2$吨/年）	氮（$\times10^2$吨/年）	磷（$\times10^2$吨/年）	钾（$\times10^2$吨/年）
吉林	165.68	146.09	7.25	7.64	0.46	0.17	0.64	1.19	193.36	25.23	3.28	0.51	29.52	74.20	1.77	0.14	0.71
辽宁	19.00	19.89	0.99	1.12	0.08	0.02	0.12	0.24	32.37	1.86	0.17	0.08	1.86	4.80	0.28	<0.01	0.02
河北	3903.54	2787.19	163.02	169.71	8.64	2.88	19.69	44.36	8260.29	339.04	81.54	10.38	405.73	1054.31	53.70	1.53	36.66
内蒙古	32694.91	10103.95	1500.01	1197.15	60.51	19.63	95.53	192.05	26946.45	4767.49	418.11	156.44	10907.02	5040.36	197.68	16.10	192.39
山西	1480.51	1095.94	70.81	72.08	3.78	1.22	6.11	12.73	2131.23	148.05	43.53	5.63	310.48	161.98	15.45	0.71	1.74
陕西	6.47	3.51	0.48	0.18	0.02	0.01	0.02	0.04	6.95	0.65	0.14	0.05	1.30	1.80	0.01	<0.01	0.01
宁夏	4104.76	3170.40	153.87	137.66	6.17	1.96	12.10	26.27	1562.14	487.66	170.69	43.89	551.05	1058.21	33.87	2.65	22.17
甘肃	1474.56	1655.15	107.91	73.00	3.19	1.03	6.29	13.84	1542.61	208.51	63.74	26.13	393.22	720.24	15.11	1.01	15.21
新疆	272.50	119.17	6.31	9.79	0.19	0.07	0.71	1.59	101.67	13.51	2.84	1.51	35.25	9.20	1.77	0.37	1.07
新疆兵团	6603.52	4714.74	172.62	195.82	5.68	1.80	13.69	30.85	2941.12	876.45	49.94	53.40	1220.32	947.97	30.35	5.86	18.22
合计	50725.45	23816.03	2183.27	1864.15	88.72	28.79	154.90	323.16	43718.19	6868.45	833.98	298.02	13855.75	9073.07	349.99	28.37	288.20

注：（1）防风固沙物质量为防止风力侵蚀所固定的沙量；（2）固土物质量为防止水力侵蚀所固定的土壤物质量；（3）固碳为植物固碳与土壤固碳的物质量总和；（4）吸收污染物是森林吸收二氧化硫、氟化物和氮氧化物的物质量总和。

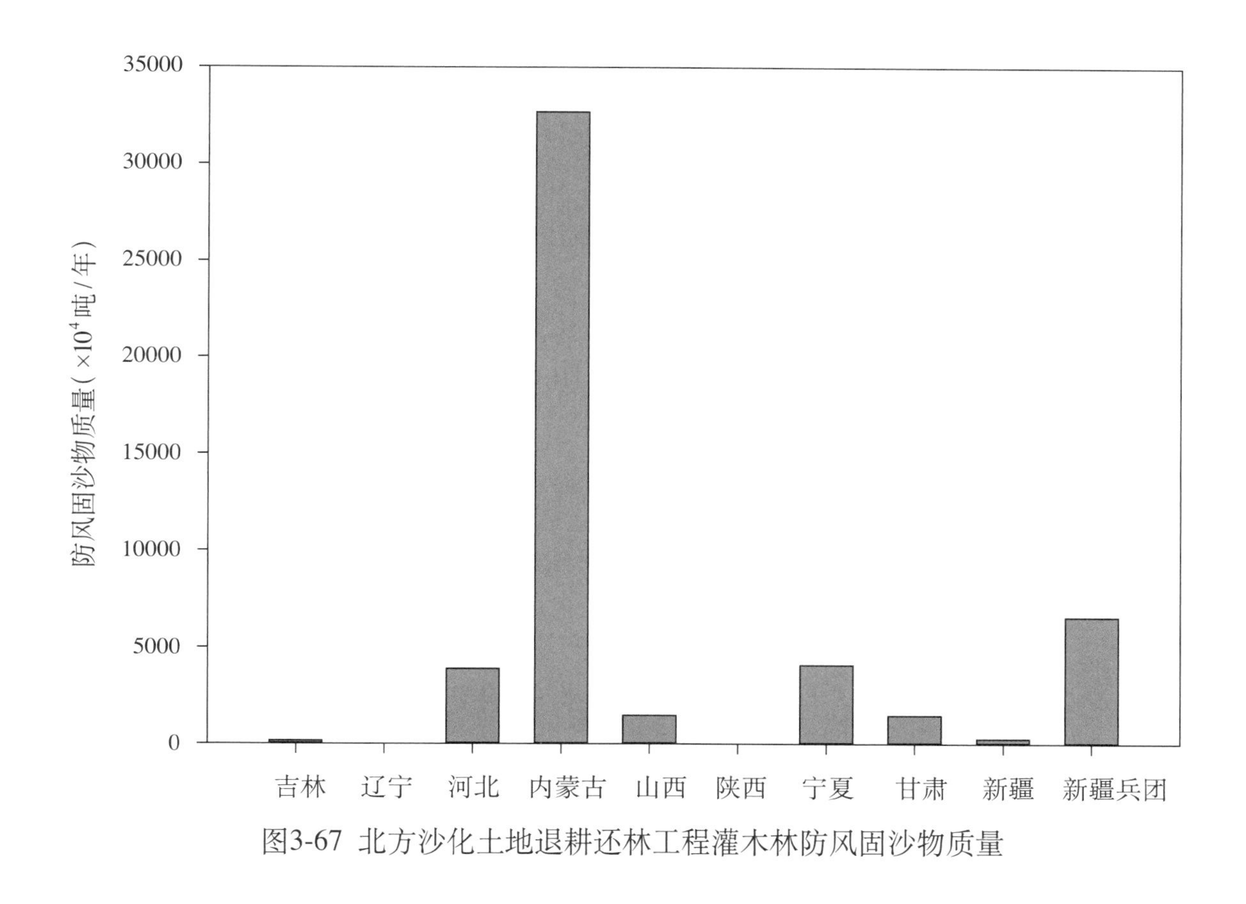

图3-67 北方沙化土地退耕还林工程灌木林防风固沙物质量

（2）净化大气环境功能　北方沙化土地退耕还林工程灌木林滞纳TSP总物质量为1864.15万吨/年，其中，滞纳PM_{10}和$PM_{2.5}$分别为0.89万吨/年和0.29万吨/年；其中内蒙古自治区滞纳TSP物质量最高，为1197.15万吨/年，占北方沙化土地退耕还林工程灌木林滞纳TSP总物质量的64.22%，其中滞纳PM_{10}物质量为0.61万吨/年，滞纳$PM_{2.5}$物质量为0.20万吨/年；新疆生产建设兵团滞纳TSP物质量次之，为195.82万吨/年，占10.50%；其余的省（自治区）所占的比例均低于10%（图3-68和图3-69）。

3.3.3.2 **价值量**

北方沙化土地退耕还林工程灌木林生态系统服务功能价值量及其分布如表3-16和图3-70所示。

内蒙古自治区退耕还林工程灌木林的生态系统服务功能价值量最高，为411.56亿元/年，占退耕还林工程灌木林总价值量的65.34%；河北省、新疆生产建设兵团和宁夏回族自治区其次，分别为61.67亿元/年、59.27亿元/年和44.96亿元/年；甘肃省和山西省次之，分别为24.87亿元/年和21.98亿元/年；其余省（自治区）灌木林总价值量均低于5亿元/年（图3-70）。

北方沙化土地退耕还林工程灌木林生态系统服务功能价值量所占相对比例分布如图3-71所示。北方沙化土地退耕还林工程灌木林生态系统服务功能价值量分配中，地区

1400
1200
1000
800
600
400
200
0
滞纳 TSP 物质量（×10⁴ 吨 / 年）
吉林
辽宁
河北
内蒙古
山西
陕西
宁夏
甘肃
新疆
新疆兵团

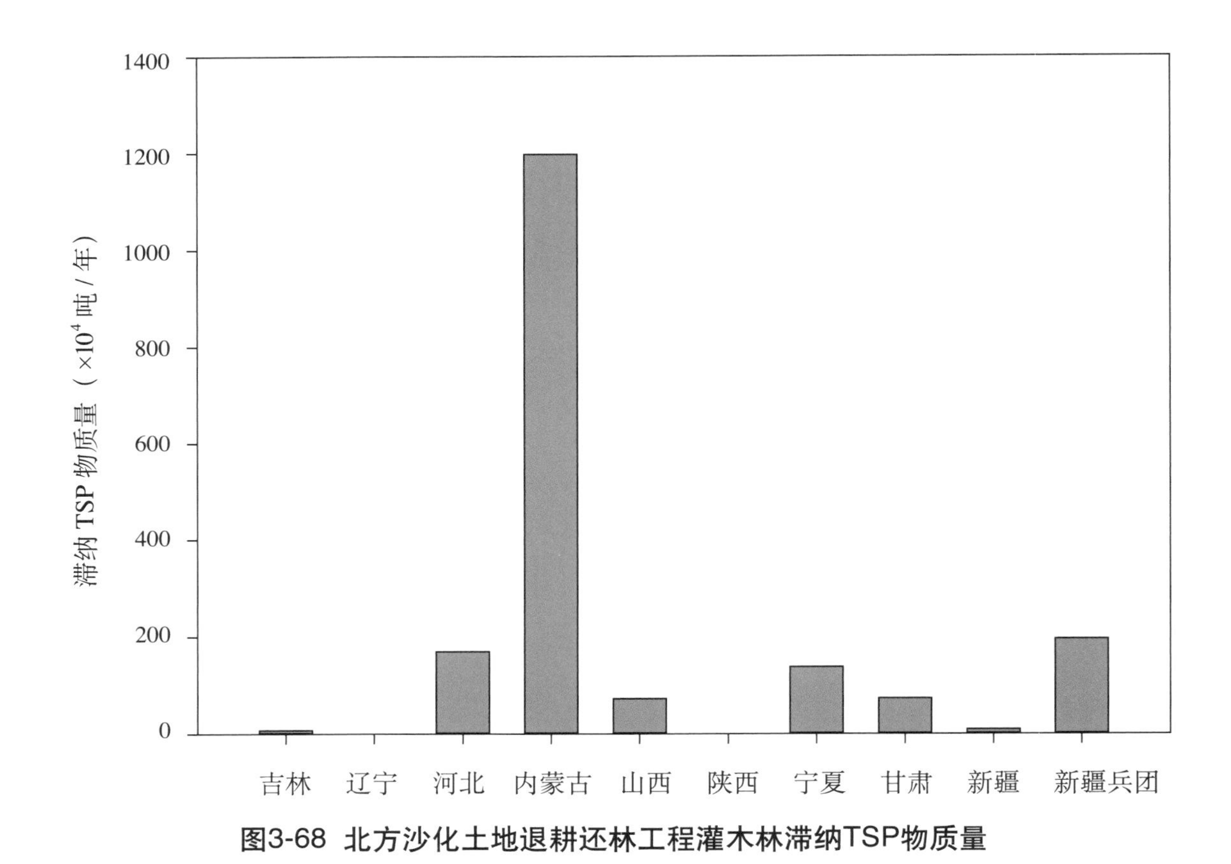

图3-68 北方沙化土地退耕还林工程灌木林滞纳TSP物质量

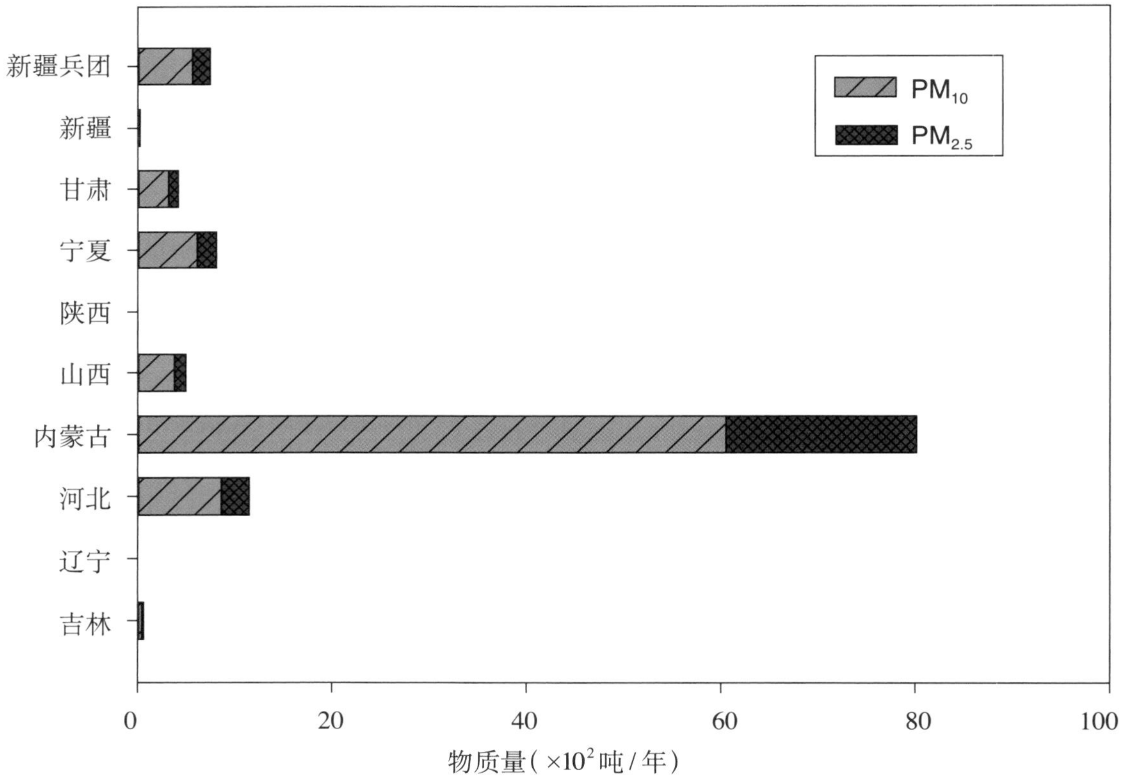

新疆兵团
新疆
甘肃
宁夏
陕西
山西
内蒙古
河北
辽宁
吉林
PM10
PM2.5
0
20
40
60
80
100
物质量（×10² 吨 / 年）

图3-69 北方沙化土地退耕还林工程灌木林滞纳PM_{10}和$PM_{2.5}$物质量

表3-16　北方沙化土地退耕还林工程灌木林价值量评估结果　　单位：$\times 10^8$元/年

省级区域	森林防护	净化大气环境			固碳释氧	生物多样性保护	涵养水源	保育土壤	林木积累营养物质	总价值
		总计	滞纳 PM_{10}	滞纳 $PM_{2.5}$						
吉林	0.80	0.95	0.01	0.82	0.22	0.22	0.19	<0.01	0.05	2.43
辽宁	0.10	0.14	<0.01	0.12	0.05	0.04	0.03	0.01	0.01	0.38
河北	19.32	16.43	0.26	13.43	7.98	5.66	8.29	2.37	1.62	61.67
内蒙古	163.58	113.09	1.83	91.53	29.66	48.22	27.05	23.43	6.53	411.56
山西	7.33	7.00	0.11	5.70	2.34	2.14	2.14	0.61	0.42	21.98
陕西	0.03	0.03	<0.01	0.02	0.01	0.01	0.01	<0.01	<0.01	0.09
宁夏	18.19	11.61	0.19	9.16	4.77	5.27	1.58	2.49	1.05	44.96
甘肃	9.70	6.14	0.08	4.84	2.51	2.59	1.55	1.89	0.49	24.87
新疆	1.22	0.47	<0.01	0.31	0.29	0.33	0.10	0.12	0.11	2.64
新疆兵团	27.17	11.97	0.18	8.52	5.55	6.45	2.95	4.18	1.00	59.27
合计	247.44	167.83	2.66	134.45	53.38	70.93	43.89	35.10	11.28	629.85

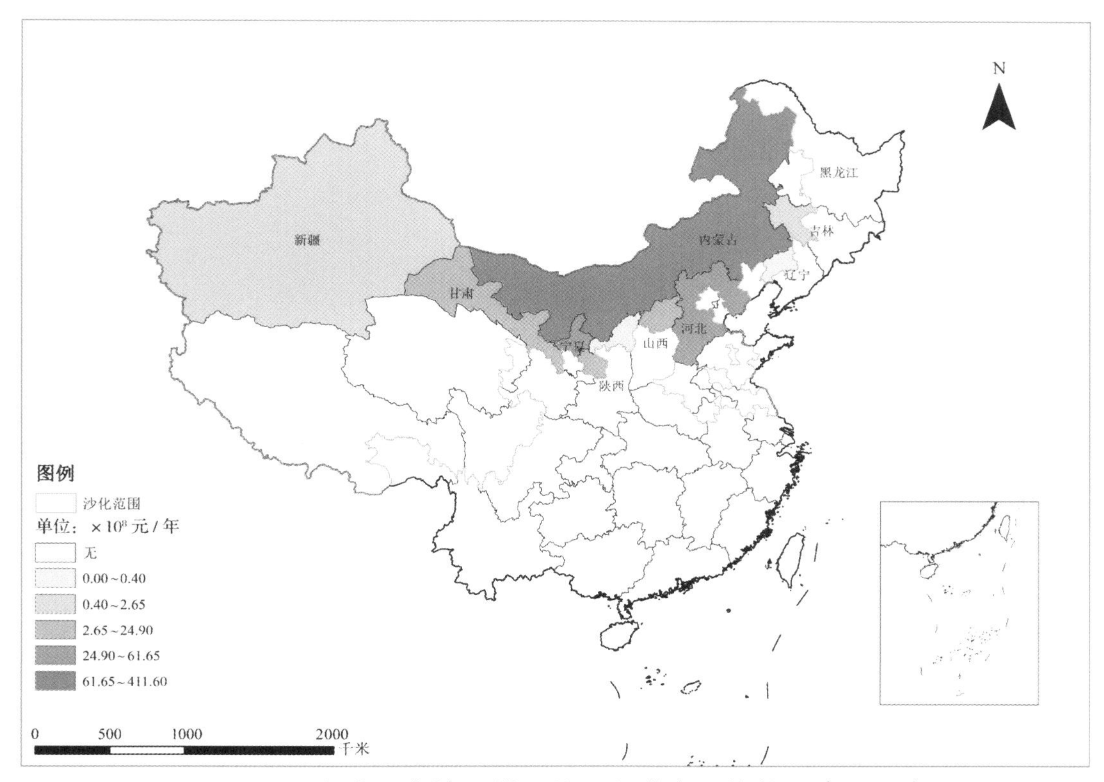

图3-70　北方沙化土地退耕还林工程灌木林价值量空间分布

差异较为明显。灌木林生态系统服务功能价值量仍然以森林防护和净化大气环境两项功能占优势，两项功能价值量的贡献率在57.97%~72.02%之间，且这两项生态效益的分配比例差异性明显。森林防护生态效益在26.32%~46.21%之间，净化大气环境生态效益在17.80%~33.33%之间，其余功能生态效益的变化幅度比较小。

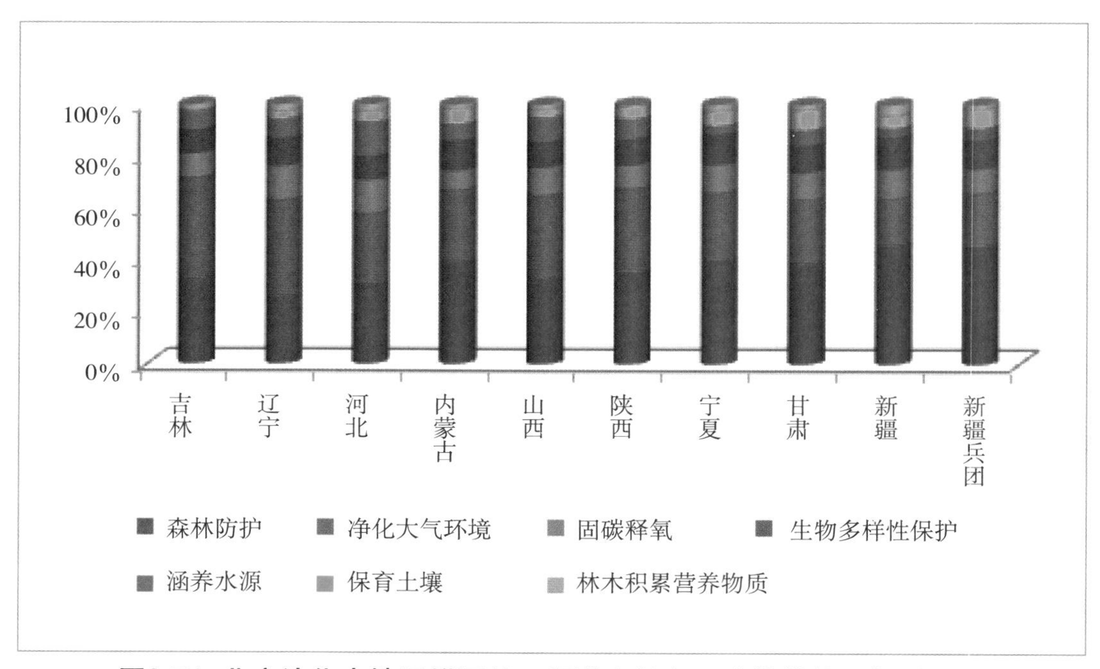

图3-71 北方沙化土地退耕还林工程灌木林各项功能价值量相对比例

第四章 北方严重沙化土地退耕还林工程生态效益

北方严重沙化土地退耕还林工程总面积占北方沙化土地退耕还林工程总面积的74.95%。因此，评估退耕还林工程生态效益对于沙化土地治理、生态环境的改善具有重要的意义。

4.1 北方严重沙化土地退耕还林工程行政区域生态效益

在生态功能区划中，北方严重沙化地区涉及34个生态功能区中的58个市（盟、自治州、地区、师），分属吉林省、辽宁省、河北省、内蒙古自治区、山西省、陕西省、宁夏回族自治区、甘肃省、新疆维吾尔自治区和新疆生产建设兵团10个省级区域。本节分省级区域和市级区域，对退耕还林工程所发挥的生态效益进行评估。

4.1.1 省级区域生态效益

本节将从物质量和价值量两方面对北方严重沙化土地退耕还林工程9个省（自治区）和新疆生产建设兵团的生态效益进行评估，结果见表4-1和表4-2。

4.1.1.1 物质量

北方严重沙化土地退耕还林工程生态系统服务功能物质量呈现出明显的地区差异，且各地区生态系统服务的主导功能也不尽相同。

（1）森林防护功能　北方严重沙化土地退耕还林工程防风固沙总物质量为67959.92万吨/年，其分布特征见表4-1。其中，内蒙古自治区和新疆生产建设兵团高于10000万吨/年，分别为50497.22万吨/年和10671.62万吨/年，分别占防风固沙总物质量的74.30%和15.70%。新疆维吾尔自治区、甘肃省和河北省次之，防风固沙物质量在1400万~2200万吨/年之间。防风固沙物质量低于500万吨/年的省（自治区）最多，有山西省、宁夏回族自治区、辽宁省、吉林省和陕西省（图4-1）。

表4-1 北方严重沙化土地退耕还林工程省级区域物质量评估结果

省级区域	森林防护	净化大气环境					固碳释氧		涵养水源	保育土壤					林木积累营养物质		
	防风固沙 ($\times10^4$吨/年)	提供负离子 ($\times10^{20}$个/年)	吸收污染物 ($\times10^2$吨/年)	滞纳TSP ($\times10^4$吨/年)	滞纳PM_{10} ($\times10^2$吨/年)	滞纳$PM_{2.5}$ ($\times10^2$吨/年)	固碳 ($\times10^4$吨/年)	释氧 ($\times10^4$吨/年)	($\times10^4$立方米/年)	固土 ($\times10^4$吨/年)	固氮 ($\times10^2$吨/年)	固磷 ($\times10^2$吨/年)	固钾 ($\times10^2$吨/年)	固有机质 ($\times10^2$吨/年)	氮 ($\times10^2$吨/年)	磷 ($\times10^2$吨/年)	钾 ($\times10^2$吨/年)
吉林	345.74	1077.50	14.66	14.92	1.23	0.34	1.36	2.65	481.49	47.39	7.55	2.35	54.06	102.12	3.92	0.09	0.43
辽宁	386.17	1545.17	23.93	25.44	1.68	0.41	2.10	4.69	351.20	50.29	3.23	0.62	73.25	123.42	5.99	0.14	0.64
河北	1407.55	4004.78	115.85	150.39	8.30	2.10	14.30	32.50	4077.15	256.73	60.23	9.25	319.08	778.23	39.66	1.54	26.00
内蒙古	50497.22	66318.74	2456.73	2400.16	116.20	32.11	168.78	321.30	43048.92	7028.32	767.80	313.65	15139.15	9928.97	281.61	25.89	311.17
山西	423.84	280.13	20.16	20.94	1.40	0.41	1.71	3.57	380.62	42.38	12.73	1.80	83.41	45.91	5.07	0.19	0.63
陕西	3.65	2.17	0.30	0.11	0.01	<0.01	0.01	0.03	3.71	0.36	0.07	0.03	0.71	1.00	0.02	<0.01	<0.01
宁夏	407.91	336.79	15.46	18.11	0.59	0.18	1.38	2.86	167.52	47.54	16.57	4.26	54.23	103.55	2.46	0.23	0.73
甘肃	1687.04	2497.54	122.66	90.43	4.31	1.22	7.59	16.45	1525.47	248.84	67.77	24.42	454.59	797.01	17.70	1.26	18.41
新疆	2129.18	4196.49	47.29	80.00	2.58	0.68	5.73	12.64	576.28	35.17	26.98	13.42	297.35	224.21	9.29	2.26	5.70
新疆兵团	10671.62	10593.62	262.60	306.23	10.84	3.30	23.20	51.77	4382.59	1217.91	82.07	88.84	1943.99	1450.23	50.39	10.40	28.39
合计	67959.92	90852.93	3079.64	3106.73	147.14	40.75	226.16	448.46	54994.95	8974.93	1045.00	458.64	18419.82	13554.65	416.11	42.00	392.10

注：（1）防风固沙物质量为防止风力侵蚀所固定的沙量；（2）固土物质量为防止水力侵蚀所固定的土壤物质量；（3）固碳为植物固碳与土壤固碳的物质量总和；（4）吸收污染物是森林吸收二氧化硫、氟化物和氮氧化物的物质量总和。

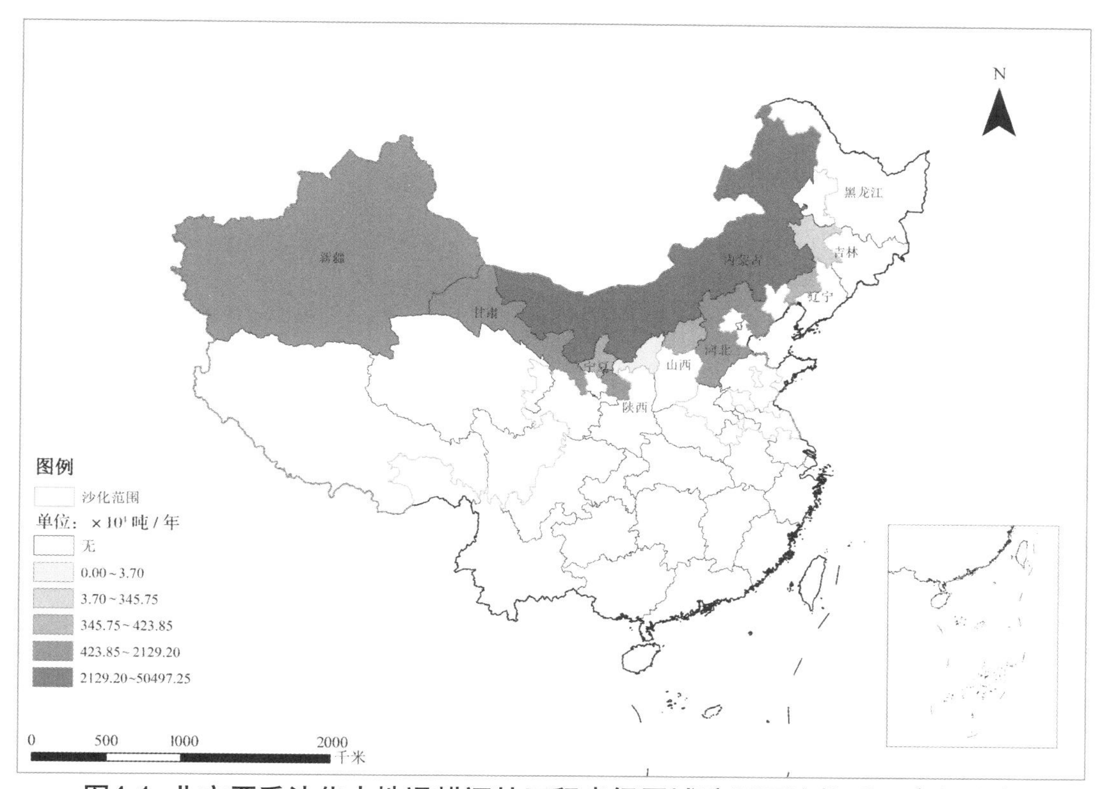

图4-1　北方严重沙化土地退耕还林工程省级区域防风固沙物质量空间分布

（2）净化大气环境功能　北方严重沙化土地退耕还林工程提供负离子总物质量为90852.93×10^{20}个/年，见表4-1。其中，内蒙古自治区（66318.74×10^{20}个/年）和新疆生产建设兵团（10593.62×10^{20}个/年），分别占提供负离子总物质量的73.00%和11.66%；新疆维吾尔自治区和河北省次之，提供负离子物质量分别为4196.49×10^{20}个/年和4004.78×10^{20}个/年；甘肃省、辽宁省和吉林省提供负离子物质量在1000×10^{20}~2500×10^{20}个/年之间；其余省（自治区）提供负离子物质量均低于400×10^{20}个/年（图4-2）。

北方严重沙化土地退耕还林工程吸收污染物的总物质量为30.80万吨/年，见表4-1。其中，内蒙古自治区吸收污染物的物质量最高，为24.57万吨/年；其次是新疆生产建设兵团、甘肃省和河北省，其吸收污染物的物质量在1万~3万吨/年之间；其余省（自治区）吸收污染物的物质量均小于1万吨/年（图4-3）。

北方严重沙化土地退耕还林工程滞纳TSP总物质量为3106.73万吨/年，其中滞纳PM_{10}和$PM_{2.5}$总物质量分别为1.47万吨/年和0.41万吨/年，见表4-1。

从北方严重沙化土地退耕还林工程滞纳TSP物质量空间分布特征来看，内蒙古自治区最高，滞纳TSP物质量为2400.16万吨/年（其中滞纳PM_{10}和$PM_{2.5}$物质量分别为1.16万吨/年0.32万吨/年）；新疆生产建设兵团和河北省次之，其中，新疆生产建设兵团滞纳TSP物质量为306.23万吨/年（其中滞纳PM_{10}和$PM_{2.5}$物质量分别为0.11万吨/年和0.03

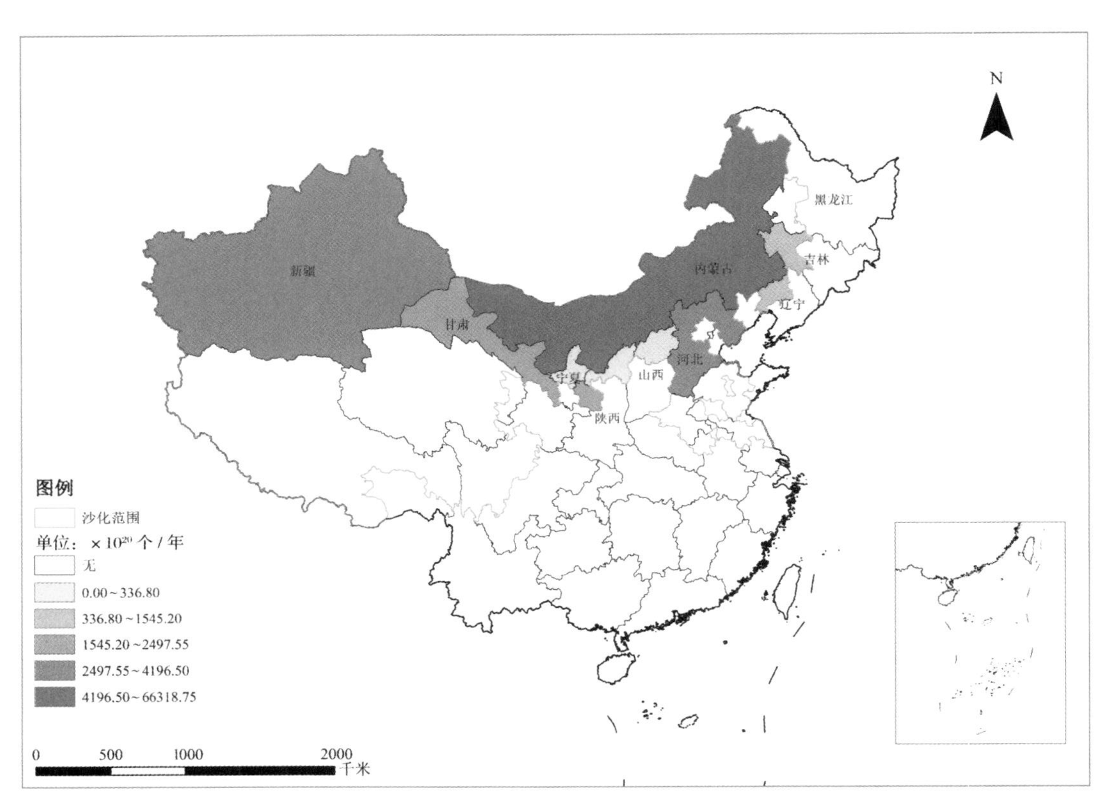

图4-2 北方严重沙化土地退耕还林工程省级区域提供负离子物质量空间分布

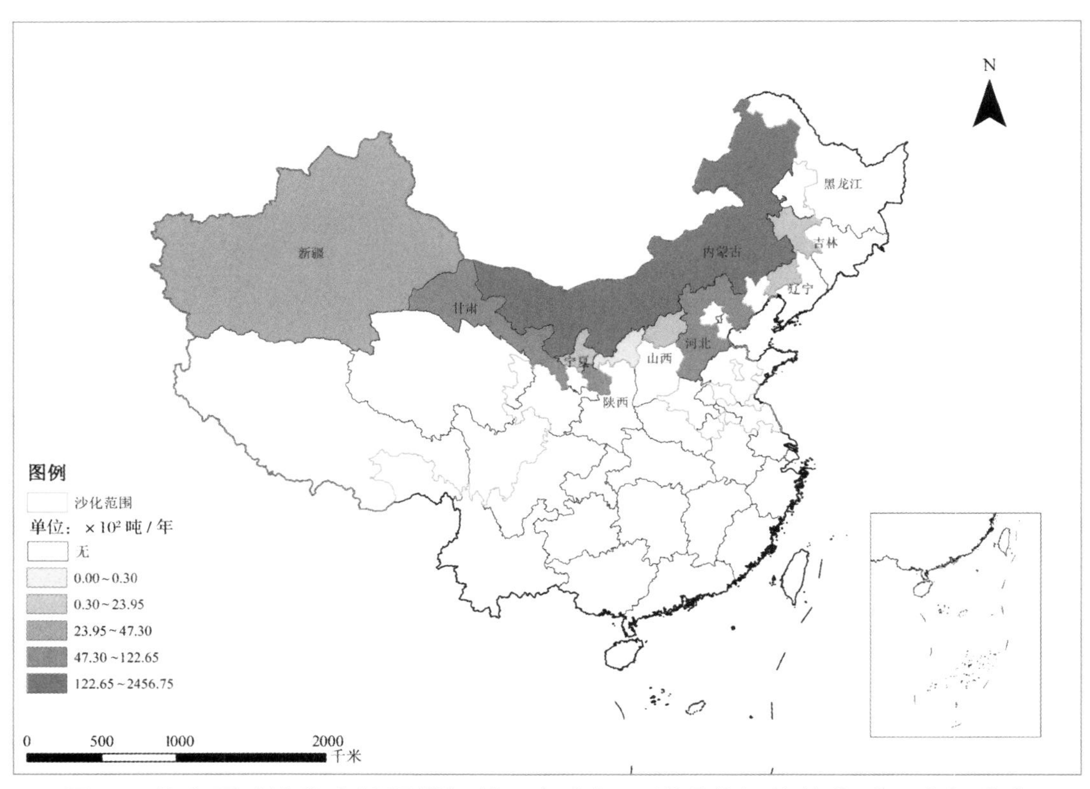

图4-3 北方严重沙化土地退耕还林工程省级区域吸收污染物物质量空间分布

万吨/年），河北省滞纳TSP物质量150.39万吨/年（其中滞纳PM_{10}和$PM_{2.5}$物质量分别为0.08万吨/年和0.02万吨/年）；甘肃省和新疆维吾尔自治区滞纳TSP物质量分别为90.43万吨/年和80.00万吨/年；其余省（自治区）滞纳TSP物质量均低于50.00万吨/年（图4-4至图4-6）。

（3）固碳释氧功能　北方严重沙化土地退耕还林工程固碳总物质量为226.16万吨/年，见表4-1。其中，最高的是内蒙古自治区，为168.78万吨/年；新疆生产建设兵团和河北省次之，分别为23.10万吨/年和14.30万吨/年；其余省（自治区）固碳物质量均低于10万吨/年（图4-7）。

北方严重沙化土地退耕还林工程释氧总物质量为448.46万吨/年，见表4-1。其中，最高的是内蒙古自治区，为321.30万吨/年；新疆生产建设兵团和河北省次之，分别为51.77万吨/年和32.50万吨/年；其余省（自治区）释氧物质量均低于20万吨/年（图4-8）。

（4）涵养水源功能　北方严重沙化土地退耕还林工程涵养水源总物质量为54994.95万立方米/年，见表4-1。其中，最高的是内蒙古自治区，为43048.92万立方米/年，占涵养水源总物质量的80.42%。新疆生产建设兵团、河北省和甘肃省次之，涵养水源物质量在1500万~4500万立方米/年之间。涵养水源物质量在300万~600万立方米/年之间的省（自治区）有新疆维吾尔自治区、吉林省、山西省、辽宁省（图4-9）。

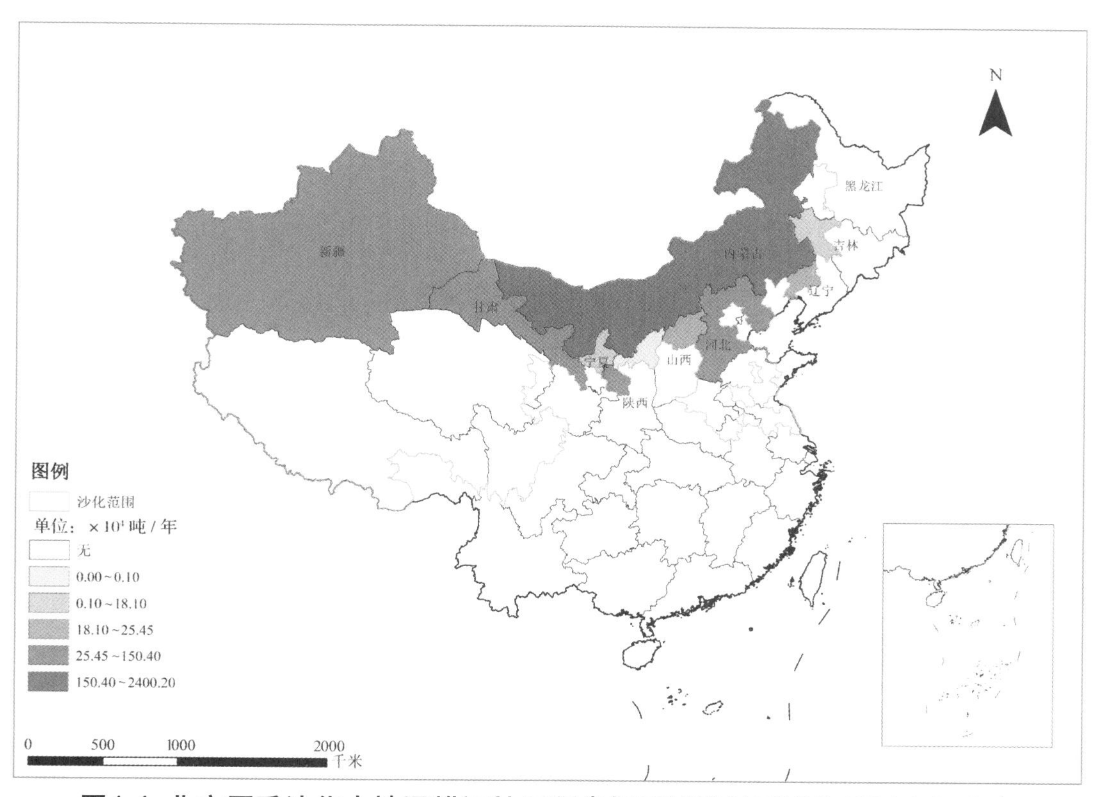

图4-4　北方严重沙化土地退耕还林工程省级区域滞纳TSP物质量空间分布

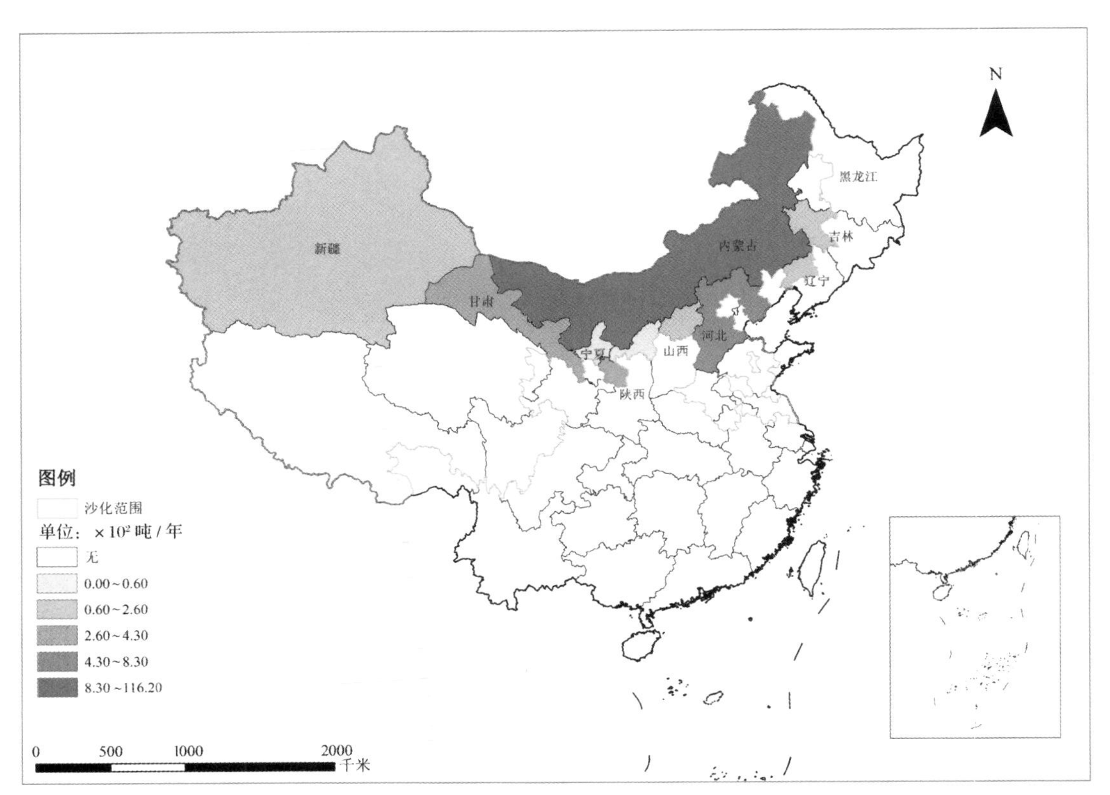

图4-5 北方严重沙化土地退耕还林工程省级区域滞纳PM_{10}物质量空间分布

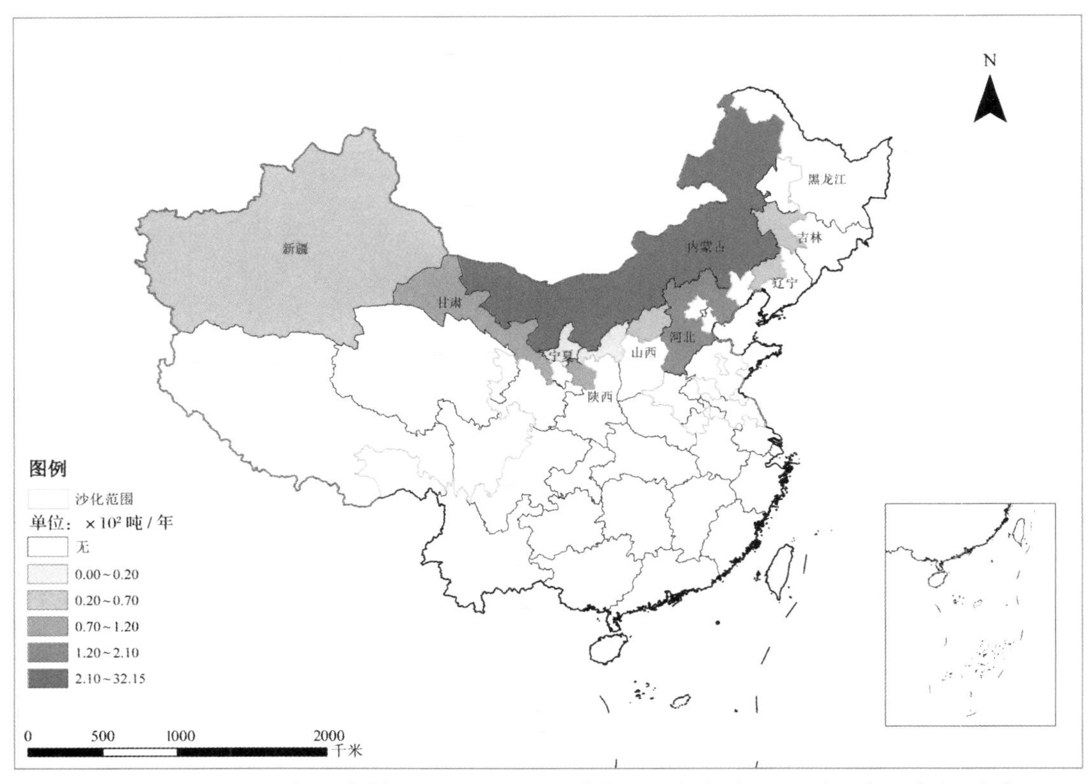

图4-6 北方严重沙化土地退耕还林工程省级区域滞纳$PM_{2.5}$物质量空间分布

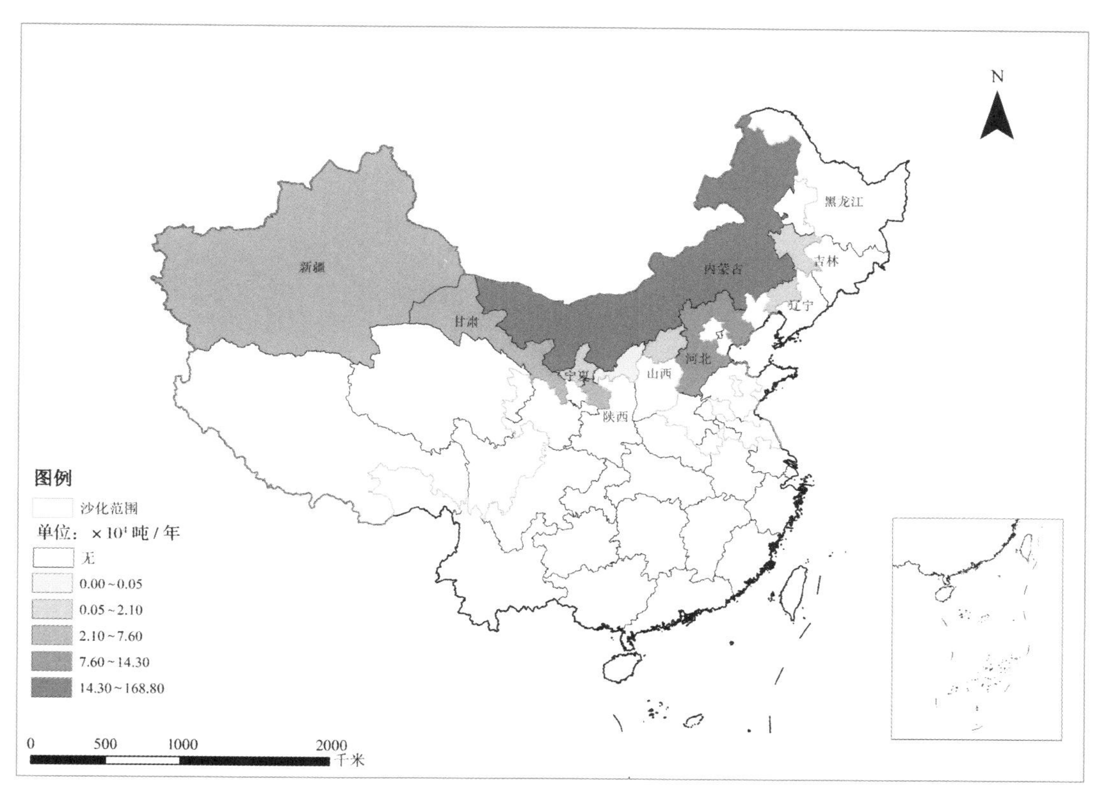

图4-7　北方严重沙化土地退耕还林工程省级区域固碳物质量空间分布

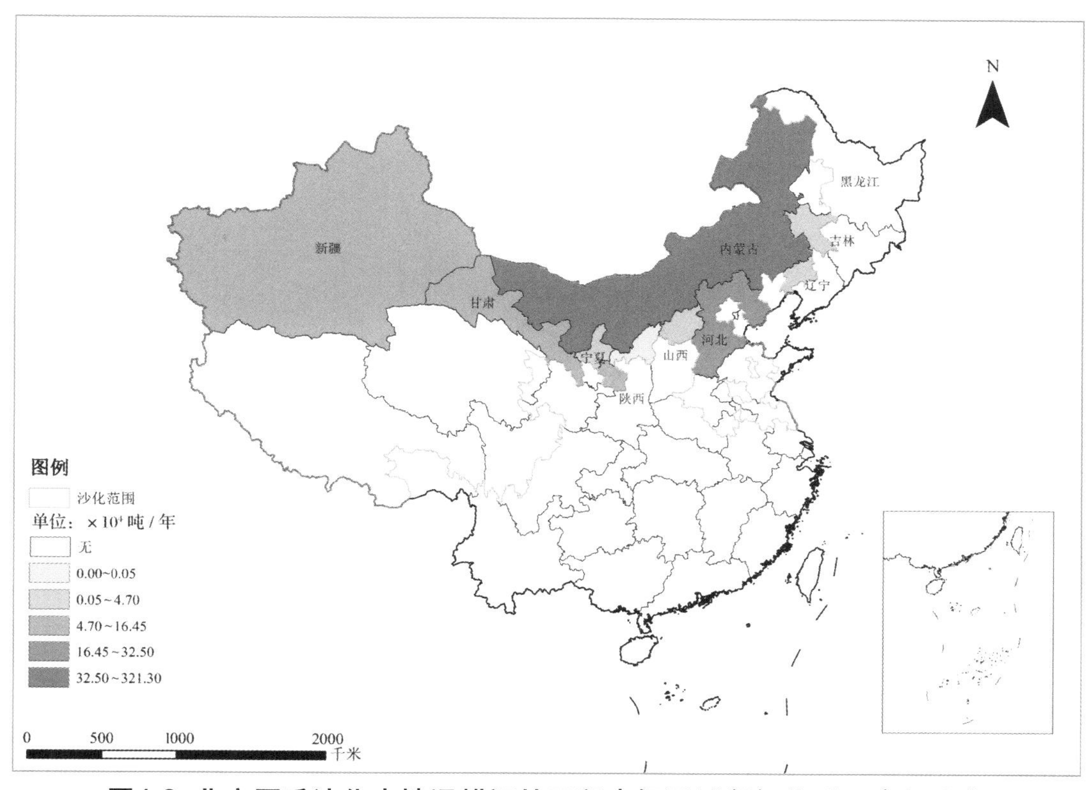

图4-8　北方严重沙化土地退耕还林工程省级区域释氧物质量空间分布

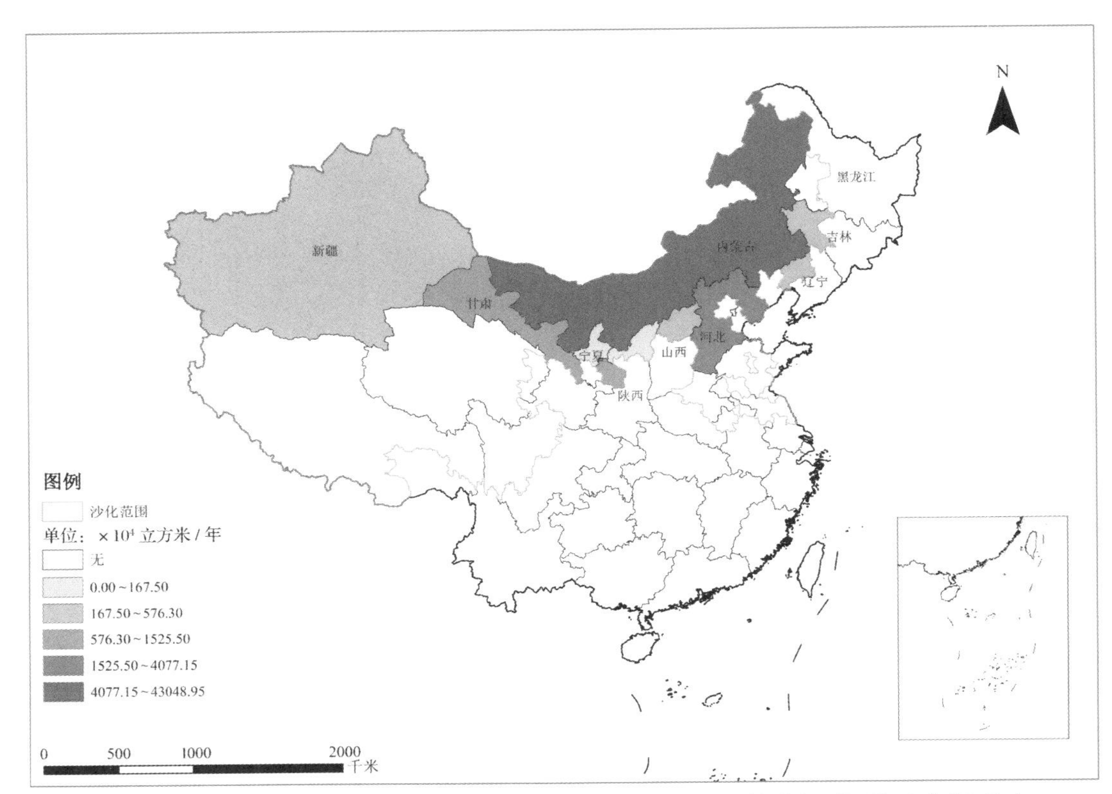

图4-9 北方严重沙化土地退耕还林工程省级区域涵养水源物质量空间分布

（5）保育土壤功能 北方严重沙化土地退耕还林工程固土总物质量为8974.93万吨/年，见表4-1。其中，内蒙古自治区最高，为7028.32万吨/年，占固土总物质量的80.47%；新疆生产建设兵团次之，为1217.91万吨/年；其余省（自治区）固土物质量均低于300万吨/年（图4-10）。

北方严重沙化土地退耕还林工程保肥总物质量为334.79万吨/年，其中土壤固定氮、磷、钾和有机质总物质量分别为10.45万吨/年、4.59万吨/年、184.20万吨/年和135.55万吨/年，见表4-1。其中，最高的省是内蒙古自治区，为261.50万吨/年，占保肥总物质量的81.25%，土壤固定氮、磷、钾和有机质物质量分别为7.68万吨/年、3.14万吨/年、151.39万吨/年和99.29万吨/年。新疆生产建设兵团次之，保肥物质量为35.65万吨/年，其中，土壤固定氮、磷、钾和有机质物质量分别为0.82万吨/年，0.89万吨/年，19.44万吨/年，14.50万吨/年；保肥物质量低于6万吨/年的省（自治区）有新疆维吾尔自治区、辽宁省、宁夏回族自治区、吉林省、山西省和陕西省（图4-11）。

（6）林木积累营养物质功能 北方严重沙化土地退耕还林工程林木积累营养物质量为8.50万吨/年，其中，林木积累氮、磷和钾总物质量分别为4.16万吨/年、0.42万吨/年、3.92万吨/年，见表4-1。其中，林木积累营养物质量最高的是内蒙古自治区，为6.19万吨/年，

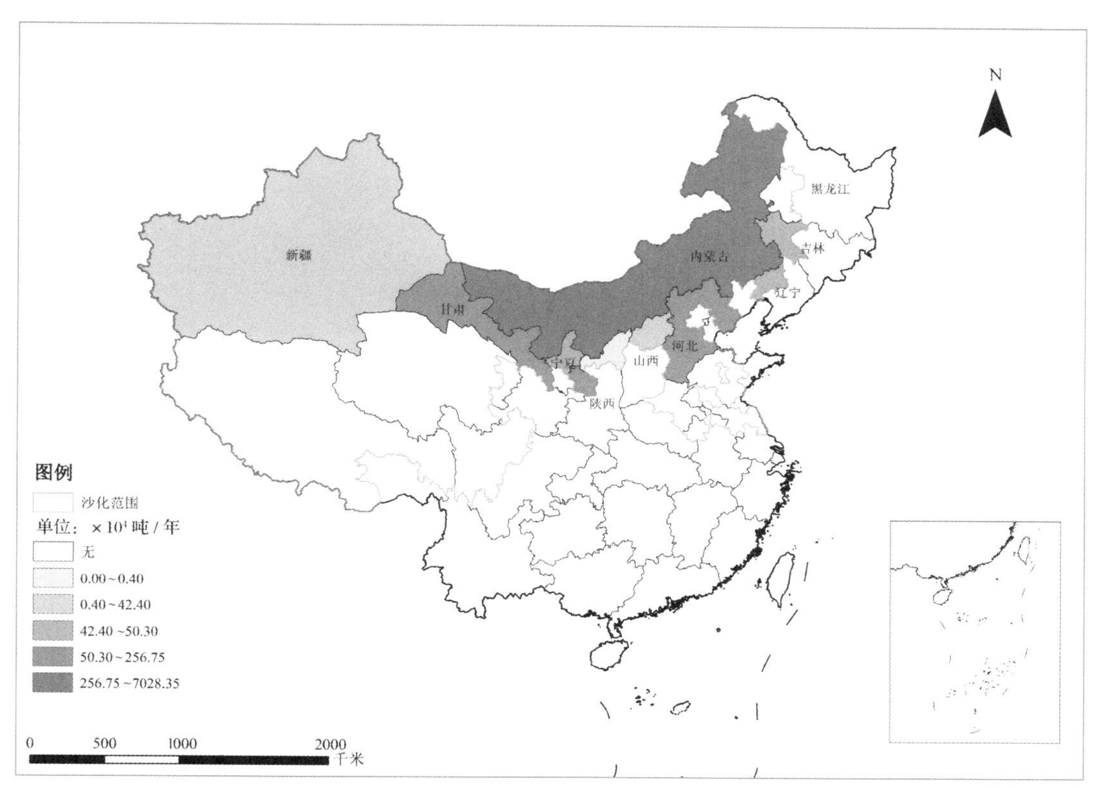

图4-10　北方严重沙化土地退耕还林工程省级区域固土物质量空间分布

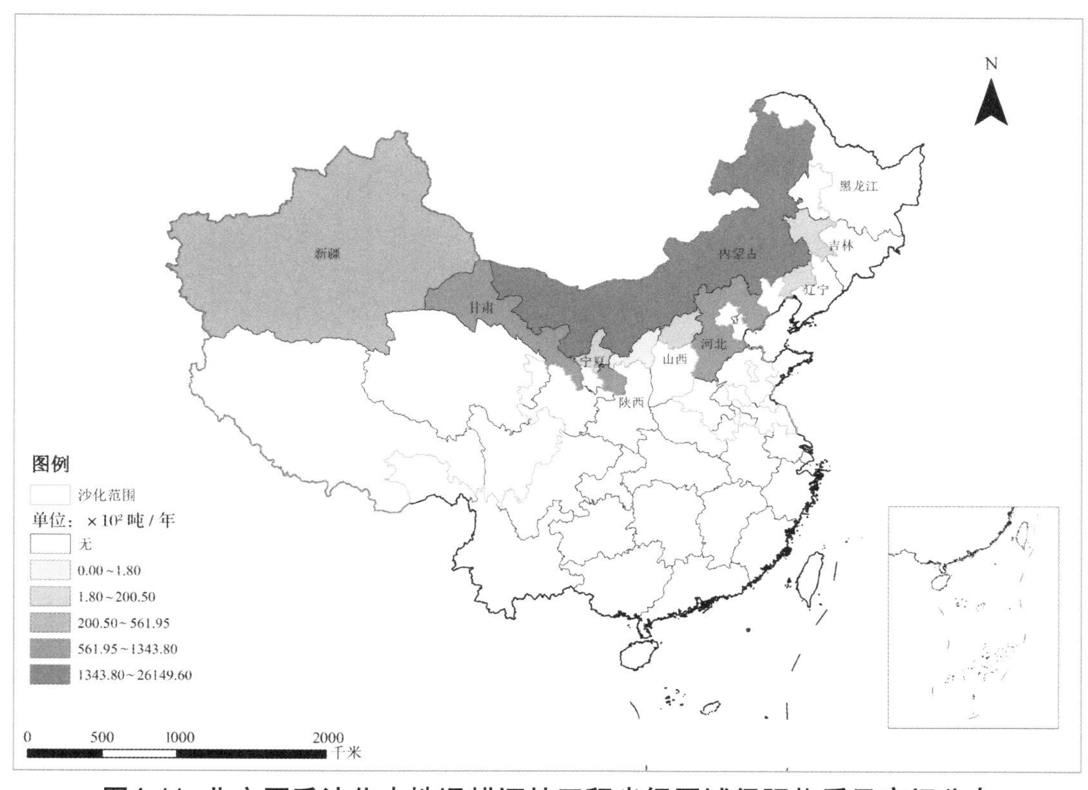

图4-11　北方严重沙化土地退耕还林工程省级区域保肥物质量空间分布

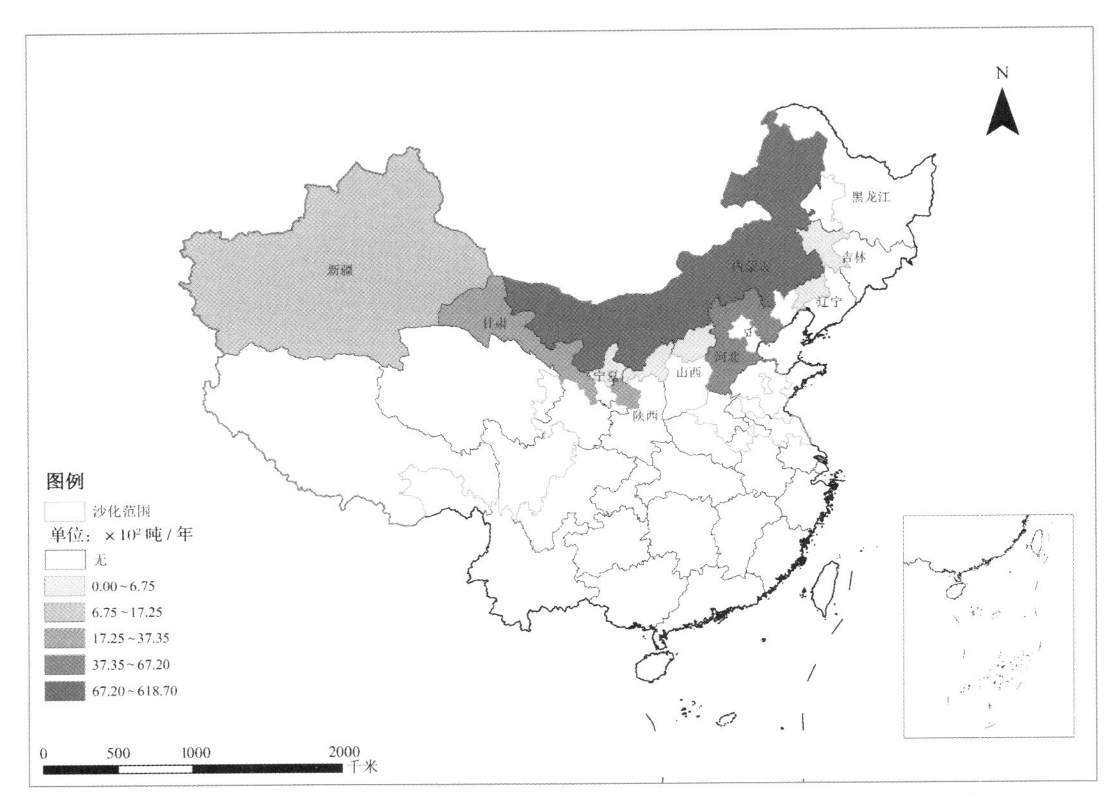

图4-12 北方严重沙化土地退耕还林工程省级区域林木积累营养物质量空间分布

其中，林木积累氮、磷和钾总物质量分别为2.82万吨/年，0.26万吨/年，3.11万吨/年；新疆生产建设兵团和河北省次之，新疆生产建设兵团林木积累营养物质物质量为0.88吨/年，其中，林木积累氮、磷和钾物质量分别为0.50万吨/年、0.10万吨/年、0.28万吨/年；河北省林木积累营养物质量为0.67万吨/年；其余省（自治区）林木积累营养物质量均低于0.5万吨/年（图4-12）。

4.1.1.2 **价值量**

北方严重沙化土地退耕还林工程生态系统服务功能价值量及空间分布，年总价值量为871.30亿元，占北方沙化土地退耕还林工程总价值量（1263.07亿元/年）的68.98%，见表4-2和图4-13。内蒙古自治区总价值量最高，为663.25亿元/年；新疆生产建设兵团、河北省、甘肃省和新疆维吾尔自治区次之，在20亿~100亿元/年之间。

北方严重沙化土地退耕还林工程各项功能价值量占总价值量的相对比例分布，见图4-14。森林防护功能价值量所占相对比例最大，为37.29%；其次为净化大气环境功能价值量，为28.19%。充分反映在北方严重沙化地区退耕还林工程在防风固沙和净化大气环境中所发挥的巨大作用。

表4-2 北方严重沙化土地退耕还林工程省级区域价值量评估结果 单位：×10⁸元/年

省级区域	森林防护	净化大气环境			固碳释氧	生物多样性保护	涵养水源	保育土壤	林木积累营养物质	总价值
		总计	滞纳 PM_{10}	滞纳 $PM_{2.5}$						
吉林	1.61	1.84	0.04	1.57	0.50	0.66	0.49	0.26	0.10	5.46
辽宁	2.18	2.37	0.04	1.88	0.83	0.72	0.34	0.25	0.15	6.84
河北	10.09	12.42	0.24	9.77	5.83	5.37	4.08	1.70	1.21	40.70
内蒙古	244.42	192.52	3.51	149.84	60.23	75.61	43.33	37.54	9.60	663.25
山西	2.07	2.25	0.03	1.88	0.65	0.66	0.38	0.19	0.13	6.33
陕西	0.02	0.01	<0.01	0.01	<0.01	<0.01	<0.01	<0.01	<0.01	0.03
宁夏	0.92	1.19	0.01	0.88	0.52	0.53	0.16	0.23	0.07	3.62
甘肃	11.33	7.38	0.13	5.74	2.98	2.98	1.51	2.09	0.57	28.84
新疆	9.06	4.53	0.05	3.16	2.27	2.25	0.55	1.18	0.36	20.20
新疆兵团	43.18	21.08	0.33	15.61	9.34	10.01	4.39	6.38	1.65	96.03
合计	324.88	245.59	4.38	190.34	83.15	98.79	55.23	49.82	13.84	871.30

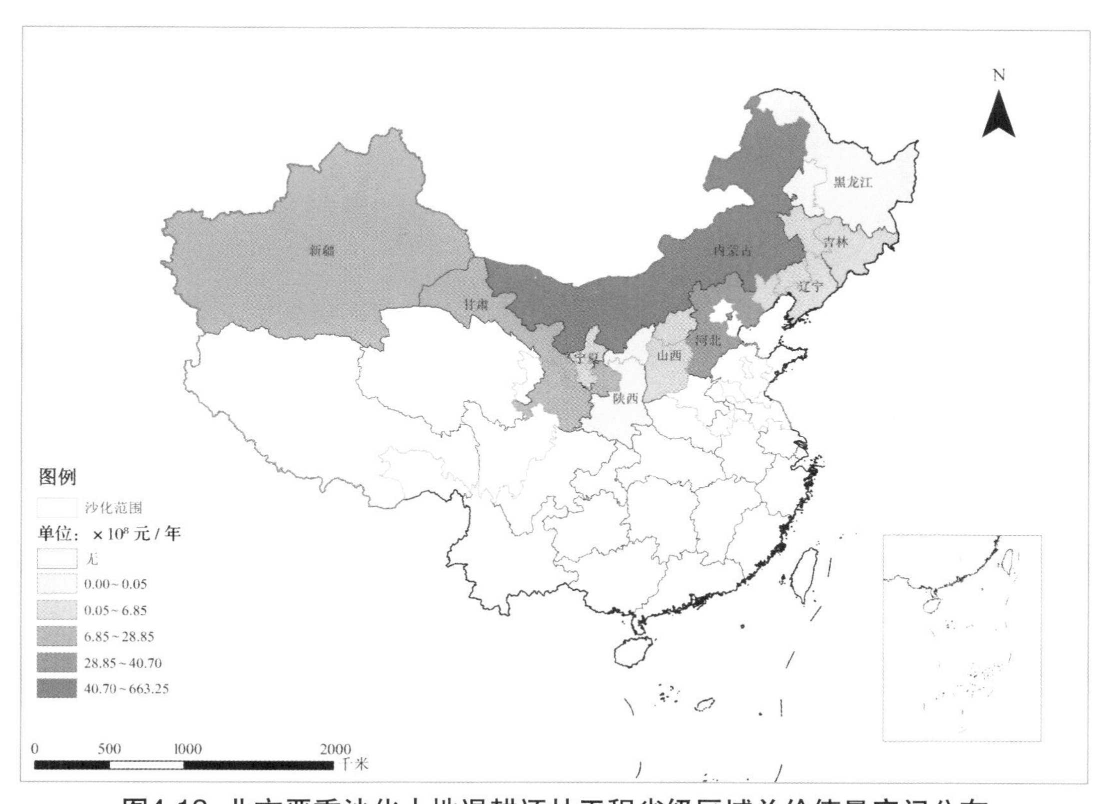

图4-13 北方严重沙化土地退耕还林工程省级区域总价值量空间分布

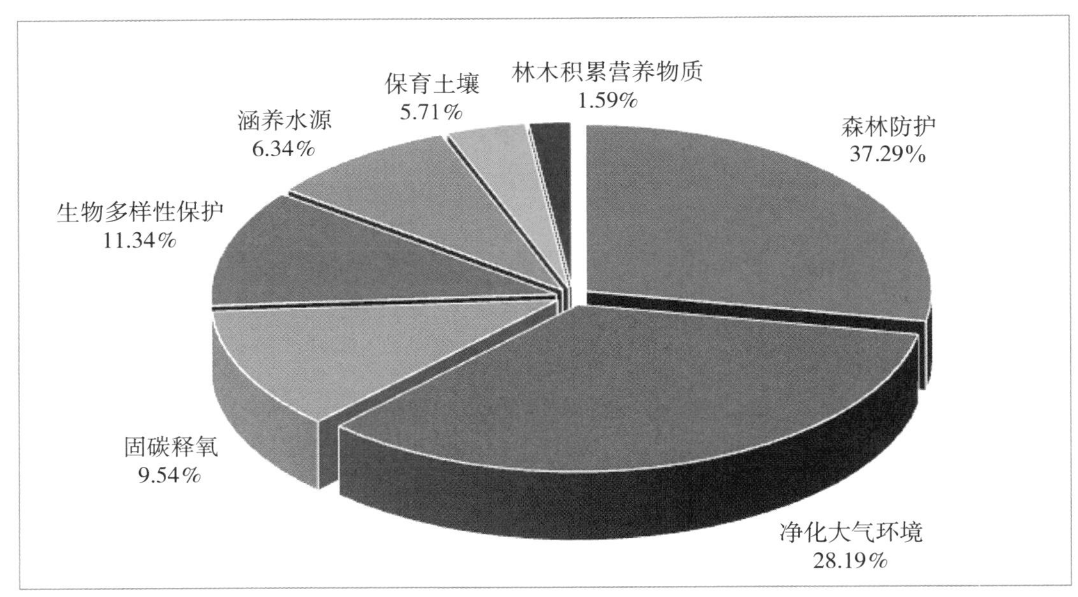

图4-14 北方严重沙化土地退耕还林工程生态系统服务功能价值量相对比例

4.1.2 市级区域生态效益

本节将从物质量和价值量两方面对北方严重沙化土地退耕还林工程58个市（盟、自治州、地区、师）的物质量和价值量进行评估。

4.1.2.1 物质量

北方严重沙化土地退耕还林工程市级区域的生态系统服务功能物质量评估结果见表4-3。

（1）森林防护功能 北方严重沙化土地退耕还林工程防风固沙物质量较高的市主要有内蒙古自治区的乌兰察布市、通辽市、赤峰市、鄂尔多斯市，各市防风固沙物质量均在7000万吨/年以上，以上4个市防风固沙物质量占北方严重沙化土地退耕还林工程防风固沙总物质量的47.40%。

（2）净化大气环境功能 北方严重沙化土地退耕还林工程提供负离子物质量较高的市主要有内蒙古自治区的通辽市、呼和浩特市、赤峰市、呼伦贝尔市、鄂尔多斯市，均大于5000×10^{20}个/年，以上5个市提供负离子物质量之和占北方严重沙化土地退耕还林工程提供负离子总物质量的55.72%；吸收污染物物质量较高的市主要有内蒙古自治区的乌兰察布市、赤峰市、通辽市、鄂尔多斯市、呼和浩特市，均超过了2万吨/年，以上5个市吸收污染物的物质量之和约占严重沙化土地退耕还林工程吸收污染物总物质量的57.27%；滞纳TSP、PM_{10}和$PM_{2.5}$物质量较高的市主要有内蒙古自治区的赤峰市、乌兰察布市、通辽市、鄂尔多斯市、呼和浩特市，滞纳TSP物质量均大于300万吨/年，滞纳PM_{10}物质量均大于0.09万吨/年，滞纳$PM_{2.5}$物质量均大于0.02万吨/年，以上5个市滞纳TSP、PM_{10}和$PM_{2.5}$物质量之和分别占北方严重沙化土地退耕还林工程滞纳TSP、PM_{10}和$PM_{2.5}$总物质量的56.49%、54.35%和53.10%。

表4-3 北方严重沙化土地退耕还林工程市级区域物质量评估结果

市级区域	森林防护	净化大气环境					固碳释氧		涵养水源	保育土壤					林木积累营养物质		
	防风固沙 ($\times10^4$吨/年)	提供负离子 ($\times10^{20}$个/年)	吸收污染物 ($\times10^2$吨/年)	滞纳TSP ($\times10^4$吨/年)	滞纳PM_{10} ($\times10^2$吨/年)	滞纳$PM_{2.5}$ ($\times10^2$吨/年)	固碳 ($\times10^4$吨/年)	释氧 ($\times10^4$吨/年)	($\times10^4$立方米/年)	固土 ($\times10^4$吨/年)	固氮 ($\times10^2$吨/年)	固磷 ($\times10^2$吨/年)	固钾 ($\times10^2$吨/年)	固有机质 ($\times10^2$吨/年)	氮 ($\times10^2$吨/年)	磷 ($\times10^2$吨/年)	钾 ($\times10^2$吨/年)
吉林白城	345.74	1077.50	14.66	14.92	1.23	0.34	1.36	2.65	481.49	47.39	7.55	2.35	54.06	102.12	3.92	0.09	0.43
辽宁阜新	266.28	1091.07	16.91	17.95	1.15	0.27	1.44	3.22	175.98	34.81	2.19	0.39	50.40	84.41	4.15	0.11	0.45
辽宁锦州	7.03	34.19	0.53	0.54	0.04	0.01	0.04	0.10	8.44	1.12	0.06	0.01	1.61	2.75	0.13	<0.01	0.01
辽宁沈阳	112.86	419.91	6.49	6.95	0.49	0.13	0.62	1.37	166.78	14.36	0.98	0.22	21.24	36.26	1.71	0.03	0.18
河北保定	36.74	172.49	3.09	3.35	0.28	0.08	0.42	0.98	124.42	5.86	1.55	0.32	8.22	20.83	0.17	0.03	0.16
河北沧州	9.21	14.00	0.69	0.72	0.02	0.01	0.08	0.17	5.30	1.42	0.34	0.05	1.83	4.42	0.21	0.01	0.14
河北承德	52.63	178.47	3.98	8.31	0.40	0.06	0.50	1.16	121.67	7.02	1.94	0.45	12.29	25.11	0.95	0.09	0.47
河北邯郸	63.84	195.22	4.34	5.21	0.43	0.11	0.78	1.84	183.94	9.43	2.35	0.38	10.58	30.67	0.36	0.07	0.23
河北张家口	1245.13	3444.60	103.75	132.80	7.17	1.84	12.52	28.35	3641.82	233.00	54.05	8.05	286.16	697.20	37.97	1.34	25.00
内蒙古阿拉善盟	677.52	429.05	26.01	26.65	1.12	0.35	2.06	4.15	261.30	–	0.43	0.42	157.80	16.08	5.22	0.37	5.51
内蒙古巴彦淖尔	4152.15	3049.47	172.59	142.73	7.44	2.31	13.57	27.48	2317.37	–	8.51	3.98	1072.15	278.82	30.55	2.17	32.25
内蒙古包头	1440.93	872.07	64.11	52.05	2.64	0.83	4.81	9.57	566.67	–	3.52	1.91	400.91	108.39	9.48	0.65	9.40
内蒙古赤峰	7265.21	8470.35	411.50	425.49	18.42	4.88	19.45	34.52	5209.34	1318.75	37.53	16.98	2684.23	787.37	19.91	2.98	24.24
内蒙古鄂尔多斯	7150.88	5496.55	334.22	315.95	15.37	4.49	13.97	27.89	3311.46	1286.02	116.69	58.95	2543.49	797.66	57.35	4.15	56.93
内蒙古呼和浩特	2809.70	9180.15	228.14	301.10	9.77	2.00	20.38	23.53	1619.09	556.07	56.59	26.11	1090.78	411.20	15.58	1.52	13.84
内蒙古呼伦贝尔	1754.38	6763.27	113.57	136.47	6.52	1.52	7.77	16.74	2181.73	229.53	37.70	8.00	399.31	589.26	6.63	1.01	6.89
内蒙古通辽	8344.19	20715.12	359.05	343.59	17.68	4.47	34.07	73.24	9112.68	1195.49	239.16	35.98	2054.84	4104.93	42.21	5.15	65.37

（续）

市级区域	森林防护	净化大气环境					固碳释氧		涵养水源	保育土壤					林木积累营养物质		
	防风固沙 （$\times10^4$吨/年）	提供负离子 （$\times10^{20}$个/年）	吸收污染物 （$\times10^2$吨/年）	滞纳TSP （$\times10^4$吨/年）	滞纳PM_{10} （$\times10^2$吨/年）	滞纳$PM_{2.5}$ （$\times10^2$吨/年）	固碳 （$\times10^4$吨/年）	释氧 （$\times10^4$吨/年）	（$\times10^4$立方米/年）	固土 （$\times10^4$吨/年）	固氮 （$\times10^2$吨/年）	固磷 （$\times10^2$吨/年）	固钾 （$\times10^2$吨/年）	固有机质 （$\times10^2$吨/年）	氮 （$\times10^2$吨/年）	磷 （$\times10^2$吨/年）	钾 （$\times10^2$吨/年）
内蒙古乌海	260.85	213.87	12.69	10.71	0.57	0.17	0.54	1.12	246.65	42.54	0.27	0.21	68.60	7.72	2.46	0.17	2.47
内蒙古乌兰察布	9455.84	4511.48	430.93	368.98	18.73	5.80	31.84	63.66	9343.71	1417.74	141.06	143.42	2761.54	812.11	61.02	4.23	60.77
内蒙古锡林郭勒	3243.78	2816.99	144.62	135.90	8.76	2.67	10.95	22.37	3955.19	448.30	27.83	1.52	1000.30	817.55	19.27	1.50	18.33
内蒙古兴安盟	3941.79	3800.37	159.30	140.54	9.18	2.62	9.37	17.03	4923.73	533.88	98.51	16.17	905.20	1197.88	11.93	1.99	15.17
山西大同	193.19	119.11	9.43	10.00	0.64	0.19	0.78	1.63	193.06	19.32	5.69	0.74	39.42	21.62	1.99	0.07	0.25
山西朔州	210.04	150.21	9.74	9.94	0.71	0.20	0.84	1.76	165.17	21.00	6.42	0.98	39.60	22.00	2.83	0.11	0.35
山西忻州	20.61	10.81	0.99	1.00	0.05	0.02	0.09	0.18	22.39	2.06	0.62	0.08	4.39	2.29	0.25	0.01	0.03
陕西榆林	3.65	2.17	0.30	0.11	0.01	<0.01	0.01	0.03	3.71	0.36	0.07	0.03	0.71	1.00	0.02	<0.01	<0.01
宁夏吴忠	310.09	245.82	11.54	13.39	0.45	0.14	1.03	2.12	130.78	36.14	12.63	3.26	40.97	78.55	1.85	0.17	0.53
宁夏银川	97.82	90.97	3.92	4.72	0.14	0.04	0.35	0.74	36.74	11.40	3.94	1.00	13.26	25.00	0.61	0.06	0.20
甘肃张掖	649.59	1393.57	36.77	37.74	1.96	0.49	2.79	5.92	393.11	98.19	15.14	2.92	148.70	232.38	5.87	0.40	6.10
甘肃武威	495.87	205.97	54.62	20.49	1.00	0.33	2.54	5.50	602.32	126.02	17.29	11.34	142.40	273.46	5.56	0.37	5.61
甘肃庆阳	120.26	107.79	5.96	6.12	0.19	0.06	0.51	1.10	87.85	23.97	2.60	0.93	46.16	61.74	1.38	0.13	1.03
甘肃酒泉	375.25	709.46	22.59	23.20	1.03	0.31	1.57	3.51	403.57	–	32.16	8.27	103.81	204.11	4.37	0.33	5.13
甘肃金昌	3.23	6.85	0.17	0.17	0.01	<0.01	0.01	0.03	2.37	–	0.16	0.02	1.15	1.82	0.04	<0.01	0.06
甘肃嘉峪关	40.69	70.10	2.42	2.57	0.11	0.03	0.16	0.37	34.58	–	0.35	0.91	11.42	21.94	0.45	0.03	0.45
甘肃白银	2.15	3.80	0.13	0.14	0.01	<0.01	0.01	0.02	1.67	0.66	0.07	0.03	0.95	1.56	0.03	<0.01	0.03
新疆伊犁	213.63	715.37	0.44	6.31	0.35	0.08	0.62	1.37	63.63	–	3.94	1.96	41.10	35.18	1.45	0.27	0.91

（续）

市级区域	森林防护	净化大气环境					固碳释氧		涵养水源	保育土壤					林木积累营养物质		
	防风固沙 ($\times10^4$吨/年)	提供负离子 ($\times10^{20}$个/年)	吸收污染物 ($\times10^2$吨/年)	滞纳TSP ($\times10^4$吨/年)	滞纳PM_{10} ($\times10^2$吨/年)	滞纳$PM_{2.5}$ ($\times10^2$吨/年)	固碳 ($\times10^4$吨/年)	释氧 ($\times10^4$吨/年)	($\times10^4$立方米/年)	固土 ($\times10^4$吨/年)	固氮 ($\times10^2$吨/年)	固磷 ($\times10^2$吨/年)	固钾 ($\times10^2$吨/年)	固有机质 ($\times10^2$吨/年)	氮 ($\times10^2$吨/年)	磷 ($\times10^2$吨/年)	钾 ($\times10^2$吨/年)
新疆克州	31.17	32.35	0.27	1.06	0.04	0.01	0.12	0.26	13.22	5.76	0.53	0.19	0.86	5.56	0.09	0.07	0.01
新疆博州	7.75	8.00	0.23	0.24	<0.01	<0.01	0.01	0.04	1.36	–	0.11	0.05	1.45	1.40	0.04	0.01	0.02
新疆吐鲁番	146.05	143.15	1.10	4.30	0.18	0.06	0.36	0.80	26.62	–	1.25	0.61	24.67	5.46	1.12	0.15	0.75
新疆和田	565.56	884.67	8.68	15.23	0.78	0.19	1.33	2.93	144.25	–	7.95	3.04	20.11	9.28	1.84	0.40	1.02
新疆哈密	57.97	68.14	1.65	1.75	0.08	0.02	0.17	0.33	15.22	–	0.39	0.10	9.56	7.36	0.17	0.02	0.11
新疆喀什	69.51	107.01	0.53	2.11	0.08	0.03	0.19	0.42	22.88	–	0.85	0.28	8.66	5.30	0.21	0.10	0.09
新疆塔城	54.40	176.13	0.11	1.63	0.03	0.01	0.16	0.35	20.19	7.78	0.85	0.45	9.76	8.31	0.21	0.04	0.14
新疆巴州	426.43	847.44	15.19	25.96	0.37	0.10	1.21	2.65	104.35	–	2.36	2.51	78.38	79.85	1.35	0.44	0.82
新疆昌吉	138.26	289.99	5.25	5.47	0.14	0.04	0.39	0.88	51.29	21.63	2.75	1.72	25.46	1.94	0.78	0.16	0.56
新疆阿克苏	156.55	228.11	4.38	5.98	0.19	0.06	0.40	0.91	20.81	–	2.45	0.59	37.89	31.53	0.44	0.27	0.13
新疆阿勒泰	261.90	696.13	9.46	9.96	0.34	0.08	0.77	1.70	92.46	–	3.55	1.92	39.45	33.04	1.59	0.33	1.14
新疆兵团第一师	630.61	890.14	18.47	19.34	0.51	0.19	1.21	2.74	139.67	–	9.10	2.42	109.69	92.08	6.39	0.38	1.72
新疆兵团第二师	1056.57	946.34	32.61	33.64	1.20	0.43	2.18	4.89	480.86	–	6.17	6.64	202.14	196.66	1.61	1.27	0.12
新疆兵团第三师	523.42	737.73	3.36	13.20	0.59	0.21	1.04	2.35	297.15	83.38	2.54	7.51	21.39	1.59	1.00	0.81	0.03
新疆兵团第四师	663.29	375.80	21.14	18.18	0.46	0.14	1.48	3.31	331.25	112.74	4.29	4.98	137.86	129.33	3.54	0.68	2.22
新疆兵团第五师	414.42	751.77	12.13	12.59	0.53	0.14	1.08	2.42	87.78	–	2.71	3.19	78.73	70.97	1.84	0.34	1.17
新疆兵团第六师	2420.07	918.48	81.27	82.76	1.50	0.48	5.20	11.69	1223.99	400.54	14.05	16.07	485.94	468.41	12.68	2.42	7.98

(续)

市级区域	森林防护	净化大气环境					固碳释氧		涵养水源	保育土壤					林木积累营养物质		
	防风固沙 (×10⁴吨/年)	提供负离子 (×10²⁰个/年)	吸收污染物 (×10²吨/年)	滞纳TSP (×10⁴吨/年)	滞纳PM_{10} (×10²吨/年)	滞纳$PM_{2.5}$ (×10²吨/年)	固碳 (×10⁴吨/年)	释氧 (×10⁴吨/年)	(×10⁴立方米/年)	固土 (×10⁴吨/年)	固氮 (×10²吨/年)	固磷 (×10²吨/年)	固钾 (×10²吨/年)	固有机质 (×10²吨/年)	氮 (×10²吨/年)	磷 (×10²吨/年)	钾 (×10²吨/年)
新疆兵团第七师	878.61	1268.85	20.27	20.64	0.99	0.30	1.88	4.14	272.50	128.72	4.93	5.72	157.48	147.42	4.16	0.79	2.62
新疆兵团第八师	1583.34	1244.09	2.60	37.37	1.87	0.54	3.61	7.87	526.93	232.30	18.68	20.90	282.20	24.43	7.44	1.42	4.68
新疆兵团第九师	1258.55	2083.54	38.75	34.75	1.60	0.42	2.83	6.29	395.60	200.34	8.75	10.67	251.32	203.93	5.86	1.21	4.12
新疆兵团第十师	602.33	934.16	18.66	16.42	0.82	0.22	1.36	3.00	342.25	–	4.07	4.79	118.62	107.02	3.09	0.59	1.94
新疆兵团第十二师	398.35	71.38	6.00	9.86	0.45	0.15	0.77	1.75	182.02	59.89	5.36	5.39	66.90	5.61	1.90	0.37	1.20
新疆兵团第十三师	242.06	371.34	7.34	7.48	0.32	0.08	0.56	1.32	102.59	–	1.42	0.56	31.72	2.78	0.88	0.12	0.59
合计	67959.92	90852.93	3079.64	3106.73	147.14	40.75	226.16	448.46	54994.95	8974.93	1045.00	458.64	18419.82	13554.65	416.11	42.00	392.10

注：（1）防风固沙物质量为防止风力侵蚀所固定的沙量；（2）固土物质量为防止水力侵蚀所固定的土壤物质量[根据刘斌涛等（2013），界定降雨侵蚀力小于100且风力侵蚀等级为极强度以上的生态功能区由于其受到水力侵蚀极小，其固土物质量可忽略不计]；（3）固碳为植物固碳与土壤固碳的物质量总和；（4）吸收污染物是森林吸收二氧化硫、氟化物和氮氧化物的物质量总和。

（3）固碳释氧功能　北方严重沙化土地退耕还林工程固碳物质量较高的市主要有内蒙古自治区的通辽市、乌兰察布市、呼和浩特市、赤峰市，固碳物质量大于15万吨/年，以上4个市的固碳物质量占北方严重沙化土地退耕还林工程固碳总物质量的46.75%。北方严重沙化土地退耕还林工程释氧物质量较高的市主要有内蒙古自治区的通辽市、乌兰察布市、赤峰市，河北省的张家口市，释氧物质量均大于25万吨/年，以上4个市的释氧物质量占北方严重沙化土地退耕还林工程释氧总物质量的44.55%。

（4）涵养水源功能　北方严重沙化土地退耕还林工程涵养水源物质量较高的市（盟）主要有内蒙古自治区的乌兰察布市、通辽市、赤峰市、兴安盟、锡林郭勒盟以及河北省的张家口市，各市（盟）涵养水源物质量均在3500万立方米/年以上，以上6个市（盟）涵养水源总物质量占北方严重沙化土地退耕还林工程涵养水源总物质量的65.80%。

（5）保育土壤功能　北方严重沙化土地退耕还林工程固土和保肥物质量较高的市主要有内蒙古自治区的乌兰察布市、赤峰市、鄂尔多斯市、通辽市，固土和保肥物质量均分别超过1000万吨/年和35万吨/年，且以上4个市的固土和保肥物质量之和分别占北方严重沙化土地退耕还林工程保育土壤总物质量的58.14%和51.78%。

（6）林木积累营养物质功能　北方严重沙化土地退耕还林工程林木积累营养物质量较高的市主要有内蒙古自治区的乌兰察布市、鄂尔多斯市、通辽市、巴彦淖尔市以及河北省的张家口市，均在0.60万吨/年以上，以上5个市的林木积累营养物质量合计约占北方严重沙化土地退耕还林工程林木积累营养物质总物质量的57.22%。

4.1.2.2 价值量

北方严重沙化土地退耕还林工程市级区域的生态系统服务功能价值量评估结果见表4-4。北方严重沙化土地退耕还林工程总价值量较高的市（盟）主要有内蒙古自治区的乌兰察布市、通辽市、赤峰市、鄂尔多斯市、兴安盟，均在50亿元/年以上，以上5个市（盟）的总价值量合计约占北方严重沙化土地退耕还林工程总价值量的53.65%。森林防护功能价值量和净化大气环境功能价值量在各个市级区域的相对比例占据优势。其中，森林防护功能价值量较高的市（自治州、地区、师）主要有新疆维吾尔自治区的博尔塔拉蒙古自治州、塔城地区、喀什地区、昌吉回族自治州，甘肃省嘉峪关市以及新疆生产建设兵团的第一师、第四师、第六师。净化大气环境功能价值量较高的市主要有辽宁省的沈阳市、锦州市，河北省的保定市、邯郸市，内蒙古自治区的呼伦贝尔市。

表4-4 北方严重沙化土地退耕还林工程市级区域价值量评估结果

单位：×10⁸元/年

市级区域	森林防护	净化大气环境			固碳释氧	生物多样性保护	涵养水源	保育土壤	林木积累营养物质	总价值
		总计	滞纳 PM_{10}	滞纳 $PM_{2.5}$						
吉林白城	1.61	1.84	0.04	1.57	0.50	0.66	0.49	0.26	0.10	5.46
辽宁阜新	1.50	1.61	0.03	1.27	0.58	0.50	0.17	0.17	0.11	4.64
辽宁锦州	0.10	0.13	<0.01	0.10	0.04	0.04	0.02	0.02	<0.01	0.35
辽宁沈阳	0.58	0.63	0.01	0.51	0.21	0.18	0.15	0.06	0.04	1.85
河北保定	0.26	0.42	0.01	0.35	0.17	0.13	0.12	0.04	0.01	1.15
河北沧州	0.04	0.04	<0.01	0.03	0.03	0.02	<0.01	0.01	0.01	0.15
河北承德	0.33	0.43	0.01	0.29	0.21	0.19	0.12	0.05	0.03	1.36
河北邯郸	0.43	0.59	0.01	0.50	0.32	0.25	0.18	0.07	0.01	1.85
河北张家口	9.03	10.94	0.21	8.60	5.10	4.78	3.66	1.53	1.15	36.19
内蒙古阿拉善盟	3.08	2.08	0.04	1.61	0.77	0.83	0.27	0.36	0.18	7.57
内蒙古巴彦淖尔	19.68	13.36	0.22	10.78	5.07	5.56	2.33	2.47	1.01	49.48
内蒙古包头	7.07	4.84	0.08	3.90	1.77	2.05	0.57	0.96	0.31	17.57
内蒙古赤峰	36.78	30.21	0.56	22.76	6.59	12.28	5.25	5.13	0.72	96.96
内蒙古鄂尔多斯	33.94	26.54	0.47	20.92	5.16	10.10	3.34	5.30	1.89	86.27
内蒙古呼和浩特	14.05	14.48	0.30	9.36	5.15	5.70	1.63	2.36	0.51	43.88
内蒙古呼伦贝尔	8.65	9.51	0.20	7.08	3.04	3.13	2.19	1.29	0.23	28.04
内蒙古通辽	39.77	27.05	0.54	20.85	13.33	11.24	9.18	7.59	1.58	109.74
内蒙古乌海	1.33	1.03	0.01	0.84	0.21	0.40	0.25	0.13	0.09	3.44
内蒙古乌兰察布	46.36	33.67	0.56	27.05	11.79	13.71	9.38	6.84	2.01	123.76
内蒙古锡林郭勒	15.42	14.95	0.26	12.47	4.12	4.48	3.98	2.20	0.64	45.79
内蒙古兴安盟	18.29	14.80	0.27	12.22	3.23	6.13	4.96	2.91	0.43	50.75
山西大同	0.95	1.03	0.01	0.86	0.30	0.32	0.19	0.09	0.05	2.93
山西朔州	1.02	1.12	0.02	0.94	0.32	0.31	0.17	0.09	0.07	3.10
山西忻州	0.10	0.10	<0.01	0.08	0.03	0.03	0.02	0.01	0.01	0.30
陕西榆林	0.02	0.01	<0.01	0.01	<0.01	<0.01	<0.01	<0.01	<0.01	0.03
宁夏吴忠	0.70	0.90	0.01	0.67	0.39	0.40	0.13	0.18	0.05	2.75
宁夏银川	0.22	0.29	<0.01	0.21	0.13	0.13	0.03	0.05	0.02	0.87
甘肃张掖	4.26	2.98	0.06	2.30	1.08	1.07	0.39	0.56	0.19	10.53
甘肃武威	3.48	1.92	0.03	1.52	1.00	0.97	0.60	0.76	0.18	8.91
甘肃庆阳	0.72	0.40	0.01	0.30	0.20	0.19	0.08	0.15	0.04	1.78
甘肃酒泉	2.55	1.85	0.03	1.44	0.63	0.67	0.41	0.56	0.15	6.82

（续）

市级区域	森林防护	净化大气环境			固碳释氧	生物多样性保护	涵养水源	保育土壤	林木积累营养物质	总价值
		总计	滞纳 PM_{10}	滞纳 $PM_{2.5}$						
甘肃金昌	0.02	0.01	<0.01	0.01	<0.01	<0.01	<0.01	<0.01	<0.01	0.03
甘肃嘉峪关	0.28	0.21	<0.01	0.16	0.07	0.08	0.03	0.06	0.01	0.74
甘肃白银	0.02	0.01	<0.01	0.01	<0.01	<0.01	<0.01	<0.01	<0.01	0.03
新疆伊犁	0.92	0.50	0.01	0.39	0.25	0.23	0.06	0.14	0.05	2.15
新疆克州	0.14	0.08	<0.01	0.07	0.04	0.04	0.01	0.02	<0.01	0.33
新疆博州	0.03	0.01	<0.01	0.01	<0.01	0.01	<0.01	<0.01	<0.01	0.05
新疆吐鲁番	0.63	0.33	<0.01	0.25	0.14	0.16	0.02	0.07	0.09	1.44
新疆和田	2.25	1.20	0.02	0.93	0.53	0.52	0.14	0.26	0.06	4.96
新疆哈密	0.23	0.12	<0.01	0.09	0.06	0.05	0.02	0.03	0.01	0.52
新疆喀什	0.30	0.14	<0.01	0.11	0.07	0.08	0.02	0.04	<0.01	0.65
新疆塔城	0.24	0.06	<0.01	0.03	0.06	0.05	0.02	0.03	0.01	0.47
新疆巴州	1.86	0.90	0.01	0.46	0.48	0.48	0.10	0.29	0.05	4.16
新疆昌吉	0.62	0.27	<0.01	0.17	0.16	0.16	0.05	0.07	0.03	1.36
新疆阿克苏	0.69	0.36	<0.01	0.26	0.17	0.17	0.02	0.13	0.01	1.55
新疆阿勒泰	1.15	0.56	0.01	0.39	0.31	0.30	0.09	0.10	0.05	2.56
新疆兵团第一师	2.52	1.25	0.01	0.91	0.49	0.57	0.14	0.32	0.18	5.47
新疆兵团第二师	4.29	2.62	0.04	2.00	0.88	1.00	0.49	0.66	0.06	10.00
新疆兵团第三师	2.12	1.21	0.02	0.99	0.42	0.49	0.29	0.26	0.04	4.83
新疆兵团第四师	2.73	1.00	0.02	0.68	0.59	0.65	0.33	0.43	0.12	5.85
新疆兵团第五师	1.65	0.91	0.01	0.68	0.44	0.36	0.08	0.12	0.06	3.62
新疆兵团第六师	10.13	3.73	0.05	2.28	2.10	2.45	1.23	1.71	0.42	21.77
新疆兵团第七师	3.45	1.83	0.03	1.45	0.75	0.77	0.27	0.54	0.14	7.75
新疆兵团第八师	6.22	3.16	0.06	2.54	1.43	1.39	0.53	0.72	0.25	13.70
新疆兵团第九师	5.09	2.63	0.05	1.97	1.14	1.17	0.40	0.82	0.20	11.45
新疆兵团第十师	2.43	1.33	0.02	1.02	0.54	0.57	0.35	0.35	0.10	5.67
新疆兵团第十二师	1.59	0.86	0.01	0.68	0.32	0.37	0.18	0.18	0.06	3.56
新疆兵团第十三师	0.96	0.55	0.01	0.41	0.24	0.22	0.10	0.27	0.02	2.36
合计	324.88	245.59	4.38	190.34	83.15	98.79	55.23	49.82	13.84	871.30

4.2 北方严重沙化土地退耕还林工程三个林种类型生态效益

北方严重沙化土地退耕还林工程生态林面积为103.54万公顷，占总面积的34.40%；经济林面积为7.37万公顷，占总面积的2.50%；灌木林面积为189.70万公顷，占总面积的63.10%。本次对北方严重沙化土地退耕还林工程三个林种类型的生态系统服务功能物质量和价值量进行了评估。

4.2.1 生态林生态效益

4.2.1.1 物质量

北方严重沙化土地退耕还林工程生态林生态系统服务功能物质量评估结果见表4-5。以森林防护和净化大气环境两项优势功能为例，分析北方严重沙化土地退耕还林工程生态林物质量特征。

（1）森林防护功能　北方严重沙化土地退耕还林工程生态林防风固沙总物质量为24521.42万吨/年；其中内蒙古自治区防风固沙物质量最高，为18392.14万吨/年，占北方严重沙化土地退耕还林工程生态林防风固沙总物质量的75.00%；其余的省（自治区）和新疆生产建设兵团所占的比例均低于10%（图4-15）。

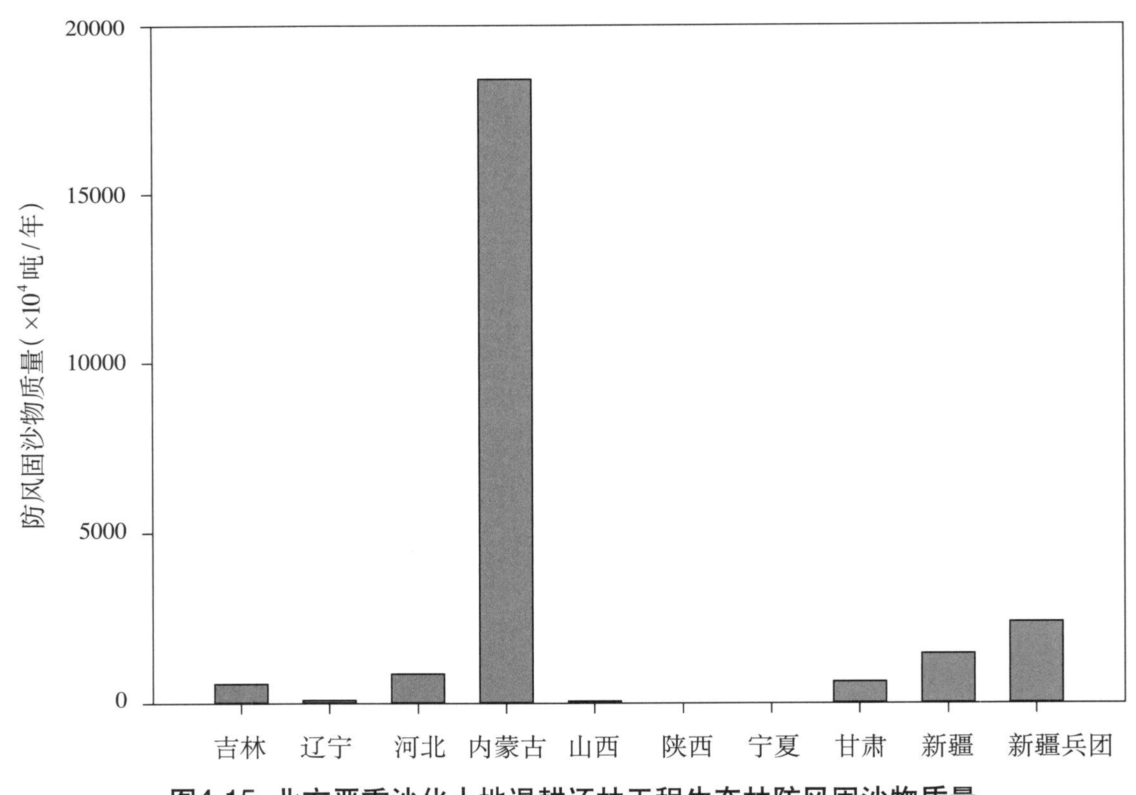

图4-15 北方严重沙化土地退耕还林工程生态林防风固沙物质量

滞纳TSP物质量（×10⁴吨/年）
1400
1200
1000
800
600
400
200
0
吉林
河北
辽宁
内蒙古
山西
陕西
宁夏
甘肃
新疆
新疆兵团

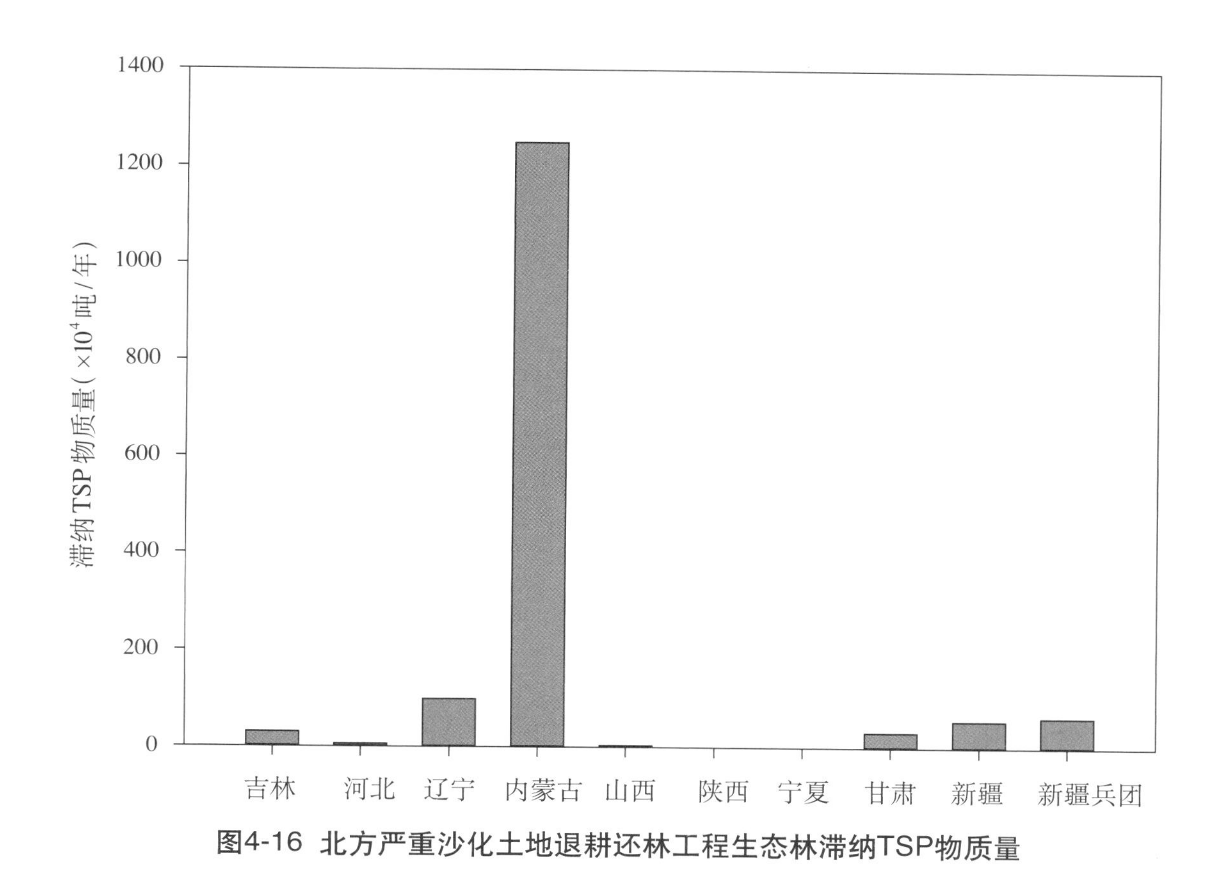

图4-16 北方严重沙化土地退耕还林工程生态林滞纳TSP物质量

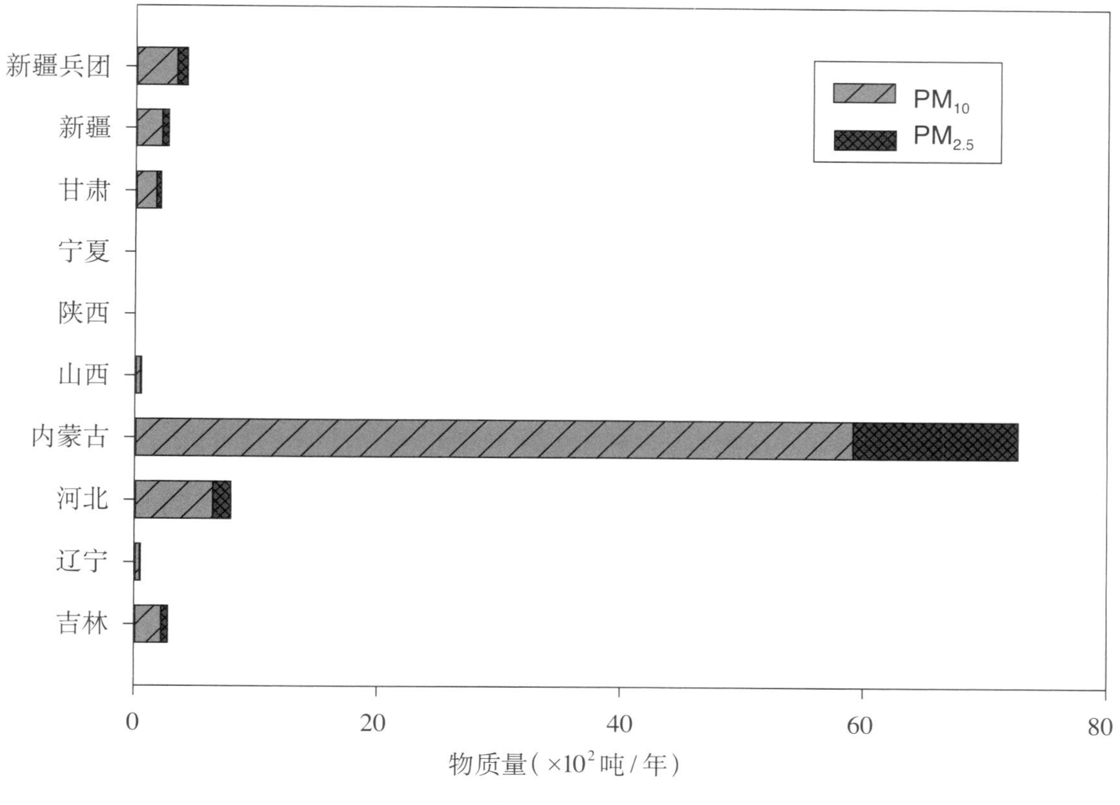

新疆兵团
新疆
甘肃
宁夏
陕西
山西
内蒙古
河北
辽宁
吉林
PM10
PM2.5
0
20
40
60
80
物质量（×10²吨/年）

图4-17 北方严重沙化土地退耕还林工程生态林滞纳PM_{10}和$PM_{2.5}$物质量

表4-5 北方严重沙化土地退耕还林工程生态林物质量评估结果

省级区域	森林防护	净化大气环境					固碳释氧		涵养水源 ($\times 10^4$立方米/年)	保育土壤					林木积累营养物质		
	防风固沙 ($\times 10^4$吨/年)	提供负离子 ($\times 10^{20}$个/年)	吸收污染物 ($\times 10^2$吨/年)	滞纳TSP ($\times 10^4$吨/年)	滞纳PM_{10} ($\times 10^2$吨/年)	滞纳$PM_{2.5}$ ($\times 10^2$吨/年)	固碳 ($\times 10^4$吨/年)	释氧 ($\times 10^4$吨/年)		固土 ($\times 10^4$吨/年)	固氮 ($\times 10^2$吨/年)	固磷 ($\times 10^2$吨/年)	固钾 ($\times 10^2$吨/年)	固有机质 ($\times 10^2$吨/年)	氮 ($\times 10^2$吨/年)	磷 ($\times 10^2$吨/年)	钾 ($\times 10^2$吨/年)
吉林	577.23	2110.29	29.53	30.66	2.26	0.57	2.63	5.48	607.03	77.50	9.27	2.64	96.04	172.76	7.57	0.19	0.83
辽宁	100.65	428.16	5.94	6.28	0.46	0.11	0.55	1.23	148.89	13.32	0.84	0.15	19.86	33.14	1.55	0.03	0.16
河北	870.65	3150.87	66.83	98.83	6.48	1.50	8.97	20.73	1641.44	154.70	35.73	6.17	196.43	461.93	23.58	1.08	15.03
内蒙古	18392.14	56380.30	1013.43	1249.22	59.12	13.58	78.89	173.31	16652.46	2487.32	364.51	161.09	4845.81	5135.57	93.57	10.55	128.20
山西	66.49	83.34	3.20	3.63	0.49	0.11	0.24	0.51	37.51	6.65	2.28	0.45	10.11	6.86	1.00	0.03	0.17
陕西	0.24	0.33	0.05	0.02	<0.01	<0.01	<0.01	0.01	0.05	0.02	<0.01	<0.01	0.03	0.05	0.01	<0.01	<0.01
宁夏	9.15	34.51	0.79	1.17	0.02	<0.01	0.07	0.16	4.47	1.05	0.29	0.07	1.69	2.65	0.09	0.01	0.07
甘肃	639.40	1261.13	31.55	32.39	1.74	0.40	2.68	5.84	370.91	89.28	21.82	4.11	171.57	268.10	6.37	0.51	6.98
新疆	1471.05	3635.51	28.95	56.38	2.20	0.54	4.12	9.02	410.85	19.88	19.49	9.75	204.16	164.41	6.40	1.04	4.51
新疆兵团	2394.42	3608.53	48.96	63.46	3.41	0.85	6.29	13.60	815.47	241.59	18.65	23.69	469.71	297.08	10.47	2.08	7.06
合计	24521.42	70692.97	1229.23	1542.04	76.18	17.66	104.44	229.89	20689.08	3091.31	472.88	208.12	6015.41	6542.55	150.61	15.52	163.01

注：（1）防风固沙物质量为防止风力侵蚀所固定的沙量；（2）固土物质量为防止水力侵蚀所固定的土壤物质量；（3）固碳为植物固碳与土壤固碳的物质量总和；（4）吸收污染物是森林吸收二氧化硫、氟化物和氮氧化物的物质量总和。

（2）净化大气环境功能　北方严重沙化土退耕还林工程生态林滞纳TSP总物质量为1542.04万吨/年，其中，滞纳PM_{10}为0.76万吨/年，滞纳$PM_{2.5}$为0.18万吨/年；其中内蒙古自治区滞纳TSP物质量最高，为1249.22万吨/年，占北方严重沙化土退耕还林工程生态林滞纳TSP总物质量的81.01%，其中滞纳PM_{10}物质量为0.59万吨/年，滞纳$PM_{2.5}$物质量为0.14万吨/年，其余的省（自治区）和新疆生产建设兵团所占的比例均低于10%（图4-16和图4-17）。

4.2.1.2 价值量

北方严重沙化土地退耕还林工程生态林生态系统服务功能价值量评估结果见表4-6。

北方严重沙化土地退耕还林工程生态林生态系统服务功能价值量分布状况见图4-18。在评估区中，内蒙古自治区的生态系统服务功能价值量最高，为267.00亿元/年，占北方严重沙化土地退耕还林工程生态林总价值量的76.27%；河北省和新疆生产建设兵团次之，分别为25.45亿元/年和21.31亿元/年；其余省（自治区）生态林总价值量均低于15亿元/年。

北方严重沙化土地退耕还林工程生态林各项功能价值量所占相对比例分布见图4-19。9个省（自治区）和新疆生产建设兵团生态林价值量分配地区差异较为明显。除森林防护功能和净化大气环境功能外，其余功能价值量所占比例差异相对较小。森林防护价值量西部省（自治区）和新疆生产建设兵团相对比例较大，在40.34%~43.52%之间；净化大气环境价值量则东部省（自治区）相对比例较大，在31.96%~34.38%之间。

表4-6 北方严重沙化土地退耕还林工程生态林价值量评估结果　单位：$\times 10^8$元/年

省级区域	森林防护	净化大气环境			固碳释氧	生物多样性保护	涵养水源	保育土壤	林木积累营养物质	总价值
		总计	滞纳PM_{10}	滞纳$PM_{2.5}$						
吉林	1.58	1.81	0.04	1.54	0.49	0.65	0.48	0.25	0.10	5.36
辽宁	1.91	2.05	0.04	1.63	0.74	0.63	0.28	0.22	0.14	5.97
河北	5.99	8.75	0.19	6.98	3.70	3.67	1.64	0.98	0.72	25.45
内蒙古	85.50	85.33	1.79	63.35	31.39	29.21	16.76	15.41	3.40	267.00
山西	0.31	0.56	0.01	0.49	0.09	0.10	0.04	0.04	0.02	1.16
陕西	<0.01	<0.01	<0.01	<0.01	<0.01	<0.01	<0.01	<0.01	<0.01	<0.01
宁夏	0.02	0.03	<0.01	0.01	0.03	0.02	<0.01	<0.01	<0.01	0.10
甘肃	3.84	2.44	0.06	1.86	1.05	0.95	0.37	0.66	0.21	9.52
新疆	6.18	3.48	0.05	2.50	1.63	1.50	0.40	0.80	0.21	14.20
新疆兵团	9.35	5.19	0.10	4.03	2.48	2.06	0.81	1.08	0.34	21.31
合计	114.68	109.64	2.28	82.39	41.60	38.79	20.78	19.44	5.14	350.07

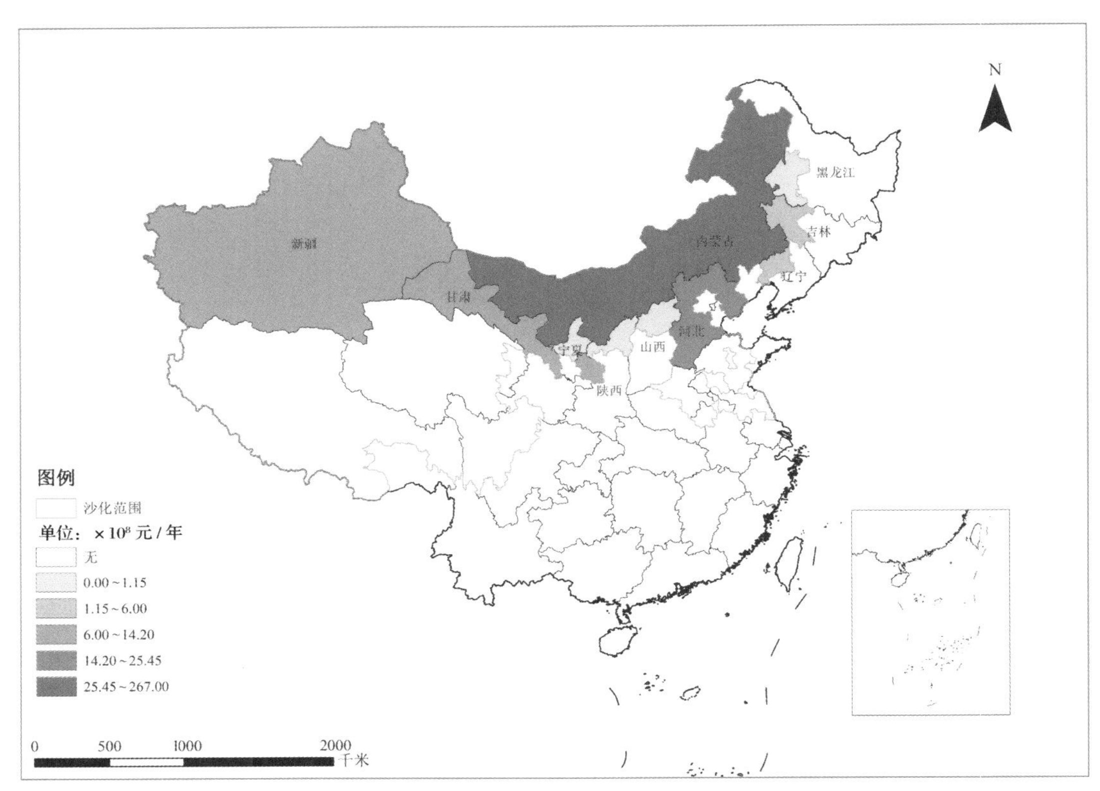

图4-18 北方严重沙化土地退耕还林工程生态林价值量空间分布

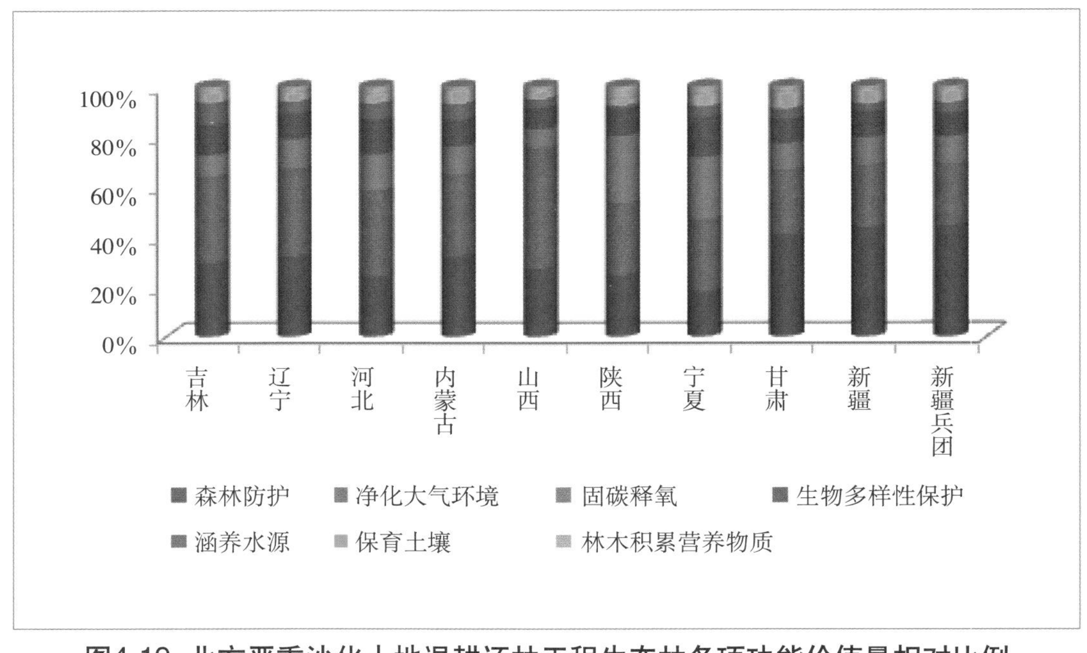

图4-19 北方严重沙化土地退耕还林工程生态林各项功能价值量相对比例

表4-7 北方严重沙化土地退耕还林工程经济林物质量评估结果

省级区域	森林防护	净化大气环境					固碳释氧		涵养水源 ($\times10^4$立方米/年)	保育土壤					林木积累营养物质		
	防风固沙 ($\times10^4$吨/年)	提供负离子 ($\times10^{20}$个/年)	吸收污染物 ($\times10^2$吨/年)	滞纳TSP ($\times10^4$吨/年)	滞纳PM_{10} ($\times10^2$吨/年)	滞纳$PM_{2.5}$ ($\times10^2$吨/年)	固碳 ($\times10^4$吨/年)	释氧 ($\times10^4$吨/年)		固土 ($\times10^4$吨/年)	固氮 ($\times10^2$吨/年)	固磷 ($\times10^2$吨/年)	固钾 ($\times10^2$吨/年)	固有机质 ($\times10^2$吨/年)	氮 ($\times10^2$吨/年)	磷 ($\times10^2$吨/年)	钾 ($\times10^2$吨/年)
吉林	33.37	56.76	1.96	2.12	0.11	0.04	0.16	0.37	46.49	4.56	0.46	0.09	8.28	13.40	0.48	0.01	0.05
辽宁	6.50	12.22	0.41	0.44	0.02	0.01	0.03	0.08	6.81	0.88	0.08	0.02	1.71	2.56	0.10	<0.01	0.01
河北	4.88	13.61	0.38	0.41	0.01	0.01	0.06	0.15	11.40	0.80	0.20	0.03	1.04	2.49	0.05	<0.01	0.03
内蒙古	326.20	199.12	13.30	10.57	0.53	0.22	0.94	1.70	320.22	50.21	6.07	2.52	87.77	96.04	0.39	0.11	0.24
山西	19.20	19.49	0.78	0.85	0.05	0.02	0.07	0.15	14.52	1.92	0.57	0.07	2.88	2.33	0.54	<0.01	0.06
新疆	385.63	441.82	12.03	13.83	0.19	0.07	0.90	2.03	63.76	1.78	4.65	2.16	57.94	50.60	1.12	0.85	0.12
新疆兵团	1673.68	2270.35	41.02	46.95	1.75	0.65	3.22	7.32	626.00	99.87	13.48	11.75	253.96	205.18	9.57	2.46	3.11
合计	2449.46	3013.37	69.88	75.17	2.66	1.02	5.38	11.80	1089.20	160.02	25.51	16.64	413.58	372.60	12.25	3.43	3.62

注：（1）防风固沙物质量为防止风力侵蚀所固定的沙量；（2）固土物质量为防止水力侵蚀所固定的土壤物质量；（3）固碳为植物固碳与土壤固碳的物质量总和；（4）吸收污染物是森林吸收二氧化硫、氟化物和氮氧化物的物质量总和。

4.2.2 经济林生态效益

经济林是指在退耕还林工程实施中，营造以生产果品、食用油料、饮料、调料、工业原料和药材等为主要目的的森林（国家林业局，2001）。

4.2.2.1 物质量

北方严重沙化土地退耕还林工程经济林生态系统服务功能物质量评估结果见表4-7。以森林防护和净化大气环境两项优势功能为例，分析北方严重沙化土地退耕还林工程经济林物质量特征。

（1）森林防护功能 北方严重沙化土地退耕还林工程经济林防风固沙总物质量为2449.46万吨/年；其中新疆生产建设兵团防风固沙物质量最高，为1673.68万吨/年，占北方严重沙化土地退耕还林工程经济林防风固沙总物质量的68.33%；新疆维吾尔自治区和内蒙古自治区次之，物质量为385.63万吨/年、326.20万吨/年，分别占15.74%和13.32%；其余的省（自治区）所占的比例均低于10%（图4-20）。

（2）净化大气环境功能 北方严重沙化土退耕还林工程经济林滞纳TSP总物质量为75.17万吨/年，其中，滞纳PM_{10}和$PM_{2.5}$总物质量分别为0.03万吨/年和0.01万吨/年；新疆生产建设兵团滞纳TSP物质量最高，为46.95万吨/年，占北方严重沙化土地退耕还林工程经济林滞纳TSP总物质量的62.46%，新疆维吾尔自治区和内蒙古自治区次之，滞纳TSP

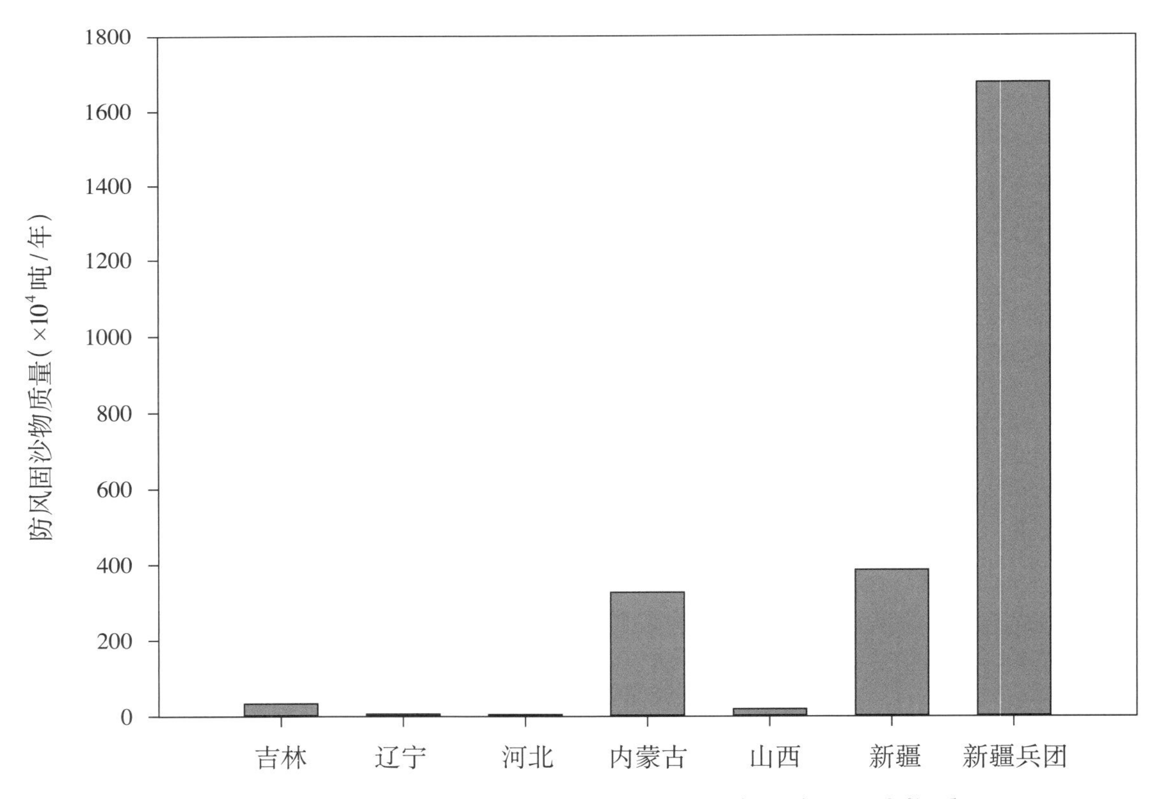

图4-20 北方严重沙化土地退耕还林工程经济林防风固沙物质量

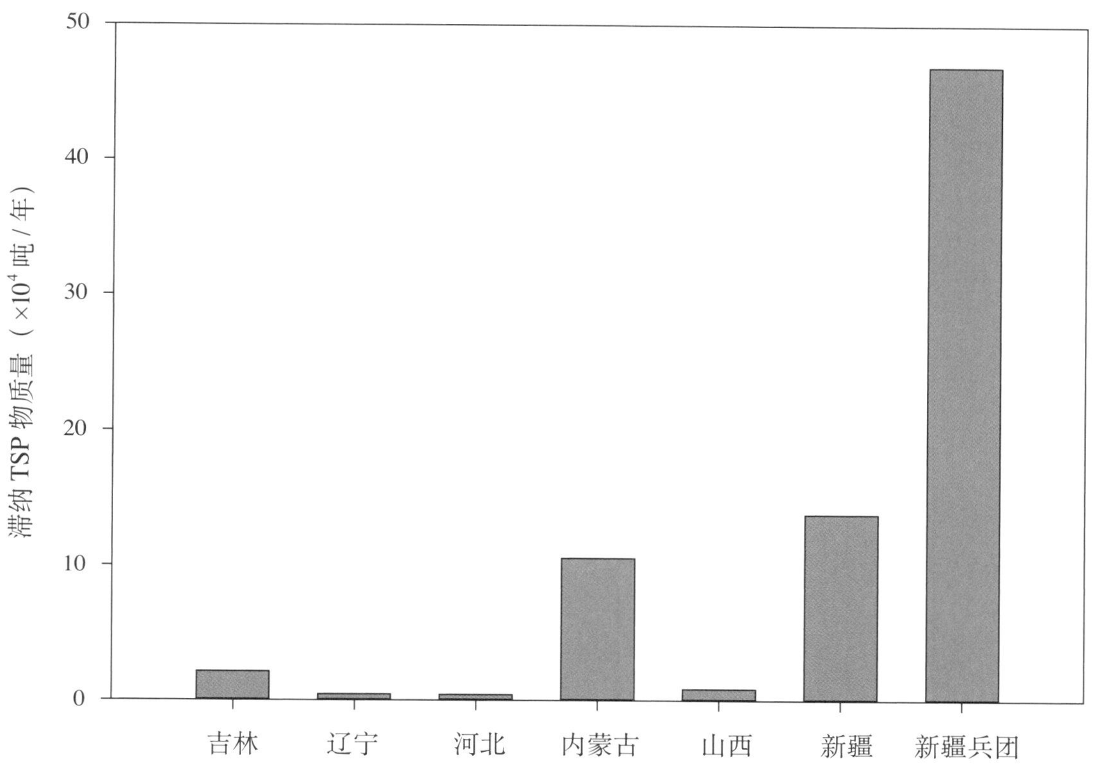

图4-21 北方严重沙化土地退耕还林工程经济林滞纳TSP物质量

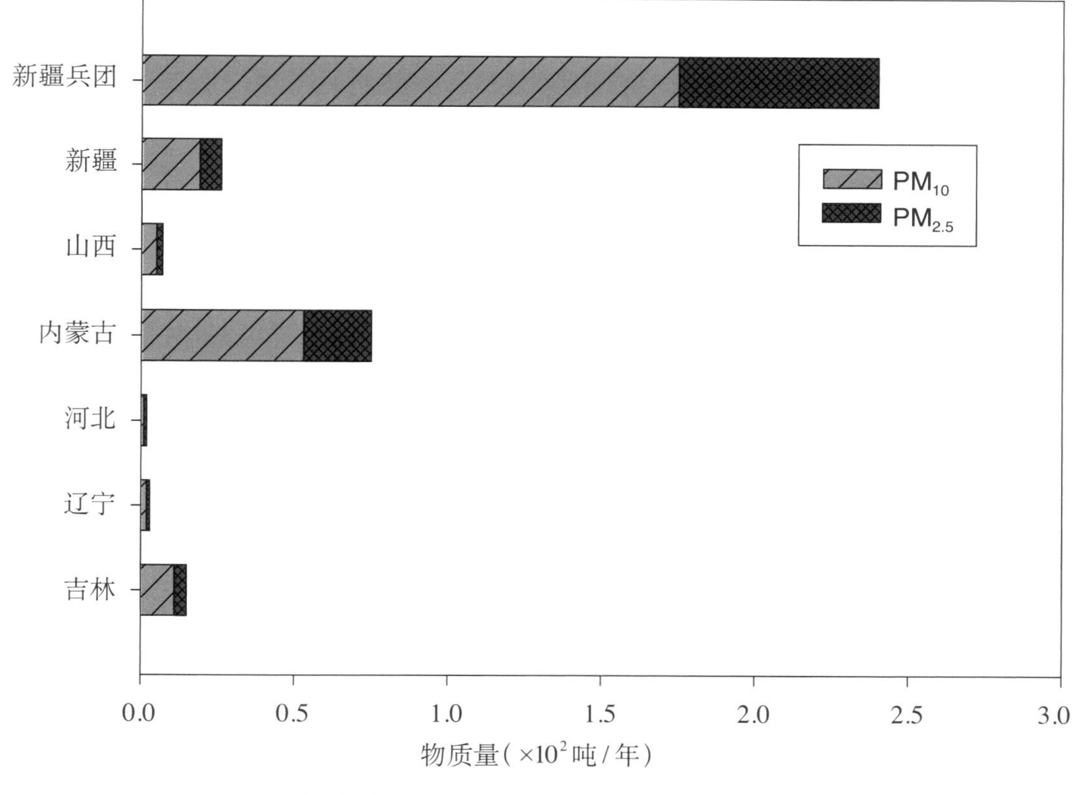

图4-22 北方严重沙化土地退耕还林工程经济林滞纳PM_{10}和$PM_{2.5}$物质量

物质量分别为13.83万吨/年和10.57万吨/年，所占比例在14.06%~18.40%之间；其余的省（自治区）和新疆生产建设兵团所占的比例均低于10%（图4-21和图4-22）。

4.2.2.2 价值量

北方严重沙化土地退耕还林工程经济林生态系统服务功能价值量评估结果见表4-8。

表4-8 北方严重沙化土地退耕还林工程经济林价值量评估结果 单位：×10^8元/年

省级区域	森林防护	净化大气环境			固碳释氧	生物多样性保护	涵养水源	保育土壤	林木积累营养物质	总价值
		总计	滞纳PM_{10}	滞纳$PM_{2.5}$						
吉林	0.03	0.03	<0.01	0.03	0.01	0.01	0.01	0.01	<0.01	0.10
辽宁	0.20	0.24	<0.01	0.19	0.07	0.07	0.05	0.02	0.01	0.66
河北	0.03	0.05	<0.01	0.05	0.02	0.01	0.01	0.01	<0.01	0.13
内蒙古	1.52	1.15	0.01	0.96	0.31	0.42	0.32	0.26	<0.01	3.98
山西	0.09	0.10	<0.01	0.09	0.03	0.03	0.01	0.01	0.01	0.28
新疆	1.66	0.58	<0.01	0.35	0.35	0.42	0.05	0.26	0.04	3.36
新疆兵团	6.66	3.92	0.05	3.06	1.31	1.50	0.63	1.12	0.31	15.45
合计	10.19	6.07	0.06	4.73	2.10	2.46	1.08	1.69	0.37	23.96

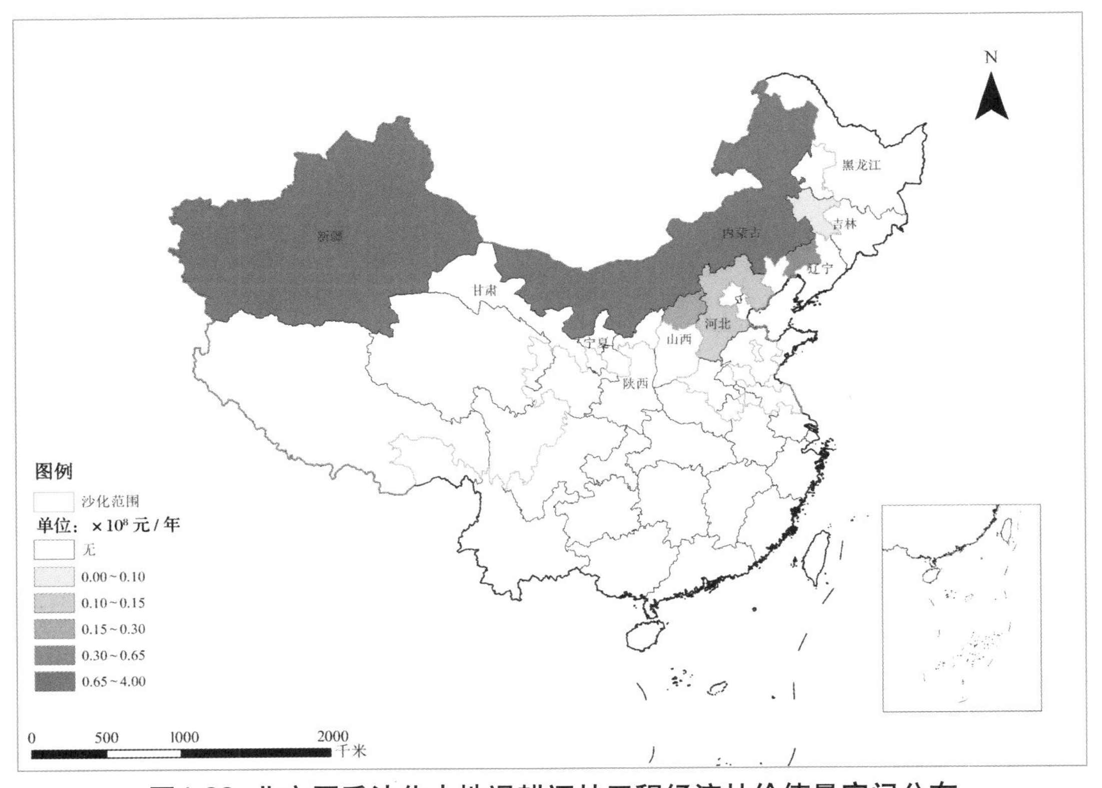

图4-23 北方严重沙化土地退耕还林工程经济林价值量空间分布

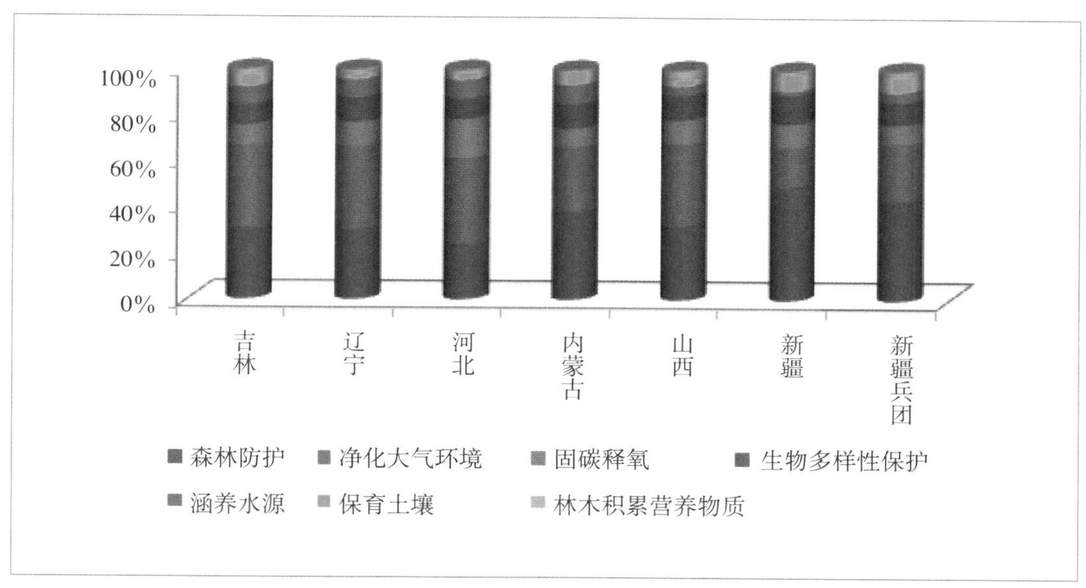

图4-24　北方严重沙化土地退耕还林工程经济林各项功能价值量相对比例

北方严重沙化土地退耕还林工程经济林生态系统服务功能价值量分布状况见图4-23。6个省（自治区）和新疆生产建设兵团退耕还林工程经济林生态系统服务功能价值量中，新疆生产建设兵团的生态系统服务功能价值量最高，为15.45亿元/年，占北方严重沙化土地退耕还林工程经济林总价值量的64.48%；内蒙古自治区和新疆维吾尔自治区次之，分别为3.98亿元/年和3.36亿元/年；其余省级区域经济林总价值量均低于1亿元/年。

北方严重沙化土地退耕还林工程经济林生态系统服务功能价值量所占相对比例见图4-24。各省（自治区）和新疆生产建设兵团经济林仍然以森林防护和净化大气环境两项生态系统服务功能价值量占据优势，两项功能的价值量贡献率在61.58%~68.48%之间，且这两项生态效益的分配比例各省（自治区）之间存在差异性。

4.2.3 灌木林生态效益

4.2.3.1 物质量

北方严重沙化土地退耕还林工程灌木林总物质量评估结果见表4-9。以森林防护和净化大气环境两项优势功能为例，分析北方严重沙化土地退耕还林工程灌木林物质量特征。

（1）森林防护功能　北方严重沙化土地退耕还林工程灌木林防风固沙总物质量为40989.04万吨/年；其中内蒙古自治区防风固沙物质量最高，为31778.88万吨/年，占北方严重沙化土地退耕还林工程灌木林防风固沙总物质量的77.53%；新疆生产建设兵团次之，为6603.52万吨/年，占16.11%；其余的省（自治区）所占的比例均低于10%（图4-25）。

表4-9 北方严重沙化土地退耕还林工程灌木林物质量评估结果

省级区域	森林防护	净化大气环境					固碳释氧		涵养水源（×10⁴立方米/年）	保育土壤					林木积累营养物质		
	防风固沙（$\times10^4$吨/年）	提供负离子（$\times10^{20}$个/年）	吸收污染物（$\times10^2$吨/年）	滞纳TSP（$\times10^4$吨/年）	滞纳PM_{10}（$\times10^2$吨/年）	滞纳$PM_{2.5}$（$\times10^2$吨/年）	固碳（$\times10^4$吨/年）	释氧（$\times10^4$吨/年）		固土（$\times10^4$吨/年）	固氮（$\times10^2$吨/年）	固磷（$\times10^2$吨/年）	固钾（$\times10^2$吨/年）	固有机质（$\times10^2$吨/年）	氮（$\times10^2$吨/年）	磷（$\times10^2$吨/年）	钾（$\times10^2$吨/年）
辽宁	14.16	15.24	0.75	0.86	0.06	0.02	0.09	0.18	23.47	1.42	0.13	0.07	1.42	3.68	0.21	<0.01	0.02
河北	532.02	840.30	48.64	51.15	1.81	0.59	5.27	11.62	2424.31	101.23	24.30	3.05	121.61	313.81	16.03	0.46	10.94
内蒙古	31778.88	9739.32	1430.00	1140.37	56.55	18.31	88.95	146.29	26076.24	4490.79	397.22	150.04	10205.57	4697.36	187.65	15.23	182.73
山西	338.15	177.30	16.18	16.46	0.86	0.28	1.40	2.91	328.59	33.81	9.88	1.28	70.42	36.72	3.53	0.16	0.40
陕西	3.41	1.84	0.25	0.09	0.01	<0.01	0.01	0.02	3.66	0.34	0.07	0.03	0.68	0.95	0.01	<0.01	<0.01
宁夏	398.76	302.28	14.67	16.94	0.57	0.18	1.31	2.70	163.05	46.49	16.28	4.19	52.54	100.90	2.37	0.22	0.66
甘肃	1047.64	1236.41	91.11	58.04	2.57	0.82	4.91	10.61	1154.56	159.56	45.95	20.31	283.02	528.91	11.33	0.75	11.43
新疆	272.50	119.16	6.31	9.79	0.19	0.07	0.71	1.59	101.67	13.51	2.84	1.51	35.25	9.20	1.77	0.37	1.07
新疆兵团	6603.52	4714.74	172.62	195.82	5.68	1.80	13.69	30.85	2941.12	876.45	49.94	53.40	1220.32	947.97	30.35	5.86	18.22
合计	40989.04	17146.59	1780.53	1489.52	68.30	22.07	116.34	206.77	33216.67	5723.60	546.61	233.88	11990.83	6639.50	253.25	23.05	225.47

注：（1）防风固沙物质量为防止风力侵蚀所固定的沙量；（2）固土物质量为防止水力侵蚀所固定的土壤物质量；（3）固碳为植物固碳与土壤固碳的物质量总和；（4）吸收污染物是森林吸收二氧化硫、氟化物和氮氧化物的物质量总和。

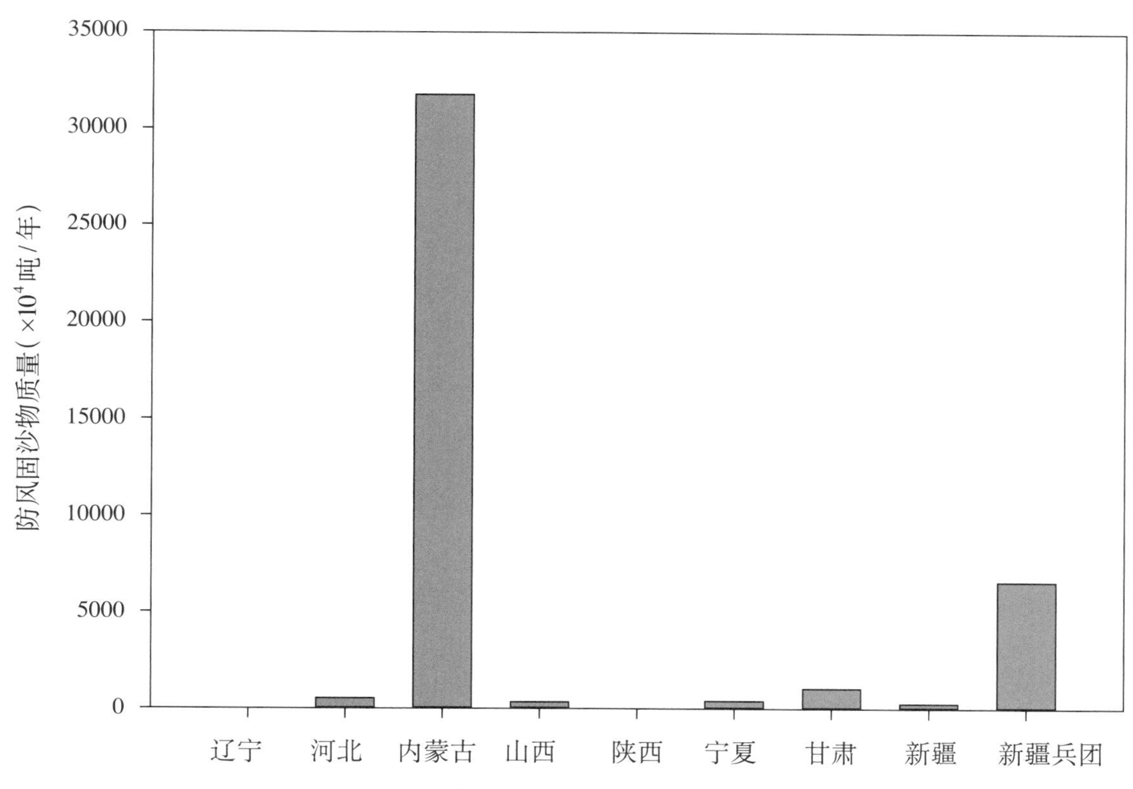

图4-25 北方严重沙化土地退耕还林工程灌木林防风固沙物质量

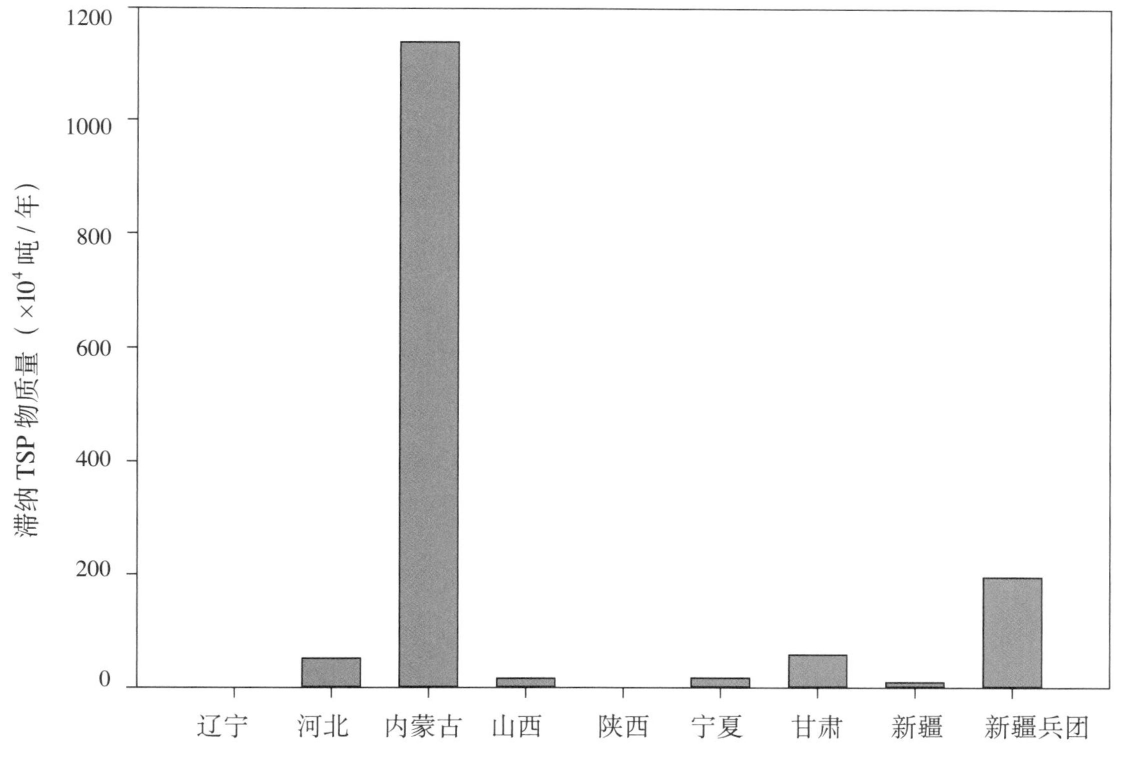

图4-26 北方严重沙化土地退耕还林工程灌木林滞纳TSP物质量

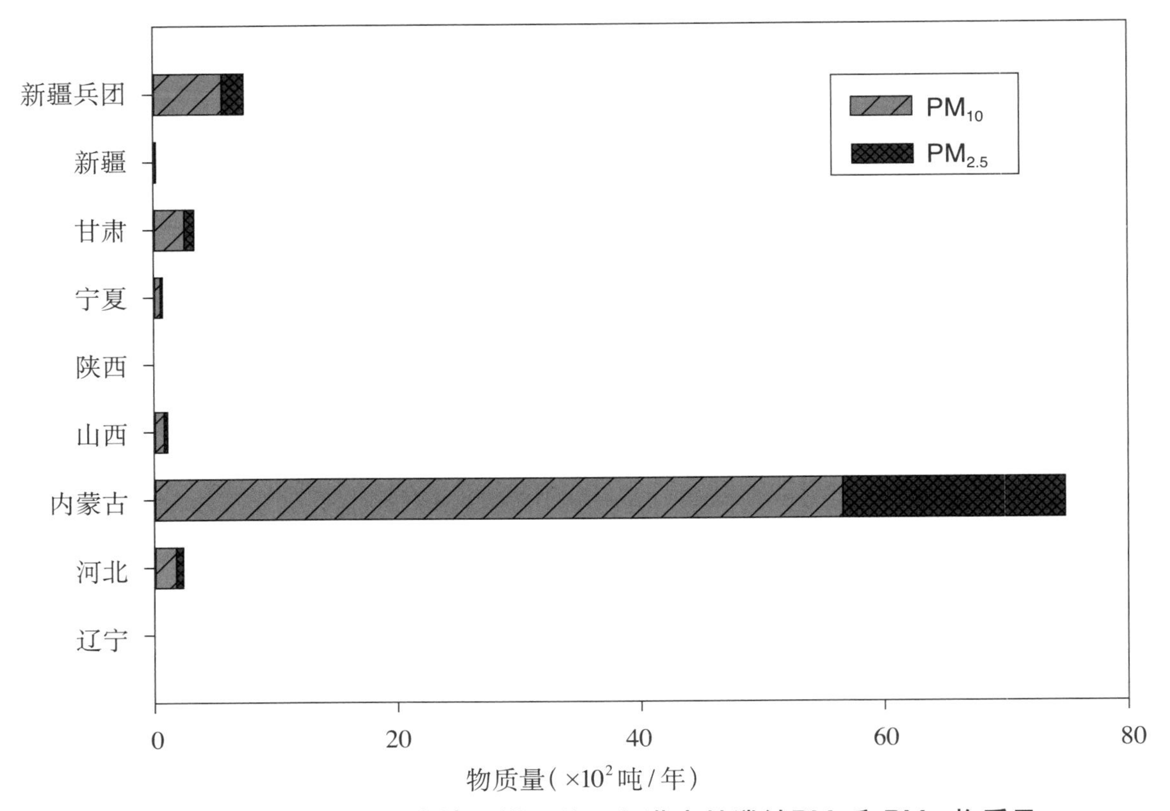

图4-27 北方严重沙化土地退耕还林工程灌木林滞纳PM_{10}和$PM_{2.5}$物质量

（2）**净化大气环境功能** 北方严重沙化土退耕还林工程灌木林滞纳TSP总物质量为1489.52万吨/年，其中，滞纳PM_{10}和$PM_{2.5}$总物质量分别为 0.68万吨/年和0.22万吨/年；其中内蒙古自治区滞纳TSP物质量最高，为1140.37万吨/年，占北方严重沙化土地退耕还林工程灌木林滞纳TSP总物质量的76.56%，其中滞纳PM_{10}物质量为0.57万吨/年，滞纳$PM_{2.5}$物质量为0.18万吨/年；新疆生产建设兵团滞纳TSP物质量次之，为195.82万吨/年，占13.15%；其余的省（自治区）所占的比例均低于10%（图4-26和图4-27）。

4.2.3.2 **价值量**

北方严重沙化土地退耕还林工程灌木林生态系统服务功能价值量评估结果见表4-10。

北方严重沙化土地退耕还林工程灌木林生态系统服务功能价值量分布状况，见图4-28。在北方严重沙化土地退耕还林工程灌木林价值量中，内蒙古自治区生态系统服务功能价值量最大，为392.27亿元/年，占总价值量的78.88%；新疆生产建设兵团次之，为59.27亿元/年；其余省级区域总价值量均低于20亿元/年。

表4-10 北方严重沙化土地退耕还林工程灌木林价值量评估结果

单位：×10⁸元/年

省级区域	森林防护	净化大气环境			固碳释氧	生物多样性保护	涵养水源	保育土壤	林木积累营养物质	总价值
		总计	滞纳 PM_{10}	滞纳 $PM_{2.5}$						
辽宁	0.07	0.08	<0.01	0.06	0.02	0.02	0.01	0.01	<0.01	0.21
河北	4.07	3.62	0.05	2.74	2.11	1.69	2.43	0.71	0.49	15.12
内蒙古	157.40	106.04	1.71	85.53	28.53	45.98	26.25	21.87	6.20	392.27
山西	1.67	1.59	0.02	1.30	0.53	0.53	0.33	0.14	0.10	4.89
陕西	0.02	0.01	<0.01	0.01	<0.01	<0.01	<0.01	<0.01	<0.01	0.03
宁夏	0.90	1.16	0.01	0.87	0.49	0.51	0.16	0.23	0.07	3.52
甘肃	7.49	4.94	0.07	3.88	1.93	2.03	1.14	1.43	0.36	19.32
新疆	1.22	0.47	<0.01	0.31	0.29	0.33	0.10	0.12	0.11	2.64
新疆兵团	27.17	11.97	0.18	8.52	5.55	6.45	2.95	4.18	1.00	59.27
合计	200.01	129.88	2.04	103.22	39.45	57.54	33.37	28.69	8.33	497.27

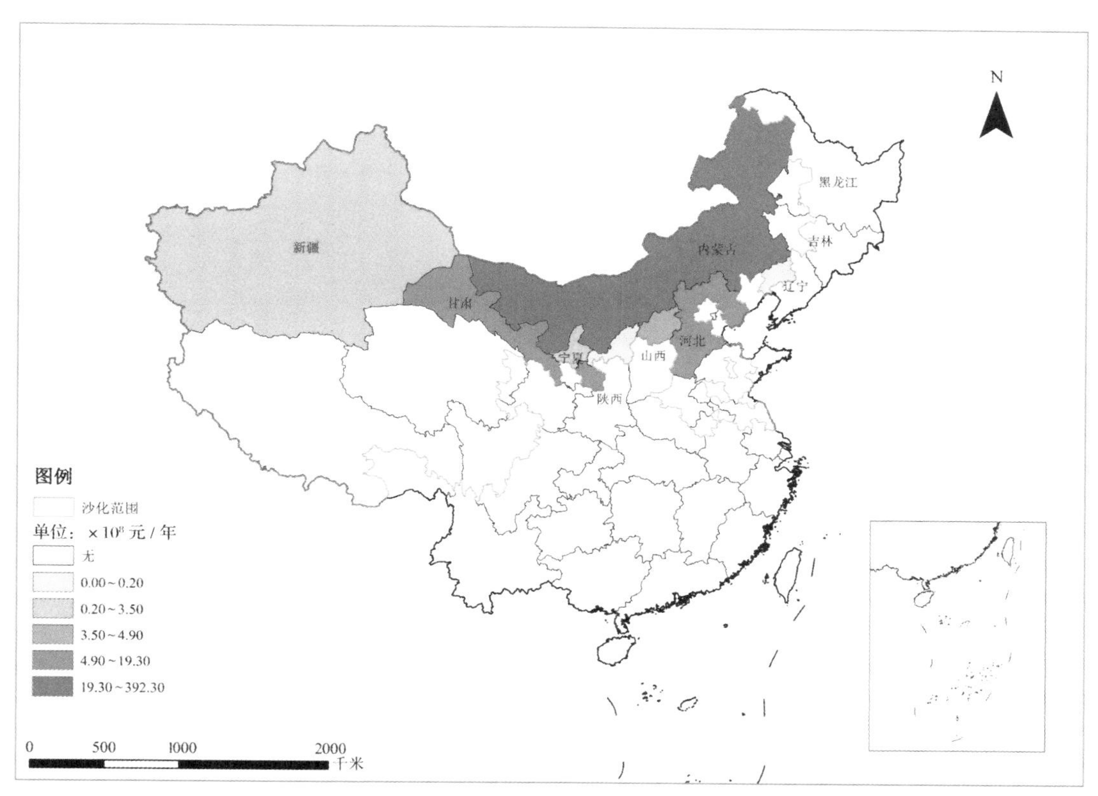

图4-28 北方严重沙化土地退耕还林工程灌木林价值量空间分布

北方严重沙化土地退耕还林工程灌木林生态系统服务功能价值量所占相对比例见图4-29。北方严重沙化土地退耕还林工程灌木林生态系统服务功能价值量分配中，地区差异较为明显。灌木林价值量仍然以森林防护和净化大气环境两项生态效益占优势，两项功能价值量的贡献率在58.52%~67.83%之间，且这两项生态效益的分配比例差异性明显。

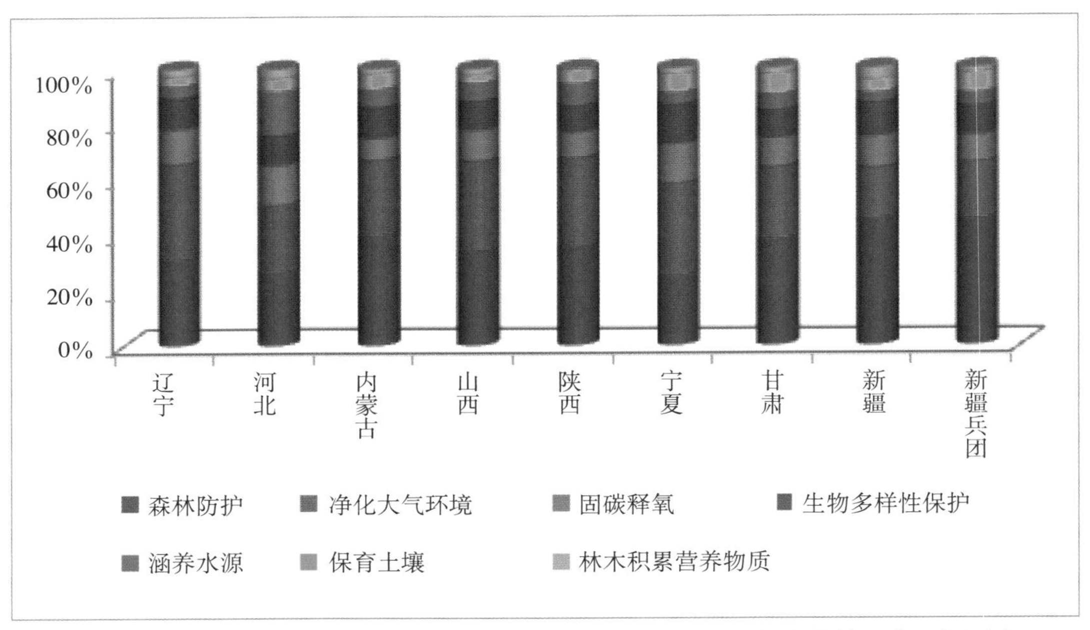

图4-29 北方严重沙化土地退耕还林工程灌木林各项功能价值量相对比例

第五章

北方沙化土地退耕还林工程生态效益综合分析

退耕还林工程是党中央、国务院从中华民族生存和发展的战略高度出发，为合理利用土地资源、增加林草植被、再造秀美山川、维护国家生态安全，实现人与自然和谐共进而实施的一项重大生态工程，这也是迄今为止世界上最大的生态建设工程。截至2014年底，全国退耕还林工程累计完成任务近3000万公顷，退耕还林的面积核实率、造林合格率都在90%以上。

北方沙化地区生态环境极其脆弱，气候干旱少雨，土地沙化严重，风沙灾害突出，其生态区位具有特殊的重要性，也是我国退耕还林工程的主要区域，退耕还林工程的实施对于改善当地的生态环境发挥了极大作用。本报告依托于北方沙化土地退耕还林工程生态效益专项监测站16个、CFERN所属的森林生态站41个、以林业生态工程为观测目标的辅助观测点120多个以及4000多块固定样地的数据，对北方沙化土地退耕还林工程10个省（自治区）和新疆生产建设兵团生态效益，包括森林防护、净化大气环境、固碳释氧、生物多样性保护、涵养水源、保育土壤和林木积累营养物质进行了评估，评估结果将对新一轮退耕还林工程的实施和管理以及国家科学决策提供重要依据。

5.1 北方沙化土地退耕还林工程生态效益基本特征

本次评估表明，退耕还林工程的实施改善了北方沙化地区土地沙化、荒漠化、风沙危害等生态问题，为我国北方地区提供了生态保障。从评估结果来看，北方沙化土地退耕还林工程生态效益基本特征主要体现在以下几个方面。

（1）北方沙化土地退耕还林工程生态系统服务价值量分布中，防风固沙功能所占比重最大，达到了34.86%，这一比例高于第八次全国森林资源清查期间（2009-2013）中国森林生态系统服务功能评估（简称“第八次森林资源服务评估”）中森林防护功能占总价值量的比例（“中国森林资源核算研究”项目组，2015）。这主要由于第八次森林资源服务评估时只有部分评估林分发挥森林防护作用，而本次北方沙化土地退耕还林工程生态效益评估中所评估林分均具有森林防护功能。

（2）北方沙化土地退耕还林工程生态系统服务功能价值量分布中，净化大气环境功能所占比重为29.92%，仅次于森林防护功能，且这一比例亦高于第八次森林资源服务评估中净化大气环境占总价值量的比例，北方沙化土地退耕还林工程森林植被以生态林和灌木林为主，且北方沙化地区风沙频繁，因此森林植被具有较强的治污减尘的能力。

（3）北方沙化土地退耕还林工程营造林包括中龄林和幼龄林且以幼龄林为主，林分净生产力低，因此固碳释氧功能和生物多样性保护功能价值量占总价值量的比例均低于第八次森林资源服务评估中的比例。

（4）北方沙化地区干旱少雨，涵养水源功能价值量的相对比例较低。且涵养水源生态效益亦与森林植被有关，生态林无论在郁闭度还是地表覆盖方面都优于经济林和灌木林，因此灌木林营造面积比例较大的省（自治区）和新疆生产建设兵团涵养水源功能均较低。

5.2 北方沙化土地退耕还林工程生态效益与经济社会发展关联度分析

森林生态系统在北方沙化地区具有巨大的防风固沙功能。森林植被根系能够固定土壤，改善土壤结构，降低土壤的裸露程度；地上部分能够增加地表粗糙程度，降低风速，阻截风沙。地上地下的共同作用能够减弱风的强度和携沙能力，减少土壤流失和风沙的危害。

（1）降低了风沙侵蚀，构筑了生态安全屏障　北方沙化土地退耕还林工程防风固沙总物质量为91918.66万吨/年。每年防风固沙减少的沙量相当于避免了博斯腾湖56.25厘米湖床抬升，相当于避免了1000公里的京藏高速公路被6.05厘米的沙子掩埋。北方沙化土地退耕还林工程的实施构筑起了我国北方生态安全屏障，对改善农田生态环境、增加粮食产量、提高农牧业收入具有重要的支撑作用，促进了生态文明建设和经济社会可持续发展，为使荒漠化趋势逆转、遏制土地沙化做出了重要的贡献，实现了“生态、民生和经济”平衡驱动模式，为我国维护国家生态安全和履行《联合国防治荒漠化公约》发挥更积极的作用，延续世界“荒漠化防治成绩最显著的国家”的美誉。

（2）滞纳了空气污染物，净化了大气环境　森林通过吸收同化、吸附、阻滞等形式吸收大气污染物，退耕还林工程营造的一些针叶树种，如油松、落叶松等，其吸收、利用和转化大气有毒有害气体的效率较阔叶树高，能够对大气起到净化作用。北方沙化土地退耕还林工程滞纳TSP总物质量为4250.71万吨/年。相当于我国北方地面尘排放总量的62.51%（宣捷，2000），滞纳PM_{10}和$PM_{2.5}$物质量分别为2.37万吨/年和0.65万吨/年，年滞纳$PM_{2.5}$和PM_{10}总物质量相当于1364.80万辆民用汽车的颗粒物排放量（环境保护部，2015）。除了滞纳颗粒物，对空气污染物的吸收也很明显，每年吸收污染物总量为41.39万吨，其中吸收二氧化硫36.71万吨，占北方沙化土地退耕还林工程每年吸收污染物总量的88.68%，所吸收的二氧化硫物质量相当于全国工业排放二氧化硫总量（1974.42万吨/年）的1.60%（国家统计局，2015）。北方沙化土地退耕还林工程滞纳悬浮颗粒物和吸收污染物效果显著，降低了区域污染、净化了大气环境，对居民的身体健康意义重大，也为区域经济社会发展提供了良好生态保障。

（3）增强了森林碳汇 森林生态系统是地球陆地生态系统的主体，是陆地碳的主要储存库。森林对现在及未来气候变化和碳平衡都具有重要影响。北方沙化土地退耕还林工程固碳总物质量达339.15万吨/年，相当于2014年全国标准煤消费碳排放总量的0.11%（国家统计局，2015）。北方沙化地区是我国经济欠发达、需要加强开发的区域，贫困人口集中分布，能源消耗以煤炭和薪炭为主，随着经济增长速度的加快，能源消费增加，碳排放量增速较快，未来经济发展与能源消费引起的碳排放弱脱钩趋势仍将持续。随着退耕还林工程的实施，退耕地转变为森林后成为大气二氧化碳的一个重要碳汇，退耕还林工程固碳功能对保障北方沙化区域发展低碳经济、推进节能减排、建设生态文明具有重大意义。

（4）增加了生物多样性 北方沙化土地退耕还林工程生物多样性保护价值量达139.88亿元，占该地区退耕还林工程生态系统服务功能总价值量的11.07%。北方沙化地区大多处于干旱和半干旱区，植被种类单一、群落结构简单、分布稀疏，主要由具有耐旱、耐盐碱、耐风沙特点的灌木组成，实施退耕还林工程后，由于人为经营管理活动如浇水和施肥增加，改善了干旱和贫瘠的恶劣自然环境，增加了生物多样性。

（5）提高了水源涵养功能 北方沙化土地退耕还林工程涵养水源总物质量达91554.64万立方米/年，相当于博斯腾湖储水总量的10.17%。由于北方沙化土地退耕还林工程实施后通过恢复植被增加盖度，以及林地中枯枝落叶层的覆盖可以减少土壤水分蒸发、涵养水源，提高北方沙化土地退耕还林工程区的地下水水位，调节、改善北方沙化土地退耕还林工程区水资源状况。

（6）提高了沙化土地肥力，提升了土地资源利用效率 北方沙化土地退耕还林工程固土总物质量达11667.07万吨/年。相当于2014年黄河、松花江和辽河流域土壤侵蚀总量的6.78%（水利部，2014）。北方沙化土地退耕还林工程保肥总物质量445.48万吨/年。相当于2014年北方沙化土地退耕还林工程11个省级区域评估区的化肥施用量的4.90倍（国家统计局，2015）。北方沙化地区开展退耕还林工程对于减缓土地退化发挥着不可忽视的作用，对于维护和提高土地生产力，充分发挥国土资源的经济效益和社会效益，保障区域经济社会稳定发展发挥着重要的作用。

5.3 北方沙化土地退耕还林工程生态效益成因分析

北方沙化土地退耕还林工程生态功能区生态效益评估结果表明，不同生态功能区退耕还林工程生态效益呈现明显的差异，且各生态功能区生态系统服务的主导功能亦具有显著差异。

（1）生态功能区生态效益呈现明显差异 北方沙化土地不同生态功能区退耕还林工程生态系统服务功能物质量差异较大，以森林防护为例。风蚀主导型生态功能区的森林防护功能较强，防风固沙物质量为47490.28万吨/年，分别是风蚀与水蚀共同主导型生态功能区的1.99倍和水蚀主导区生态功能区的近2.30倍，见图5-1。

风蚀主导型生态功能区生态系统服务功能价值量较高，为572.70亿元/年，占北方沙化土地退耕还林工程生态系统服务功能总价值量的45.34%，是风蚀与水蚀共同主导型生态功能区价值量（331.42亿元/年）的1.73倍，是水蚀主导型生态功能区生态系统服务功能价值量（358.95亿元/年）的1.60倍，见图5-2。

（2）生态功能区主导功能呈现明显差异 风蚀主导型生态功能区、风蚀与水蚀共同主导型生态功能区森林防护价值量占生态系统服务功能总价值量的比例分别为38.62%和35.76%，显著高于水蚀主导型生态功能区的比例（28.01%），表明风蚀主导型生态功能区、风蚀与水蚀共同主导型生态功能区退耕还林工程发挥的防风固沙和农田防护功能显著，见图5-3。

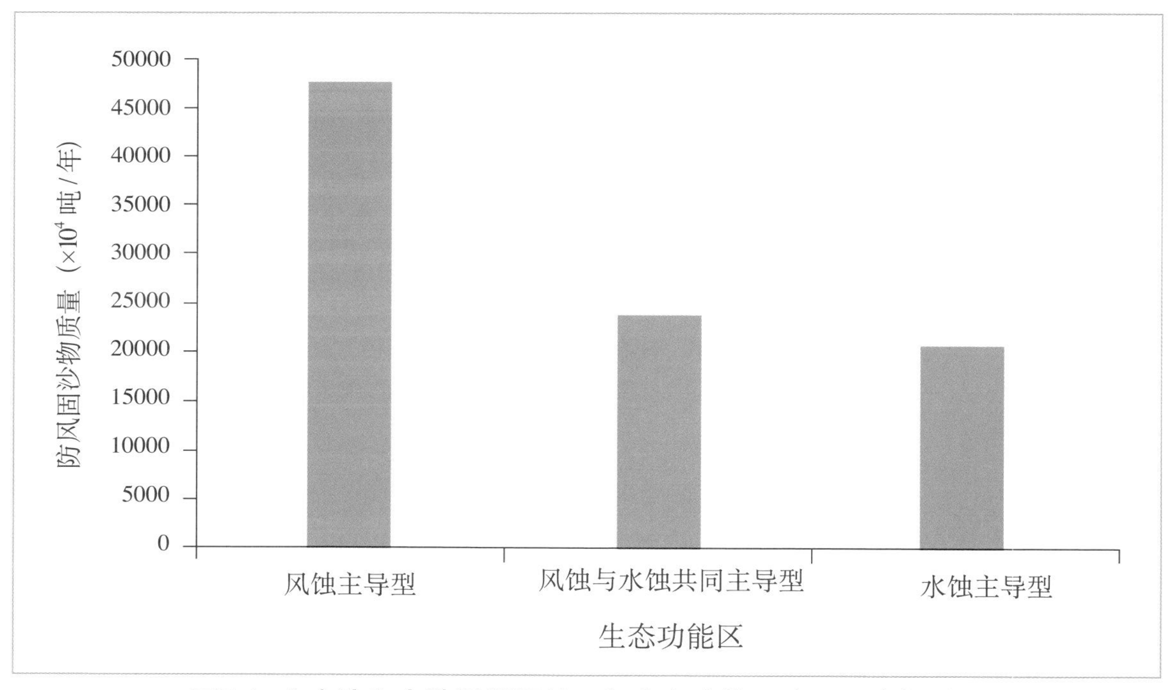

图5-1 北方沙化土地退耕还林工程生态功能区防风固沙物质量

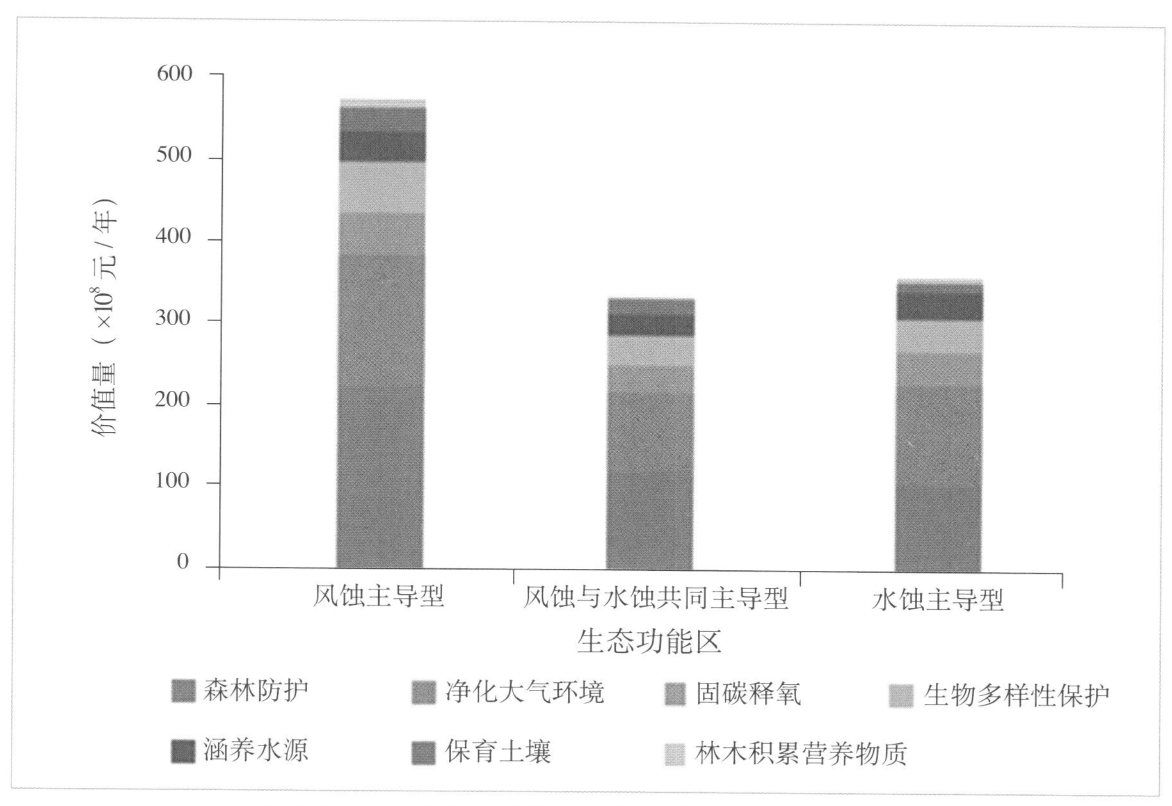

图5-2 北方沙化土地退耕还林工程生态功能区价值量

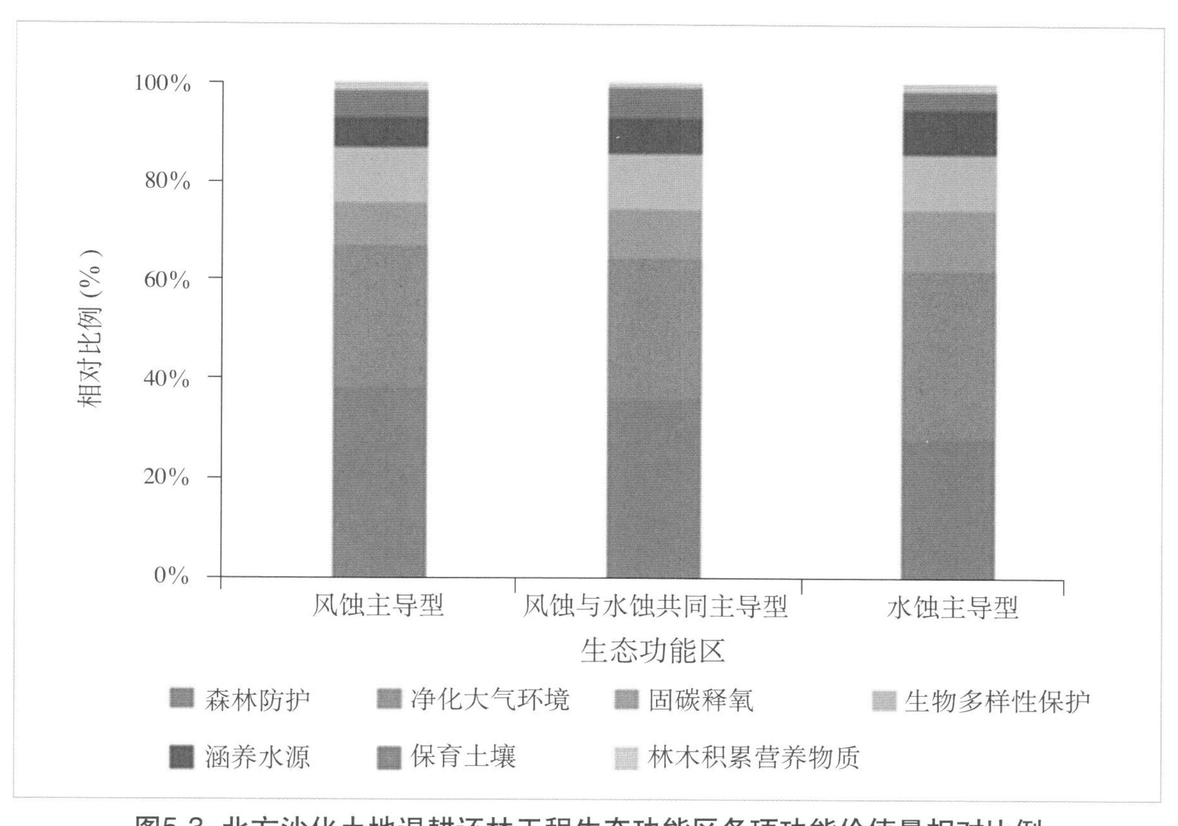

图5-3 北方沙化土地退耕还林工程生态功能区各项功能价值量相对比例

风蚀主导型生态功能区降水量均小于200毫米，森林防护功能随风蚀等级增强呈现增大的趋势，极强度和剧烈风蚀等级的生态功能区森林防护价值量甚至达到了41.74%~45.88%。新疆维吾尔自治区东部、甘肃省西部和内蒙古自治区西部等地区的风速大于6.0米/秒的天数均超过了60天（张国平等，2001），且这些地区的沙尘暴灾害严重，根据40多年来的中国强和特强沙尘暴的频数分布，新疆维吾尔自治区和田地区、吐鲁番地区和甘肃省河西走廊均属于沙尘暴频发区（史培军等，2001）。另外，该区遍布荒漠和沙地，土壤可蚀性强，这些因素都决定了风蚀主导型生态功能区的退耕还林工程能够在风大沙多的自然条件下，把潜在的防护功能最大化。

风蚀和水蚀共同主导型生态功能区净化大气环境功能与森林防护功能贡献相当，净化大气环境功能价值量的相对比例在24.39%~33.50%之间，森林防护功能价值量占该生态功能区生态系统服务功能价值量的比例在32.57%~35.88%之间。风蚀和水蚀共同主导型生态功能区降水量在200~400毫米之间，降雨量较少，雨量季节分布不均，且降雨多集中在夏秋季节，与风蚀主导型生态功能区相比较，其降雨次数和雨强均明显增加，因此森林植被的叶片经雨水冲刷能够反复滞纳颗粒物，退耕还林工程森林植被亦发挥着较强的净化大气环境功能。

水蚀主导型生态功能区退耕还林工程净化大气环境价值量比较高，所占比例为34.15%，高于风蚀主导型生态功能区（28.01%）和风蚀与水蚀共同主导型生态功能区的比例28.65%。表明水蚀主导型生态功能区退耕还林工程在吸收污染物和滞纳颗粒物方面的成效显著。水蚀主导型生态功能区主要分布在降水量400~600毫米的降水量等值线区域内，该生态功能区属于半湿润和湿润区，降雨分配比较均匀，降雨次数明显增加，其距离沙源比较远，但由于区域经济发达、人口密度大、工业较多，因此污染物排放量较多，而且近年来雾霾天气频繁，因此其退耕还林工程营造林起到了很强的滞纳颗粒物的作用，经雨水冲刷反复滞纳，将净化大气环境功能的潜力全部发挥出来。

5.4 北方沙化土地退耕还林工程生态效益监测前景展望

5.4.1 新常态下退耕还林工程生态效益监测的机遇

（1）把握生态建设新常态 党的十八大报告把生态文明建设放在突出地位，纳入社会主义现代化建设总体布局，进一步强调了生态文明建设的地位和作用。习近平总书记强调："保护生态环境就是保护生产力，改善生态环境就是发展生产力"；"生态兴则文明兴、生态衰则文明衰"。退耕还林工程生态效益把握生态建设新常态，用数据来证明"绿水青山就是金山银山"，真正实现林业工作的"三增长"。

（2）抓住退耕还林新机遇 我国退耕还林工程用15年时间完成了退耕地造林1.39亿亩、荒山荒地造林和封山育林3.08亿亩，这一伟大壮举推进了全国1.24亿农村人口解决温饱问题，以及在维护国土生态安全、推动农业产业结构调整、增加农民收入、拉动国内需求、应对全球气候变化等诸多方面发挥了重大作用。2014年新的一轮退耕还林启动。到2020年，将全国具备条件的坡耕地和严重沙化耕地约4240万亩退耕还林（还草）。其中包括：25度以上坡耕地2173万亩，严重沙化耕地1700万亩。新一轮退耕还林工程的启动，将生态效益监测推向了新阶段，给新常态下的退耕还林工程生态效益监测带来了新机遇。

开展退耕还林工程生态效益监测评估工作，增强了监测评估工作的针对性、科学性、应用性，全面评价了退耕还林工程建设成效，有力指导退耕还林成果巩固和高效推进的重要急迫工作。面对新的形势和新的要求，退耕还林工程生态效益监测工作的重要性凸显，我们要科学认识、主动适应、积极应对新常态，开辟新常态下生态效益监测的新篇章。

5.4.2 退耕还林工程生态效益监测面临的新任务

（1）明确生态效益监测范围及任务 新一轮退耕还林重点是将25度以上坡耕地全部退耕还林、重要水源地15~25度坡耕地、严重沙化耕地、土壤严重污染耕地进行退耕还林，陡坡耕地梯田兼顾保护历史文化遗产的需要，在尊重农民意愿的前提下可提出退耕还林还需求。现在退耕还林工程实施的新区域生态监测工作还比较薄弱。严重沙化耕地及坡耕地风沙危害仍是我国最突出的生态问题，全国还有大面积的坡耕地和沙化耕地在继续耕种，造成土壤退化和水土流失，严重制约生态文明建设进程和社会经济可持续发展。退耕还林工程生态效益监测和评估工作比较薄弱，需要有针对性地加强生态监测工作。

（2）完善生态、民生林业生态效益监测 新一轮退耕还林工程方案在组织实施过程中要完善，对还生态林、经济林的比例不再作限制，使农民获得较好的收益，既改善生态、又改善民生，也坚定了我们对三种林型的长期定位监测的工作方向，让生态监测工作结果更加有指导意义，为国家制定相关生态效益补偿政策提供依据。对维护国土生态安全、推动农业产业结构调整、增加农民收入、拉动国内需求、应对全球气候变化等诸多方面发挥应有作用。

5.4.3 提高评估结果精准性

（1）加强生态功能监测与评估区划布局 基于生态功能区评估退耕还林工程生态效益，能够准确地反映生态功能区内主导生态因子决定的优势生态功能，使得生态效益评估的结果更接近于实际。然而，目前退耕还林工程生态效益专项监测站点的分布格局以及数量，明显不能满足实现基于生态功能区格局的退耕还林工程生态效益评估体系。随着退耕还林工程生态效益监测站点的增多，可获得的实测数据越来越多，退耕还林生态效益评估结果的精确性也将越来越高，为评估全国退耕还林工程生态效益奠定基础，也将会为主管部门的科学决策与工程的精准管理提供更好的服务。

（2）加强生态效益监测站点建设 随着新一轮的退耕还林工程实施，退耕还林工程的范围不断扩大，考虑到地域的差异性，区域水热条件不同，需要进一步加强生态效益监测站点的建设。选择具有代表性、重要性、典型性的区域，依据中华人民共和国林业行业标准《退耕还林工程生态效益监测与评估规范》（LY/T 2573-2016）建设监测站点，能够保证退耕还林工程生态效益监测评估工作的顺利开展，提升退耕还林工程生态效益监测的能力，提高评估结果精准性。

5.4.4 退耕还林工程生态效益评估的应用前景

（1）退耕还林工程生态效益评估为生态效益定量化补偿提供依据 退耕还林工程是一项具有正外部性的社会经济活动，在此过程中，产生了两种矛盾：一是社会长远利益与退耕农户当前利益之间的矛盾，二是社会外部收益与退耕农户的边际私人收益之间的矛盾。为解决以上矛盾，国家制定了相应的生态补偿措施，但该补偿机制并不完善，导致一系列问题的出现。为了获得较高的补偿数额，经济林营造比重过大，造成生态林与经济林比例失调；生态林直接经济价值是比较少的，退耕农户缺乏足够的积极性来管理这些生态林。通过生态林生态效益评估真实反映了生态林的间接使用价值。

退耕还林工程生态效益评估有助于生态补偿制度的实施和利益分配的公平性。坚持谁受益、谁补偿原则，完善对重点生态功能区的生态补偿机制，推动地区间建立横向生态补偿制度。根据“谁受益、谁补偿，谁破坏、谁恢复”的原则，退耕还林工程生态效益较高的地区应提高生态补偿的额度，以维护公平的利益分配和保护者应有的权益，这样做不仅有利于促进生态保护和生态恢复，而且有利于区域经济的协调发展和贫困问题的解决。

通过退耕还林工程生态效益评价可以反映不同植被恢复类型、不同林种类型生态效益的差异，从而为生态效益定量化补偿提供了依据。另外，应积极地将退耕还林工程生态效益纳入地方GDP核算体系，客观公正地评价退耕还林工程区为该地区经济发展和人民生活水平提高所做出的贡献，准确地反映出生态系统的变化与经济发展对生态效益的影响，全面地凸显工程区对地区和国家可持续发展的支撑力，为国家制定生态系统和经济社会可持续发展政策提供重要的科学依据和理论支撑。

（2）退耕还林工程生态效益评估为森林可持续经营提供依据 通过比较不同植被恢复模式（乔、灌、草及相互混交）、不同林种类型（生态林、经济林、灌木林）的生态效益，为下一步北方沙化土地退耕还林工程营造林的选择和可持续管理提供了依据。

东北地区由于过度放牧，过度开垦，土地超载严重，土地沙化、草场退化问题突出，风沙危害、水土流失严重。因此该区域以防沙治沙、防治水土流失为主要目标，采取乔灌草相结合的手段，营造完善的防风固沙林和水土保持林体系。根据退耕地立地条件的不同，因地制宜地选择树种及确定造林模式。地势平缓、肥力较好的地块可以选择樟子松、落叶松、云杉等乔木树种与柠条、沙棘、山杏等灌木混交或与牧草、金银花等药用植物混交。辽宁省自退耕还林工程实施以来，山杏营造面积高达16.53万公顷，选用寿命长、便管理的山杏作为经济林主要营造树种取得了较高的生态效益。在风口、流沙较多、土壤贫瘠的耕地上可考虑柠条、沙棘、沙柳、枸杞等耐干旱、抗风蚀灌木。以沙棘为伴生树种，与其他树种混交，能显著促进混交树种的长势，克服“小老树”等不良生长现象。

西北地区主要生态问题是干旱少雨，风大沙多，植被低矮稀疏，草场退化、沙化严重，水土流失逐步加剧。因此该地区退耕还林工程应主要以封山禁牧、封造结合、灌草先行、恢复植被、提高水源涵养功能、防治水土流失和土地沙化为大纲。考虑到该地区造林成本高、营造林成活率低，应以封山育林、育草为主，结合人工造林造草，通过草场改良，营造防护林，防治水土流失和土地沙化。

华北地区防风固沙林区主要生态问题是植被破坏严重，降水少而集中，生态环境恶劣，水蚀、风蚀、干旱等灾害严重。为了更好地提高该地区退耕还林工程生态效益，在保护现有天然植被的基础上，应合理调整产业结构，因地制宜地扩大人工植被，提高森林覆盖率。山地丘陵大力植树、栽灌、种草，营造防风固沙林，治理风沙危害，在河川沟谷发展经济林和用材林。以人工造林和自然封育为主，选择耐旱抗寒适应性强的乔灌树种，如山杏、柠条、落叶松、油松、沙棘、紫穗槐等。

参考文献

Fang J Y, Chen A P, Peng C H, *et al*. 2001. Changes in forest biomass carbon storage in China between 1949 and 1998[J]. Science, 292: 2320-2322.

IPCC. 2003. Good Practice Guidance for Land Use, Land-Use Change and Forestry [J]. The Institute for Global Environmental Strategies (IGES).

Niu X, Wang B, Liu S R. 2012. Economical assessment of forest ecosystem services in China: Characteristics and Implications[J]. Ecological Complexity, 11:1-11.

Wang B, Wang D, Niu X. 2013a. Past, present and future forest resources in China and the implications for carbon sequestration dynamics[J]. Journal of Food, Agriculture &Environment, 11(1): 801-806.

Wang B, Wei W J, Liu C J, *et al*. 2013b. Biomass and carbon stock in Moso Bamboo forests in subtropical China: Characteristics and Implications[J]. Journal of Tropical Forest Science, 25(1): 137-148.

Wang B, Wei W J, Xing Z K, *et al*. 2012. Biomass carbon pools of cunninghamialanceolata (Lamb.) Hook.forests in subtropical China: characteristics and potential[J]. Scandinavian Journal of Forest Research: 1-16.

Zhang W K, Wang B, Niu X. 2015. Study on the adsorption capacities for airborne particulates of landscape plants in different polluted regions in Beijing (China) [J]. International Journal of Environmental Research and Public Health, 12: 9623-9638.

北京市统计局. 2015. 北京市统计年鉴(2015) [M]. 北京: 中国统计出版社.

国家林业局. 2001. 退耕还林工程生态林与经济林认定标准(国家林业局林退发[2001]550号).

国家林业局. 2003. 森林生态系统定位观测指标体系(LY/T 1606-2003). 4-9.

国家林业局. 2005. 森林生态系统定位研究站建设技术要求(LY/T 1626-2005). 6-16.

国家林业局. 2007. 干旱半干旱区森林生态系统定位监测指标体系(LY/T 1688~2007). 3-9.

国家林业局. 2008. 森林生态系统服务功能评估规范(LY/T 1721-2008). 3-6.

国家林业局. 2010a. 森林生态系统定位研究站数据管理规范(LY/T 1872-2010). 3-6.

国家林业局. 2010b. 森林生态站数字化建设技术规范(LY/T1873-2010). 3-7.

国家林业局. 2011. 森林生态系统长期定位观测方法(LY/T 1952-2011). 4-121.

国家林业局. 2014. 退耕还林工程生态效益监测国家报告(2013) [M]. 北京: 中国林业出版社.

国家林业局. 2015a. 中国荒漠化和沙化状况公报.

国家林业局. 2015b. 退耕还林工程生态效益监测国家报告(2014) [M]. 北京: 中国林业出版社.

国家林业局. 2016. 退耕还林工程生态效益监测与评估规范(LY/T 2573-2016). 8-11.

国家统计局. 2015. 中国统计年鉴(2014) [M]. 北京: 中国统计出版社.

黑龙江省统计局. 2015. 黑龙江省统计年鉴(2014) [M]. 北京: 中国统计出版社.

环境保护部. 2015. 2015年中国机动车污染防治年报.

黄秉维. 1989. 中国综合自然区划图[M]. 北京：科学出版社.

吉林省统计局. 2013. 吉林省统计年鉴(2012) [M]. 北京: 中国统计出版社.

李海奎, 雷渊才. 2010. 中国森林植被生物量和碳储量评估[M]. 北京: 中国林业出版社.

辽宁省统计局. 2015. 辽宁省统计年鉴(2014) [M]. 北京: 中国统计出版社.

刘斌涛, 陶和平, 宋春风, 等. 2013. 1960-2009年中国降雨侵蚀力的时空变化趋势[J]. 地理研究, 32(2):245-256.

内蒙古自治区统计局. 2014. 内蒙古自治区统计年鉴(2013) [M]. 北京: 中国统计出版社.

宁夏回族自治区统计局. 2015. 宁夏回族自治区统计年鉴(2014) [M]. 北京: 中国统计出版社.

水利部水利建设经济定额站. 2002. 中华人民共和国水利部水利建筑工程预算定额[M]. 北京: 黄河水利出版社.

山西省统计局. 2015. 山西省统计年鉴(2014) [M]. 北京: 中国统计出版社.

陕西省统计局. 2015. 陕西省统计年鉴(2014) [M]. 北京: 中国统计出版社.

苏志尧. 1999. 植物特有现象的量化[J]. 华南农业大学学报, 20(1): 92-96.

史培军, 王静爱, 严云, 等. 中国风沙灾害及其防治对策. 北京高新产业国际周“国际保护环境大会. 2001.95-104.

水利部. 2013. 第一次全国水利普查水土保持情况公报.

水利部. 2014 . 2014年中国水土保持公报.

宋庆丰, 王雪松, 王晓燕, 等. 2015. 基于生物量的森林生态功能修正系数的应用—以辽宁省退耕还林工程为例[J]. 中国水土保持科学, 13(3): 111-116.
宣捷. 2000. 中国北方地面起尘总量分布[J]. 环境科学学报, 20(4): 426-430.
汪松, 解焱. 2004. 中国物种红色名录(第1卷: 红色名录) [M]. 北京：高等教育出版社.
王兵. 2016. 生态连清理论在森林生态系统服务功能评估中的实践[J]. 中国水土保持科学, 14(1): 1-10.
王兵. 2015. 森林生态连清技术体系构建与应用[J]. 北京林业大学学报， 37: 1-8
王兵, 王晓燕, 牛香, 等. 2015. 北京市常见落叶树种叶片滞纳空气颗粒物功能[J]. 环境科学, 36(6): 2005-2009.
王静爱, 左伟. 2009. 中国地理图集[M]. 北京：中国地图出版社.
吴征镒. 1980. 中国植被[M]. 北京：科学出版社.
张国平, 张增祥, 刘纪远. 中国土壤风力侵蚀空间格局及驱动因子分析[J]. 地理学报, 2001, 56(2):146-158.
张维康, 牛香, 王兵. 2015. 北京不同污染地区园林植物对空气颗粒物的滞纳能力[J]. 环境科学，7: 1-11.
张新时. 2007. 中国植被及其地理格局（中华人民共和国植被图1:1000000说明书）[M]. 北京：地质出版社.
郑度等, 2008. 中国生态地理区域系统研究[M]. 北京: 商务印书馆.
“中国森林资源核算研究”项目组. 2015. 生态文明制度构建中的中国森林资源核算研究[M]. 北京：中国林业出版社.
中国水利年鉴编辑委员会. 1994. 中国水利年鉴(1993)[M]. 北京: 中国水利水电出版社.
中国水利年鉴编辑委员会. 1995. 中国水利年鉴(1994)[M]. 北京: 中国水利水电出版社.
中国水利年鉴编辑委员会. 1996. 中国水利年鉴(1995)[M]. 北京: 中国水利水电出版社.
中国水利年鉴编辑委员会. 1997. 中国水利年鉴(1996)[M]. 北京: 中国水利水电出版社.
中国水利年鉴编辑委员会. 1997. 中国水利年鉴(1997)[M]. 北京: 中国水利水电出版社.
中国水利年鉴编辑委员会. 1998. 中国水利年鉴(1998)[M]. 北京: 中国水利水电出版社.
中国水利年鉴编辑委员会. 1999. 中国水利年鉴(1999)[M]. 北京: 中国水利水电出版社.

附　录

附件1 名词术语

沙化土地：sandified land

根据《沙化土地监测技术规程（GB/T 24255-2009）》，在各种气候条件下，由于多种原因形成地表呈现以沙（砾）物质为主要特征的土地退化过程称之为沙化，而具有明显沙化特征的退化土地称之为沙化土地。根据沙化土地的沙化程度，将沙化土地划分为流动沙地（丘）、半固定沙地（丘）、固定沙地（丘）、露沙地、沙化耕地、非生物治沙工程地、风蚀残丘、风蚀劣地和戈壁9个类型。

严重沙化土地：serious sandified land

根据《新一轮退耕还林还草工程严重沙化耕地界定标准及操作说明》，严重沙化土地指没有防护措施及灌溉条件，经常受风沙危害（年均8级以上大风日数10天以上），作物生长很差（缺苗率≥30%）、产量低而不稳（粮食单产低于本省、自治区、直辖市平均产量的50%）的沙质土地（土壤颗粒组成中砂粒含量大于90%）。

生态功能监测与评估区划：division of monitoring and evaluation of ecological function

生态功能监测与评估区划是实施区域生态环境分区管理的基础和前提，是以正确认识区域生态环境特征，生态问题性质及产生的根源为基础，以保护和改善区域生态环境为目的，依据区域生态系统服务功能的不同、生态敏感性的差异和人类活动影响程度，分别采取不同的对策。北方沙化土地退耕还林工程生态功能监测与评估区划主要根据《中国生态地理区域系统研究》、《中国地理图集》、《中国综合自然区划》、《中国植被区划》和《中国植被》对评估区域土地进行科学区划。

生态系统功能：ecosystem function

生态系统的自然过程和组分直接或间接地提供产品和服务的能力，包括生态系统服务功能和非生态系统服务功能。

生态系统服务：ecosystem service

生态系统中可以直接或间接地为人类提供的各种惠益，生态系统服务建立在生态系统功能的基础之上。

退耕还林工程生态效益全指标体系连续观测与清查（退耕还林生态连清）： ecological continuous inventory in conversion of cropland to forest program

以生态地理区划为单位，依托国家林业局现有森林生态系统定位观测研究站、退耕还林工程生态效益专项监测站和辅助监测点，采用长期定位观测技术和分布式测算方法，定期对退耕还林工程生态效益进行全指标体系观测与清查，它与退耕还林工程资源连续清查相耦合，评估一定时期和范围内退耕还林工程生态效益，进一步了解退耕还林工程生态效益的动态变化。

退耕还林工程生态效益监测与评估：observation and evaluation of ecological effects of conversion of cropland to forest program

通过定位监测、野外试验等手段，运用森林生态效益评价的原理和方法，通过退耕后林地的生态环境与退耕前农耕地、坡耕地的生态环境发生的变化作对比，对退耕还林工程的森林防护、净化大气环境、生物多样性保护、固碳释氧、涵养水源、保育土壤和林木积累营养物质等生态效益进行评估。

退耕还林工程生态效益专项监测站：special observation station of ecological effects of conversion of cropland to forest program

承担退耕还林工程生态效益监测任务的各类野外观测台站。通过定位监测、野外试验等手段，运用森林生态效益评价的原理和方法，通过退耕后林地的生态环境与退耕前农耕地、坡耕地的生态环境发生的变化作对比，对退耕还林工程的森林防护、净化大气环境、固碳释氧、生物多样性保护、涵养水源、保育土壤和林木积累营养物质等功能进行评估。

森林生态功能修正系数（FEF-CC）：forest ecological function correction coefficient

基于森林生物量决定林分的生态质量这一生态学原理，森林生态功能修正系数是指评估林分生物量和实测林分生物量的比值。反映森林生态服务评估区域森林的生态功能状况，还可以通过森林生态质量的变化修正森林生态系统服务的变化。

贴现率：discount rate

又称门槛比率，指用于把未来现金收益折合成现在收益的比率。

等效替代法：equivalent substitution approach

等效替代法是当前生态环境效益经济评价中最普遍采用的一种方法，是生态系统功能物质量向价值量转化的过程中，在保证某评估指标生态功能相同的前提下，将实际的、复杂的的生态问题和生态过程转化为等效的、简单的、易于研究的问题和过程来估算生态系统各项功能价值量的研究和处理方法。

权重当量平衡法：weight parameters equivalent balance approach

生态系统服务功能价值量评估过程中，当选取某个替代品的价格进行等效替代核算某项评估指标的价值量时，应考虑计算所得的各评估指标价值量在总价值量中所占的权重，使其保持相对平衡。

替代工程法：alternative engineering strategy

又称影子工程法，是一种工程替代的方法，即为了估算某个不可能直接得到的结果的损失项目，假设采用某项实际效果相近但实际上并未进行的工程，以该工程建造成本替代待评估项目的经济损失的方法。

替代市场法：surrogate market approach

研究对象本身没有直接市场交易与市场价格来直接衡量时，寻找具有这些服务的替代品的市场与价格来衡量的方法。

附表1 IPCC推荐使用的木材密度（D） （单位：吨干物质/立方米鲜材积）

气候带	树种组	D	气候带	树种组	D
北方生物带、温带	冷杉	0.40	热带	陆均松	0.46
	云杉	0.40		鸡毛松	0.46
	铁杉、柏木	0.42		加勒比松	0.48
	落叶松	0.49		楠木	0.64
	其他松类	0.41		花榈木	0.67
	胡桃	0.53		桃花心木	0.51
	栎类	0.58		橡胶	0.53
	桦	0.51		楝	0.58
	槭树	0.52		椿	0.43
	樱桃	0.49		柠檬桉	0.64
	其他硬阔类	0.53		木麻黄	0.83
	椴	0.43		含笑	0.43
	杨	0.35		杜英	0.40
	柳	0.45		猴欢喜	0.53
	其他软阔类	0.41		银合欢	0.64

引自IPCC（2003）

附表2 IPCC推荐使用的生物量转换因子（BEF）

编号	*a*	*b*	森林类型	R^2	备注
1	0.46	47.50	冷杉、云杉	0.98	针叶树种
2	1.07	10.24	桦木	0.70	阔叶树种
3	0.74	3.24	木麻黄	0.95	阔叶树种
4	0.40	22.54	杉木	0.95	针叶树种
5	0.61	46.15	柏木	0.96	针叶树种
6	1.15	8.55	栎类	0.98	阔叶树种
7	0.89	4.55	桉树	0.80	阔叶树种
8	0.61	33.81	落叶松	0.82	针叶树种
9	1.04	8.06	照叶树	0.89	阔叶树种
10	0.81	18.47	针阔混交林	0.99	混交树种
11	0.63	91.00	檫树落叶阔叶混交林	0.86	混交树种
12	0.76	8.31	杂木	0.98	阔叶树种
13	0.59	18.74	华山松	0.91	针叶树种
14	0.52	18.22	红松	0.90	针叶树种
15	0.51	1.05	马尾松、云南省松	0.92	针叶树种
16	1.09	2.00	樟子松	0.98	针叶树种
17	0.76	5.09	油松	0.96	针叶树种
18	0.52	33.24	其他松林	0.94	针叶树种
19	0.48	30.60	杨	0.87	阔叶树种
20	0.42	41.33	杉、柳杉、油杉	0.89	针叶树种
21	0.80	0.42	热带雨林	0.87	阔叶树种

引自Fang 等（2001），$BEF=a+b/x$，a、b为常数，x为实测林分的蓄积量。

附表3 各树种组单木生物量模型及参数

序号	公式	树种组	建模样本数	模型参数	
1	$B/V=a(D^2H)^b$	杉木类	50	0.788432	-0.069959
2	$B/V=a(D^2H)^b$	马尾松	51	0.343589	0.058413
3	$B/V=a(D^2H)^b$	南方阔叶类	54	0.889290	-0.013555
4	$B/V=a(D^2H)^b$	红松	23	0.390374	0.017299
5	$B/V=a(D^2H)^b$	云冷杉	51	0.844234	-0.060296
6	$B/V=a(D^2H)^b$	落叶松	99	1.121615	-0.087122
7	$B/V=a(D^2H)^b$	胡桃楸、黄波罗	42	0.920996	-0.064294
8	$B/V=a(D^2H)^b$	硬阔叶类	51	0.834279	-0.017832
9	$B/V=a(D^2H)^b$	软阔叶类	29	0.471235	0.018332

引自李海奎和雷渊才（2010）。

附表4 北方沙化土地退耕还林工程生态效益评估社会公共数据表（推荐使用价格）

编号	名称	单位	出处值	2015价格	来源及依据
1	水资源市场交易价格	元/吨	–	6.73	采用水权市场价格法来评估森林持续供水价值，按照《关于加快建立完善城镇居民用水阶梯价格制度的指导意见》要求和发改委、财政部和水利部共同发布《关于水资源费征收标准有关问题的通知》等。
2	水的净化费用	元/吨	2.94	3.31	采用网格法得到2012年全国各大中城市的居民用水价格的平均值，为2.94元/吨，贴现到2015年为3.31元/吨。
3	挖取单位面积土方费用	元/立方米	42.00	42.00	根据2002年黄河水利出版社出版《中华人民共和国水利部水利建筑工程预算定额》（上册）中人工挖土方Ⅰ和Ⅱ类土类每100立方米需42工时，人工费依据《建设工程工程量清单计价规范》取100元/工日。
4	磷酸二铵含氮量	%	14.00	14.00	
5	磷酸二铵含磷量	%	15.01	15.01	化肥产品说明。
6	氯化钾含钾量	%	50.00	50.00	
7	磷酸二铵化肥价格	元/吨	3300.00	3538.33	
8	氯化钾化肥价格	元/吨	2800.00	3002.22	根据中国化肥网（http://www.fert.cn）2013年春季公布的磷酸二胺和氯化钾化肥平均价格，磷酸二铵为3300元/吨；氯化钾化肥价格为2800元/吨；有机质价格根据中国农资网（www.ampcn.com）2013年鸡粪有机肥的春季平均价格得到，为800元/吨。
9	有机质价格	元/吨	800.00	857.78	
10	固碳价格	元/吨	855.40	917.18	采用2013年瑞典碳税价格：136美元/吨二氧化碳，人民币对美元汇率按照2013年平均汇率6.2897计算，贴现至2015年。
11	制造氧气价格	元/吨	1000.00	1392.93	采用中华人民共和国卫生部网站（http://www.nhfpc.gov.cn）2007年春季氧气平均价格（1000元/吨），根据贴现率贴现到2015年的价格，为1399.69元/吨。
12	负离子生产费用	元/10^{-18}个	9.50	9.50	根据企业生产的适用范围30平方米（房间高3米）、功率为6W、负离子浓度1000000个/立方米、使用寿命为10年、价格每个65元的KLD-2000型负离子发生器而推断获得，其中负离子寿命为10分钟；根据全国电网销售电价，居民生活用电现行价格为0.65元/千瓦时。
13	二氧化硫治理费用	元/千克	1.20	1.99	采用中华人民共和国国家发展和改革委员会第四部委2003年第31号令《排污费征收标准及计算方法》中北京市高硫煤二氧化硫排污费收费标准1.20元/千克；氟化物排污费收费标准为0.69元/千克；氮氧化物排污费收费标准为0.63元/千克；一般粉尘排放物收费标准为0.15元/千克。贴现到2015年二氧化硫排污费收费标准为1.99元/千克；氟化物排污费收费标准为1.14元/千克；氮氧化物排污费收费标准为1.04元/千克；一般粉尘排污费收费标准为0.25元/千克。

（续）

编号	名称	单位	出处值	2015价格	来源及依据
14	氟化物治理费用	元/千克	0.69	1.14	
15	氮氧化物治理费用	元/千克	0.63	1.04	
16	降尘清理费用	元/千克	0.15	0.25	
17	PM_{10}所造成健康危害经济损失	元/千克	28.30	30.34	根据David等2013年《Modeled $PM_{2.5}$ removal by trees in ten U.S. cities and associated health effects》中对美国十个城市绿色植被吸附$PM_{2.5}$及对健康价值影响的研究。其中，价格贴现至2015年，人民币对美元汇率按照2014年平均汇率6.2897计算。
18	$PM_{2.5}$所造成健康危害经济损失	元/千克	4350.89	4665.12	
19	草方格固沙成本	元/吨	–	23.67	根据《草方格沙障固沙技术，http://www.zhiwuwang.com/news/show.php?itemid=20192》计算得出，铺设1m×1m规格的草方格沙障，每公顷使用麦秸6000千克，每千克麦秸0.4元，即2400元/公顷；用工量245个工（日），人工费依据《建设工程工程量清单计价规范》取100元/工日，即24500元/公顷；另草方格维护成本150元/公顷，合计27050元/公顷。根据《沙坡头人工植被防护体系防风固沙功能价值评价》，1米×1米规格的草方格沙障每公顷固沙1142.85吨，即23.67元/吨。
20	稻谷价格	元/千克	2.7	2.7	根据中华粮网2015年稻谷（粳稻）平均收购价格
21	牧草价格	元/千克	0.4	0.4	赤峰市翁牛特旗综合效益的经济评价
22	生物多样性保护价值	元/（公顷·年）		– – – – – – – –	根据Shannon-Wiener指数计算生物多样性保护价值，采用2008年价格，即： Shannon-Wiener指数<1时，S1为3000元/（公顷·年）； 1≤Shannon-Wiener指数<2，S1为5000元/（公顷·年）； 2≤Shannon-Wiener指数<3，S1为10000元/（公顷·年）； 3≤Shannon-Wiener指数<4，S1为20000元/（公顷·年）； 4≤Shannon-Wiener指数<5，S1为30000元/（公顷·年）； 5≤Shannon-Wiener指数<6，S1为40000元/（公顷·年）； 指数≥6时，S1为50000元/（公顷·年）。 通过贴现率贴现至2015年价格。

注：2015年价格由价格出处值通过贴现率贴现所得。

附表5 北方沙化土地退耕还林工程生态功能区自然概况表

编号	生态功能区	省(市、盟、自治州、地区、师)	市(区、县、旗、团、农场)	主要地形地貌	干燥指数	年平均气温(℃)	主要土壤类型
IA-1	寒温带微度风蚀湿润区	内蒙古自治区(呼伦贝尔市)	呼伦贝尔市(额尔古纳市、鄂伦春自治旗)	山地、丘陵	0.50~0.99	-2.0~3.0	风沙土、钙土
IIA-1	中温带微度风蚀湿润区	内蒙古自治区(呼伦贝尔市)	呼伦贝尔市(莫力达瓦达斡尔族自治旗)	高原	0.50~0.99	1.0~2.0	风沙土、暗棕壤
IIA-2	中温带中度水蚀湿润区	黑龙江省(齐齐哈尔市)	齐齐哈尔市(讷河市)	丘陵	0.50~0.99	1.0~2.0	黑土、黑钙土
IIB-1	中温带强度风蚀中度水蚀半湿润区	内蒙古自治区(通辽市)	通辽市(科尔沁区、科尔沁左翼中旗、科尔沁左翼后旗、库伦旗)	平原	1.00~1.49	3.0~4.0	风沙土、栗钙土
IIB-2	中温带中度水蚀半湿润区	黑龙江省(齐齐哈尔市)、辽宁省(沈阳市、阜新市)、河北省(张家口市)、吉林省(白城市、松原市)	齐齐哈尔市(昂昂溪区、富拉尔基区、梅里斯区、富裕县、甘南县、龙江县、建华区、泰来县);沈阳市(法库县、康平县、辽中县、新民市);阜新市(阜新县、彰武县);张家口市(赤城县、怀来县、苏鲁滩牧场、宣化县、阳原县);白城市(洮北区、洮南区、查干浩特);松原市(长岭县)	平原、丘陵	1.00~1.49	3.2~9.0	风沙土、黑土
IIB-3	中温带强度风蚀半湿润区	吉林省(四平市、白城市)	四平市(双辽市);白城市(通榆县)	平原	1.00~1.49	4.0~6.6	风沙土、黑土
IIB-4	中温带微度水蚀半湿润区	辽宁省(锦州市)、吉林省(松原市)	锦州市(黑山县);松原市(宁江区、乾安县、前郭县)	平原	1.00~1.49	6.0~8.0	荒漠土、盐碱土
IIB-5	中温带微度风蚀中度水蚀半湿润区	内蒙古自治区(兴安盟)	兴安盟(科尔沁右翼前旗、扎赉特旗、乌兰浩特市、阿尔山市)	山地、丘陵	1.00~1.49	6.0~8.0	风沙土、栗钙土
IIB-6	中温带微度风蚀半湿润区	内蒙古自治区(呼伦贝尔市)	呼伦贝尔市(新巴尔虎左旗、满洲里市、牙克石市、扎兰屯市、陈巴尔虎旗、阿荣旗、鄂温克旗)	高原	1.00~1.49	2.0~3.0	风沙土、栗钙土
IIB-7	中温带轻度水蚀半湿润区	吉林省(四平市、白城市、松原市)	四平市(梨树县、公主岭);白城市(大安县、镇赉县);松原市(扶余县)	山地、丘陵	1.00~1.49	5.0~7.0	风沙土、黑钙土
IIB-8	中温带轻度风蚀半湿润区	黑龙江省(大庆市)	大庆市(大同区、杜尔伯特蒙古族自治县、让胡路区、肇源县)	平原	1.00~1.49	4.2	风沙土、黑钙土
IIC-1	中温带强度风蚀中度水蚀半干旱区	内蒙古自治区(通辽市、赤峰市)	通辽市(霍林郭勒市、扎鲁特旗、开鲁县、奈曼旗);赤峰市(克什克腾旗、林西县、巴林右旗、巴林左旗、阿鲁科尔沁旗、翁牛特旗、敖汉旗)	平原、山地、丘陵	1.50~4.00	0~7.0	风沙土、栗钙土

（续）

编号	生态功能区	省（市、盟、自治州、地区、师）	市（区、县、旗、团、农场）	主要地形地貌	干燥指数	年平均气温（℃）	主要土壤类型
IIC-2	中温带中度水蚀半干旱区	河北省（张家口市）、山西省（大同市、朔州市）	张家口市（崇礼县、沽源县、怀安县、康保县、尚义县、万全县、张北县）；大同市（大同县、南郊县、天镇县、新荣县、阳高县、左云县）；朔州市（山阴县、朔城县、应县、右玉县）	盆地	1.50~4.00	6.5	风沙土、栗钙土
IIC-3	中温带强度风蚀半干旱区	内蒙古自治区（鄂尔多斯市）	鄂尔多斯市（达拉特旗、东胜区、乌审旗、伊金霍洛旗、准格尔旗）	高原	1.50~4.00	6.2	风沙土、栗钙土
IIC-4	中温带剧烈风蚀半干旱区	内蒙古自治区（包头市）	包头市（固阳县、土默特右旗）	山地、丘陵	1.50~4.00	7.2	风沙土、栗钙土
IIC-5	中温带极强度风蚀强度水蚀半干旱区	陕西省（榆林市）	榆林市（神木县）	丘陵	1.50~4.00	8.0	风沙土、栗钙土
IIC-6	中温带轻度风蚀强度水蚀半干旱区	内蒙古自治区（呼和浩特市）	呼和浩特市（回民区、赛罕区、新城区、玉泉区、林县、清水河县、土默特左旗、托克托县、武川县）	高原	1.50~4.00	5.3	风沙土、栗钙土
IIC-7	中温带微度风蚀中度水蚀半干旱区	内蒙古自治区（兴安盟）	兴安盟（突泉县、科尔沁右翼中旗）	山地、丘陵	1.50~4.00	6.5	风沙土、栗钙土
IIC-8	中温带微度风蚀半干旱区	内蒙古自治区（呼伦贝尔市）	呼伦贝尔市（新巴尔虎左旗、满洲里市）	高原	1.50~4.00	2.4	风沙土、栗钙土
IIC-9	中温带轻度风蚀半干旱区	内蒙古自治区（锡林郭勒盟、乌兰察布市）	锡林郭勒盟（东乌珠穆沁旗、西乌珠穆沁旗、锡林汉特市、阿巴嘎旗、正蓝旗、多伦县、正镶白旗、太仆寺旗、镶黄旗）；乌兰察布市（丰镇市、化德市、集宁区、凉城县、商都县、兴和县、卓资县、察哈尔右翼后旗、察哈尔右翼中旗、察哈尔右翼前旗）	山地、丘陵、高原	1.50~4.00	3.0	风沙土、栗钙土
IID-1	中温带中度风蚀干旱区	甘肃省（张掖市）、新疆维吾尔自治区（克孜勒柯尔克孜自治州）、新建生产建设兵团（第三师、第四师、第十二师）	张掖市（甘州区、高台县、临泽县、民乐县、山丹县）；克孜勒柯尔克孜自治州（阿合奇县、阿图什市、乌恰县）；第三师（41~53团）；第四师（61团、63团、64团）；第十二师（104团、221团、222团、三坪农场、头屯河农场、五一农场、西山农场）	高原	≥4.00	4.6	风沙土、栗钙土、灰棕漠土

（续）

编号	生态功能区	省（市、盟、自治州、地区、师）	市（区、县、旗、团、农场）	主要地形地貌	干燥指数	年平均气温（℃）	主要土壤类型
IID-2	中温带剧烈风蚀干旱区	内蒙古自治区（包头市、巴彦淖尔市、阿拉善盟）、甘肃省（金昌市、嘉峪关市、酒泉市）、新疆维吾尔自治区（哈密地区、博尔塔拉蒙古自治州、伊犁哈萨克自治州、阿勒泰地区）、新建生产建设兵团（第五师、第十师）	包头市（东河区、九原区、昆都仑区、青山区、石拐区、达尔罕茂明安联合旗）；巴彦淖尔市（磴口县、杭锦后旗、临河区、乌拉特后旗、乌拉特旗、乌拉特前旗、五原县）；阿拉善盟（阿拉善右旗、阿拉善左旗、额济纳旗）；金昌市（金川区、永川县）；嘉峪关市；酒泉市（肃北蒙古族自治县、金塔县）；哈密地区（巴里坤县、伊吾县）；博尔塔拉蒙古自治州（阿拉山口市、博乐市、精河县、温泉县）；伊犁哈萨克自治州（察布查尔县、巩留县、霍城县、奎屯市、尼勒克县、特克斯县、新源县、伊宁市、伊宁县、昭苏县）；阿勒泰地区（阿勒泰市、布尔津县、福海县、富蕴县、哈巴河县、吉木乃县、青河县）；第五师（83团、86团、90团、91团）；第十师（181~188团）	高原、平原	≥4.00	4.6	风沙土
IID-3	中温带强度风蚀强度水蚀干旱区	甘肃省（白银市）	白银市（景泰县）	高原	≥4.00	7.0	风沙土、灰棕漠土
IID-4	中温带强度风蚀干旱区	内蒙古自治区（鄂尔多斯市、乌海市）	鄂尔多斯市（杭锦旗、鄂托克旗、鄂托克前旗）；乌海市（海勃湾区、海南区、乌达区）	高原	≥4.00	6.2	风沙土、栗钙土
IID-5	中温带极强度风蚀极强度水蚀干旱区	宁夏回族自治区（吴忠市）	吴忠市（红寺堡区、盐池县）	丘陵	≥4.00	9.4	风沙土、黄绵土
IID-6	中温带极强度风蚀干旱区	甘肃省（武威市）、新疆维吾尔自治区（塔城地区、昌吉回族自治州）、新建生产建设兵团（第六师、第七师、第八师、第九师）	武威市（古浪县、民勤县、凉州县）；塔城地区（塔城市、额敏县、和丰县、沙湾县、托里县、乌苏市、裕民县）；昌吉回族自治州（昌吉市、阜康市、呼图壁县、吉木萨尔县、玛纳斯县、木垒县、奇台县）；第六师（102团、103团、105团、106团、芳草湖农场、共青团、红旗农场、军户农场、奇台农场、新湖农场）；第七师（123~131团、137团、工八团）；第八师（121团、133团、134团、136团、141~144团、147~150团、石总场）；第九师（161~170团、团结农场）	高原、平原	≥4.00	7.8	风沙土、黄绵土

（续）

编号	生态功能区	省（市、盟、自治州、地区、师）	市（区、县、旗、团、农场）	主要地形地貌	干燥指数	年平均气温（℃）	主要土壤类型
IID-7	中温带轻度水蚀干旱区	宁夏回族自治区（石嘴山市、自治区农垦集团、银川市）	石嘴山市（惠农区、平罗县）；自治区农垦集团；银川市（贺兰县、灵武县、兴庆县、永宁县）	平原	≥4.00	8.5	风沙土、黄绵土
IID-8	中温带轻度风蚀干旱区	内蒙古自治区（锡林郭勒盟、乌兰察布市）	锡林郭勒盟（苏尼特左旗、苏尼特右旗）；乌兰察布市（四子王旗）	高原	≥4.00	3.1	风沙土、栗钙土
IIIB-1	暖温带中度水蚀半湿润区	河北省（唐山市、承德市、保定市、邢台市、邯郸市）、山西省（大同市）	唐山市（丰南区、滦南县、滦县、迁安县）；承德市（丰宁县、围场县、平泉县）；保定市（安国市、定兴县、高碑店县、涞源县、曼城区、望都县、定州市）；邢台市（广宗县、巨鹿县、临西县、南宫县、南和县、清河县、威县、新河县）；邯郸市（成安县、大名县、邯郸县、临漳县、邱县、曲周县、魏县、永年县）；大同市（广灵县、灵丘县）	平原、盆地	1.00~1.49	12.5	风沙土、栗钙土
IIIB-2	暖温带中度风蚀半湿润区	内蒙古自治区（赤峰市）	赤峰市（红山区、松山区、元宝山区、喀喇沁旗、宁城县）	山地、丘陵	1.00~1.49	6.0	风沙土、栗钙土
IIIB-3	暖温带微度水蚀半湿润区	辽宁省（锦州市）、河北省（廊坊市、衡水市、沧州市）	锦州市（凌海县、义县）；廊坊市（安次区、霸州市、大城县、固安县、广阳县、文安县、香河县、永清县）；衡水市（桃城区、武强县、武邑县）；沧州市（海兴县）	山地、丘陵	1.00~1.49	7.4	风沙土、荒漠土
IIIB-4	暖温带较强度水蚀半湿润区	河北省（石家庄市）	石家庄市（藁城区、行唐市、灵寿县、平山县、深泽县、无极县、新乐市、元氏县、正定县）	平原	1.00~1.49	13.4	风沙土、荒漠土
IIIC-1	暖温带中度水蚀半干旱区	山西省（大同市）	大同市（浑源县）	盆地	1.50~4.00	12.5	褐土、黄绵土
IIIC-2	暖温带强度风蚀强度水蚀半干旱区	甘肃省（白银市）	白银市（靖远县、平川区）	高原	1.50~4.00	7.0	风沙土、荒漠土
IIIC-3	暖温带强度水蚀半干旱区	山西省（忻州市）	忻州市（保德县、河曲县、神池县、五寨县）	山地、丘陵	1.50~4.00	6.2	褐土、黄绵土
IIIC-4	暖温带极强度风蚀极强度水蚀半干旱区	宁夏回族自治区（吴忠市）	吴忠市（同心县）	丘陵	1.50~4.00	9.4	风沙土、灰钙土

（续）

编号	生态功能区	省（市、盟、自治州、地区、师）	市（区、县、旗、团、农场）	主要地形地貌	干燥指数	年平均气温（℃）	主要土壤类型
IIIC-5	暖温带极强度风蚀强度水蚀半干旱区	陕西省（榆林市）	榆林市（靖边县、榆阳区）	丘陵	1.50~4.00	7.2	风沙土、黄绵土
IIIC-6	暖温带极强度水蚀半干旱区	甘肃省（庆阳市）	庆阳市（环县）	丘陵	1.50~4.00	9.5	风沙土、黄绵土
IIID-1	暖温带剧烈风蚀干旱区	甘肃省（酒泉市）、新疆维吾尔自治区（哈密地区、吐鲁番市）、新建生产建设兵团（第十三师）	酒泉市（敦煌市、玉门市、瓜州县）；哈密地区（哈密市）；吐鲁番市（高昌区、鄯善县、托克逊县）；第十三师（红星二场、淖毛湖农场）	盆地、山地	≥4.00	5.0	风沙土、黄绵土
IIID-2	暖温带极强度风蚀干旱区	新疆维吾尔自治区（巴音郭楞蒙古自治州、和田地区、喀什地区、阿克苏地区）、新建生产建设兵团（第一师、第二师）	巴音郭楞蒙古自治州（博湖县、和静县、和硕县、库尔勒市、轮台县、且末县、尉犁县、焉耆县）；和田地区（策勒县、和田市、洛浦县、民丰县、墨玉县、皮山县、于田县）；喀什地区（喀什市、巴楚县、伽师县、麦盖提县、莎车县、疏附县、疏勒县、英吉沙县、岳普湖县、泽普县）；阿克苏地区（阿克苏市、阿瓦提县、拜城县、柯坪县、库车县、沙雅县、温宿县、乌什县、新和县）；第一师（2~8团、10-14团、16团、阿拉尔农场、幸福农场）；第二师（21~22团、24~25团、27团、29~31团、33~34团、36~37团、223团）	盆地、山地	≥4.00	4.7	风沙土、棕漠土
HID-1	高原亚寒带极强度风蚀干旱区	新疆维吾尔自治区（和田地区）	和田地区（和田县）	盆地	≥4.00	11.7	风沙土、棕漠土
HIIC-1	高原温带中度风蚀半干旱区	甘肃省（张掖市）	张掖市（肃南裕固族自治县）	山地	1.50~4.00	4.6	风沙土、灰棕漠土
HIID-1	高原温带中度风蚀干旱区	新疆维吾尔自治区（克孜勒柯尔克孜自治州）	克孜勒柯尔克孜自治州（阿克陶县）	山地	≥4.00	4.6	风沙土、棕漠土
HIID-2	高原温带剧烈风蚀干旱区	甘肃省（酒泉市）	酒泉市（阿克塞哈萨克族自治县）	平原、丘陵	≥4.00	3.9	风沙土、栗钙土
HIID-3	高原温带极强度风蚀干旱区	新疆维吾尔自治区（巴音郭楞蒙古自治州、喀什地区）	巴音郭楞蒙古自治州（若羌县）；喀什地区（塔什库尔干塔吉克自治县、叶城县）	山地、平原	≥4.00	11.8	风沙土、栗钙土

注：干燥指数指潜在蒸发量与降水量的比值。